煤矿井下架空乘人装置

主　编　肖公平

副主编　王秋敏　肖连平　林春年　欧阳洋

参　编　吴兆宏　石　亮　吴海华　翟守忠

王国键　贺建国　刘　丹　陈　林

熊　伟

中国矿业大学出版社

内 容 提 要

本书以湘潭市恒欣实业有限公司的架空乘人装置为样例，针对目前架空乘人装置在煤矿及非煤矿山中的使用越来越普及，而有些用户对架空乘人装置了解不足的现状，对架空乘人装置进行了通俗易懂的详细讲述。全面介绍了架空乘人装置的发展历史、基本原理、设计、安装与调试、常见故障现象及分析、日常维护管理与保养等内容。全书力求简明、实用、系统、全面，是广大用户了解架空乘人装置的必备书籍，也是用户进行设备的安全运行管理和维护保养的重要工具用书。

图书在版编目(CIP)数据

煤矿井下架空乘人装置/肖公平主编. —徐州：中国矿业大学出版社，2017.7

ISBN 978-7-5646-3241-0

Ⅰ. ①煤…　Ⅱ. ①肖…　Ⅲ. ①煤矿—架空索道—基本知识　Ⅳ. ①TH235

中国版本图书馆 CIP 数据核字(2016)第 200757 号

书　　名　煤矿井下架空乘人装置
主　　编　肖公平
责任编辑　何晓明
出版发行　中国矿业大学出版社有限责任公司
　　　　　　(江苏省徐州市解放南路　邮编 221008)
营销热线　(0516)83885307　83884995
出版服务　(0516)83885767　83884920
网　　址　http://www.cumtp.com　**E-mail**：cumtpvip@cumtp.com
印　　刷　江苏淮阴新华印刷厂
开　　本　787×1092　1/16　**印张** 10.5　**彩页** 16　**字数** 300 千字
版次印次　2017 年 7 月第 1 版　2017 年 7 月第 1 次印刷
定　　价　38.00 元

煤炭工业是关系国家经济命脉的重要基础产业，支撑着国民经济的持续快速发展。建设好安全、高效的现代化矿井，不但要提升技术装备能力，还要培养一大批专业技术和管理人才。煤矿架空乘人装置是近年来推广使用的井下乘人装备，不仅减轻了井下矿工的劳动强度，而且体现了煤矿的人本管理。

濮洪九

2015年12月

前　言

随着我国煤炭产业的快速发展，国家对煤矿技术装备的安全性高度重视，煤矿安全生产及安全运输已成为各级政府及煤矿企业共同关心的大事。煤矿架空乘人装置的推广应用大大提高了煤矿井下人员运输的安全性和可靠性，更有利于保证煤矿的安全生产，获得了巨大的社会效益和经济效益。

目前，架空乘人装置在煤矿及非煤矿山中的使用越来越普及，而用户对架空乘人装置的了解还不足，甚至有些用户还不知道架空乘人装置是什么、有什么用途。因此，向广大煤矿及非煤矿用户普及架空乘人装置的相关知识就显得尤为重要。目前，我国还没有专门针对架空乘人装置的专业书籍，致使广大用户对架空乘人装置缺乏全面的了解。

湘潭市恒欣实业有限公司地处中国伟大领袖毛泽东同志的故乡——韶山，属于国家级高新技术产业、国家级重合同守信用单位，是全球"猴车"科研、制造、销售、服务的领军企业。为了满足广大用户的需求，我们组织撰写了本书，拟作为从事煤矿架空乘人装置设计、制造、检修和使用单位的普及培训教材，也可供其他从事煤矿相关装备技术和管理工作的人员参考。本书以湘潭市恒欣实业有限公司的架空乘人装置为例，对架空乘人装置进行了通俗易懂的介绍，全面讲解了架空乘人装置的发展历史、基本原理、设计、安装与调试、常见故障及处理、日常维护管理与保养等。本书力求简明、实用、系统、全面，是广大用户了解架空乘人装置的必备书籍，也是用户进行设备的安全运行管理和维护保养的重要工具用书。

本书在编写过程中得到了各级领导的大力支持，也得到了相关专业技术专家的帮助，他们对本书提出了许多宝贵的意见和建议，在此表示衷心的感谢！
由于编者水平有限，书中难免存在不足和不当之处，敬请读者给予批评指正。

编　者

2016 年 12 月

目　录

1 架空乘人装置的概述

1.1 架空乘人装置的发展与推广

我国是世界上最早使用架空索道的国家之一。很久以前，我国就有在河流上利用竹索或藤索建造“溜索”用于人员渡河或输送货物的记载，由此形成了架空乘人装置（索道）的雏形。在我国，追溯架空乘人装置的起源已有2 000多年的历史。现代化的地下架空乘人索道则是德国在1846年发明的，并成功应用于德国萨克森州克劳斯塔尔市哈尔茨矿山。架空乘人装置（俗称“猴车”）也经历了由传统机械驱动方式到液压驱动的发展历程。现在，西方国家的架空乘人装置技术水平相当高，已全部采用先进的液压驱动技术（即液压架空乘人装置），他们完全淘汰了传统的机械驱动方式。我国自2008年自行研发并具有自主知识产权的液压架空乘人装置成功运行后，国内就再也没有进口过一台液压架空乘人装置，即此装置全部国产化了。

我国第一条用于煤矿的钢丝绳索道始建于1910年，并在北京房山煤矿成功运行和使用。新中国成立以后，1966年山东淄博煤矿安装了我国第一条煤矿索道，深受矿工的欢迎。随后，河南、河北、湖南、四川等国内很多煤矿都装设了这种井下人员运送装置。1971年，湖南马田煤矿依照淄博的基本参数和主要结构在桐子山矿区安装了湖南省第一条架空乘人装置。由于其独特的优越性，又适应湖南煤矿井型小的特点，很快在湖南省内各大型煤矿得到应用。20世纪70年代，全国各主要产煤省份均开始使用架空乘人装置，并在20世纪80年代全国部分大型煤矿得到发展。1980～2000年，由于煤炭经济形势疲软，架空乘人装置的技术发展和市场推广几乎停滞不前。这个时期，国内既没有专业的生产厂家，政府也没有相关的监管单位。

2000年以后，随着煤炭市场的快速发展，架空乘人装置也迎来了发展的黄金时期，主要经历了以下三个发展阶段。

1.1.1 第一个发展阶段（2000～2005年）

这期间主要是架空乘人装置产品的市场认知期，即市场初级推广阶段，全国煤矿使用架空乘人装置的普及率为20%左右，而大型矿务局的普及率不足30%，地方煤矿的普及率不足10%。

国内主要生产厂家有：石家庄煤矿机械厂、长沙正忠科技发展有限公司、湘潭市恒欣实业有限公司等，市场保有量在500台左右。

这期间既没有受到国家专业监管机构的监管，也没有国家强制认证的要求，甚至没有进入国家级产品目录。因此,这一时期的"架空乘人装置"产品质量较差,安全性能较低,使运行的"架空乘人装置"存在较大的安全隐患。

1.1.2 第二个发展阶段(2006~2010年)

这一时期也是市场全面推广阶段,架空乘人装置的使用单位由原来的大型矿务局延伸到了地方煤矿和一些非煤矿山。很多地方政府和大型矿业集团把使用架空乘人装置作为建设标准化矿井或现代化矿井的必要条件,逐步淘汰斜井人车,在全国煤矿掀起了安装架空乘人装置的热潮。在此期间,全国架空乘人装置的生产厂家也逐渐增加到了20多家,但主要还是由湘潭恒欣、长沙正忠科技、石家庄煤机厂等这些老牌厂家领跑行业的技术和市场。

2006年起国家实行架空乘人装置安全标志强制认证,产品质量和安全性能提高了很多。但行业内对架空乘人装置产品的管理经验仍然不足,国家或行业标准又五花八门,大部分标准都是由制造厂牵头起草的,因受到制造厂自身技术状况和装备能力的限制,制定出的标准水平不一,标准中的技术和安全要求较低,造成了国家或行业标准水平不能适用甚至落后于产品的安全要求。

到2010年,全国架空乘人装置的市场总量达到约5亿元人民币,市场总台数也达到3 000台左右。

1.1.3 第三个发展阶段(2011年至今)

2011年以后,国家开始高度关注架空乘人装置产品的安全问题。2011年1月,安标国家矿用产品安全标志中心在北京开会并下发了《关于发布〈煤矿井下用架空乘人装置安全标志管理要求〉的通知》(安标字〔2011〕13号),以及附件《煤矿井下用架空乘人装置安全标志管理要求(试行)》,将原安全标志准用证停止使用,要求生产厂家按新规定重新审查取证。

2013年2月,安标国家矿用产品安全标志中心在长沙召开会议,会议高度认识到:架空乘人装置技术水平还很低,要提高架空乘人装置的门槛,淘汰产能落后的厂家,统一规范和提高架空乘人装置国家或行业标准,推广液压架空乘人装置的新技术和新产品,到了对架空乘人装置安全"较真"的时候。

2015年,湘潭市恒欣实业有限公司推出绳牵引式轨道架空乘人装置,使得架空乘人装置的安全性得到了有效提高。

1.2 架空乘人装置的发展现状

目前,我国架空乘人装置的制造厂家有30多家,其中湘潭市恒欣实业有限公司、长沙正忠科技发展有限公司、石家庄煤矿机械厂等三家拥有市场份额达70%左右。架空乘人装置的市场拥有量达4 000~5 000台,每天约有100万~200万名矿工乘坐架空乘人装置,相当于地面上有300多列火车在运行。

架空乘人装置是运人的特殊设备,其运行安全的重要性和监管的紧迫性不亚于地面上的汽车交通,它的安全运行已不仅仅是煤矿的安全问题,更是矿工的生命保障及和谐社会的安定因素等社会问题。因此,架空乘人装置产品应当纳入国家层面的高度来管理。

如今,可以预见和期待的是,我国架空乘人装置必将进入新的一轮"淘汰落后技术,推广新技术、新产品，提高安全性能，确保矿工生命安全”的“升级版”架空乘人装置发展的崭新时期。要使中国的架空乘人装置赶超世界水平，我们的架空乘人装置监管单位、科研单位、设计制造单位、使用单位都肩负重任，全国广大的矿工兄弟们也都在期待着。

1.3　架空乘人装置的强制认证

架空乘人装置全系统必须经安标国家矿用产品安全标志中心的强制认证，取得矿用产品安全标志准用证书，但至目前为止，因国家产品目录上没有架空乘人装置，故无法取得生产许可证。架空乘人装置系统中的电气产品必须具备防爆合格证、矿用产品安全标志准用证和生产许可证。架空乘人装置生产单位需向国家矿用产品安全标志中心提出办理矿用产品安全标志准用证书的申请。

1.3.1　申请安全标志准用证的架空乘人装置生产厂家需具备的条件

（1）有营业执照并直接生产所申请的产品。

（2）有与生产矿用产品相适应的注册资金、生产规模、生产经营场所和技术能力。

（3）具备所申办产品一个及以上主要零部件的生产能力，成品组装生产条件，保证产品质量的其他生产设备。

（4）具有满足生产过程控制和出厂检验的设备与条件。

（5）有满足要求的生产工艺和产品安全性能的质量保障体系。

（6）其他有关条件。

1.3.2　申请安全标志的产品应满足的条件

（1）符合现行国家标准、行业标准和矿山安全有关规定，满足安全生产要求。

（2）采用新材料、新技术、新工艺生产的新产品应保证安全性能，经过必要的安全评估、论证，符合国家有关规定。

（3）有完整的技术文件。

（4）有供审核和检验所需的样品。

1.3.3　提交的产品技术文件的基本要求

1.3.3.1　*产品标准*

申办安全标志的产品应有明确的产品标准。产品标准可直接执行国家标准或行业标准，也可根据相关标准编制产品技术条件或企业标准。

（1）执行国家或行业标准时，选用的标准应符合以下要求：

① 标准规定的产品使用条件适合矿山实际工况。

② 标准规范性引用文件中包含该类产品的通用安全标准。

③ 标准规定的产品性能满足《煤矿安全规程》、《金属非金属矿山安全规程》及关于设备安全使用的安全生产行业标准及相关法律法规的规定。

④ 在满足强制性规定的条件下，属安全技术要求严格的标准。

（2）执行国家标准或行业标准，但需确定具体结构、技术参数、性能要求，或某些参数超出国家标准或行业标准的产品，申请人可制定产品技术条件，作为所执行标准的必要补充。

（3）无可直接选用国家标准或行业标准的产品，申请人需提交产品企业标准。

1.3.3.2　产品图纸

（1）提交的产品图纸种类

① 矿用隔爆型电气产品应提交反映产品隔爆结构的全部图纸及电气原理图；本质安全型产品提交涉及本安性能的全部图纸、电气原理图、PCB板图；其他电气产品应提交产品总图、电气原理图、外壳结构图及保护装置图纸等。

② 机械类及其他产品提交产品总图和涉及产品安全性能的图纸；复杂产品还应提交电气原理图、液压原理图、制动系统图等。

③ 系统或装置类产品提交构成框图及组成部件的相关图纸。

（2）产品图纸的基本要求

产品图纸应充分反映产品的组成、结构，符合GB/T 4457～4460机械制图等相关的国标及规定，并满足以下要求：

① 产品名称、型号、技术参数、技术要求等应符合产品执行标准的要求。

② 正确表达各部分的构成，明细表中应列出产品主要零部件的型号、材质。

③ 防爆电气产品的隔爆结构、隔爆参数等应符合GB 3836系列《爆炸性气体环境用电气设备》相关的国标规定。

④ 标题栏中至少有设计、审核、批准人签字。

1.3.3.3　产品使用说明书

产品使用说明书应按照《工业产品使用说明书 总则》(GB/T 9969—2008)的要求编写，并满足以下要求：

（1）标注产品依据标准。

（2）明确产品用途及适用环境。

（3）有详细的主要部件选配须知：对安全关联零部件应列出其名称、规格、型号、生产单位、安全标志编号等内容，并注明不得随意变更产品配置；对安标配套件应列出配套件的名称、规格、型号，并注明必须选配安全标志有效期内且与整机匹配的部件。

（4）有必要的安全警示性语句。

1.3.3.4　产品主要零部件及重要原材料明细表

表中应明确零部件及重要原材料的名称、规格、型号、生产单位，纳入安全标志管理的零部件应列出安全标志的编号，纳入国家强制性认证管理的零部件应列出相应的证书编号。

表中所列零部件及原材料应全部纳入申请人(生产单位)的受控管理，纳入安全标志管理的安全关联部件、安标配(套)件和安标关键部件执行安全标志管理有关规定，并在明细表中予以明确。

2　架空乘人装置的工作原理与组成

2.1　架空乘人装置的工作原理

架空乘人装置的工作原理是将一条作为牵引用的钢丝绳套在驱动轮和迂回轮上，这两个轮分别装在线路的起点与终点的机架上，中间部分的牵引钢丝绳用绳轮组支撑定位，通过张紧装置使牵引钢丝绳具有一定的初张力。由动力系统带动驱动轮旋转，利用摩擦原理，驱动轮带动牵引钢丝绳做循环运动。用已连接好吊具的抱索器等距离固定或卡挂在牵引钢丝绳上，乘员坐在吊具上随牵引钢丝绳上行或下行，从而实现输送矿工的目的。

2.2　架空乘人装置的组成

架空乘人装置由驱动装置、托(压)绳装置、迂回轮装置、张紧装置、牵引钢丝绳、乘人装置、辅助装置、安全保护装置、电控装置等组成。其中，机械驱动架空乘人装置如图 2-1 所示；液压驱动架空乘人装置如图 2-2 所示。

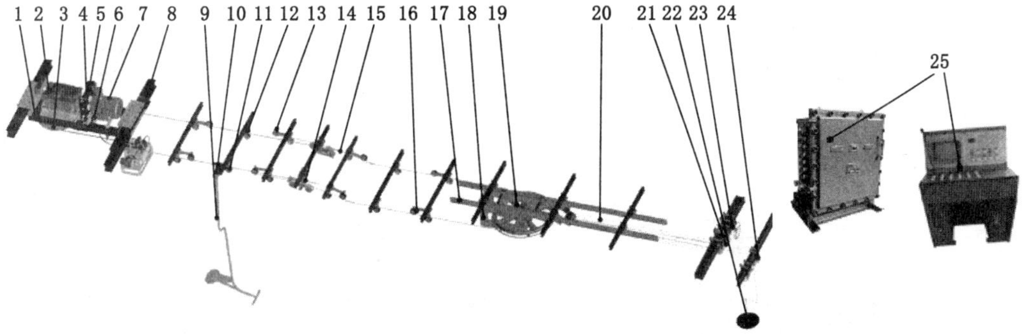

图 2-1　机械驱动架空乘人装置

1——机架；2——减速器；3——驱动轮；4——联轴器；5——工作(高速端)制动器；6——安全(低速端轮边)制动器；7——防爆电动机；8——横梁；9——吊椅；10——抱索器；11——单托轮；12——单托轮吊架；13——托(压)轮组；14——双托轮组；15——牵引钢丝绳；16——防越位装置；17——迂回轮导轨；18——迂回轮架；19——迂回轮组件；20——张紧钢丝绳；21——三滑轮组；22——配重块；23——张紧绞车；24——单滑轮；25——电控装置

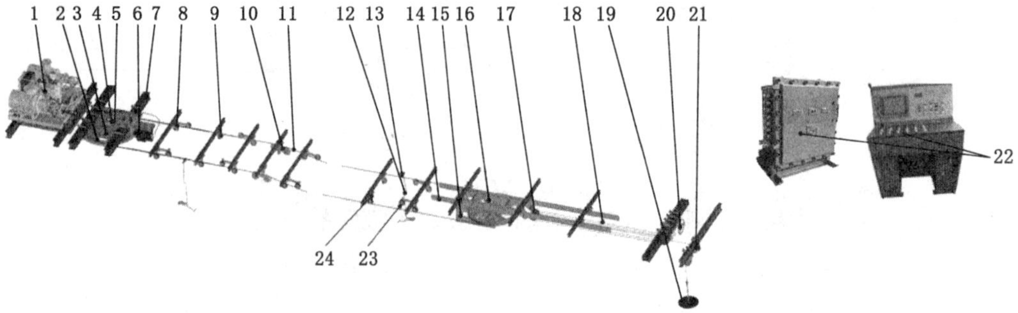

图 2-2　液压驱动架空乘人装置

1——液压站；2——驱动轮；3——机架；4——液压马达；5——减速器；6——安全(低速端轮边)制动器；
7——横梁；8——托(压)轮组；9——单托轮；10——双托轮组；11——牵引钢丝绳；12——吊椅；
13——抱索器；14——迂回轮导轨；15——迂回轮架；16——迂回轮组件；
17——四滑轮组；18——张紧钢丝绳；19——配重块；20——张紧绞车；21——单滑轮；
22——电控装置；23——防越位装置；24——单托轮吊架

2.2.1　驱动装置

驱动装置可根据驱动方式、安装方式、结构形式、制动方式等进行分类，见表 2-1。

表 2-1　　**驱动装置的分类**

驱动方式	安装方式	结构形式	制动方式
机械驱动	架空	单轮驱动	工作制动器一般为电液式，也可用液压式；安全制动器一般为液压式，也可用电液式
		双轮驱动	
	落地	单轮驱动	
		双轮驱动	
液压驱动	架空	单轮驱动	
		双轮驱动	
	落地	单轮驱动	
		双轮驱动	

2.2.1.1　机械驱动装置

机械驱动装置在煤矿架空乘人装置中属应用最广泛的一种，这种驱动方式为传统的驱动方式，结构简单、安装方便、容易维护、故障率低；机械驱动装置由电动机、联轴器、工作制动器、减速器、轴组件、驱动轮、安全制动器等组成。

(1) 减速器

在架空乘人装置中，被广泛应用的减速器主要有三种：平面二次包络环面蜗杆减速器(已淘汰)、锥齿轮-斜齿轮减速器和行星齿轮减速器。平面二次包络环面蜗杆减速器的蜗轮材质主要为铸锡青铜及铸铝铁青铜。铸锡青铜的优点是减摩性好、抗胶合性好，缺点是强度低、价格贵；铸铝铁青铜的减摩性较差、抗胶合性较差，优点是强度高、价格较便宜。此种减速器使用时需要良好的润滑及冷却，如果在使用过程中不能保证良好的润滑及冷却就很容易发生缺油现象而造成蜗轮齿磨光、脱落等危险。现在的架空乘人装置已经不再使用该类型减速器。

目前应用最多的是锥齿轮-斜齿轮减速器以及行星齿轮减速器，该类减速器的主要特点是体积小、转矩大、速比大、传动平稳、噪声低、使用寿命长。

减速器配备有润滑油油温检测装置，当设备运行时，减速器润滑油油温高于设定值时就会发出停机信号；同时减速器上还设有油位观察窗，便于工作人员例行检查。

(2) 电动机

煤矿井下使用的电动机，应选用隔爆型电动机，并符合《爆炸性环境 第1部分：设备 通用要求》(GB 3836.1—2010)及《爆炸性环境 第2部分：由隔爆外壳“d”保护的设备》(GB 3836.2—2010)中的要求，且电动机应采用矿用隔爆型启动器进行控制。

(3) 联轴器

选用带制动轮的弹性联轴器，如弹性柱销联轴器、梅花形弹性联轴器、星形弹性联轴器、蛇形弹性联轴器等，一般常用的是前两种。图2-3所示为弹性柱销联轴器，主要由制动轮1、从动端半联轴器2、主动端半联轴器3、弹性件4等组成，此种联轴器具有结构简单、拆装方便、减振、耐磨、缓冲等性能，并对两轴的同轴度偏差具有一定的补偿作用。

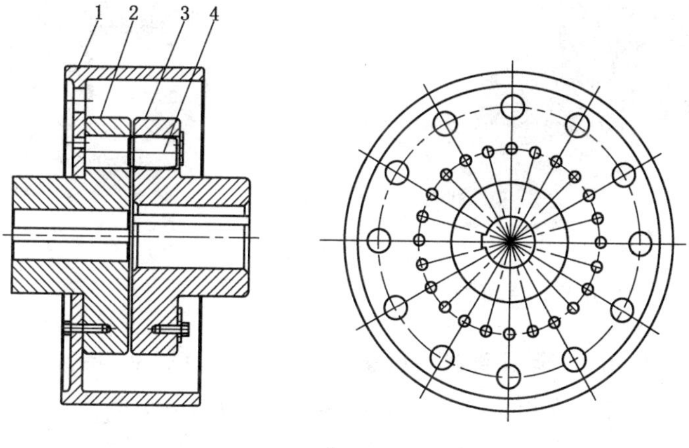

图2-3　弹性柱销联轴器

1——制动轮；2——从动端半联轴器；3——主动端半联轴器；4——弹性件

(4) 制动器

按《煤矿安全规程》的相关规定，架空乘人装置应设置两套彼此独立的工作制动器和安全制动器，且不同时动作。制动器应为失效安全型，工作制动器安装在高速轴上的，叫高速制动器；安全制动器一般安装在低速端的驱动轮上，所以又叫低速制动器或轮边制动器。

① 工作制动器

工作制动器可选用电力液压块式制动器和液压盘式制动器。电力液压块式制动器的推动器为隔爆型，并有防爆合格证和安全标志准用证，其外形如图2-4所示。

工作制动器的作用：工作制动器为设备停车时的一级制动。根据架空乘人装置的工作原理，高速运转的电动机，通过减速器减速，带动驱动轮做旋转运动，驱动轮依靠摩擦力使钢丝绳做无极循环运动。电动机断电时，在惯性作用下，从电动机断电到电动机完全停止，这中间有一定的时间差。工作制动器可以缩短这个时间差，从而达到所需要的停车效果。

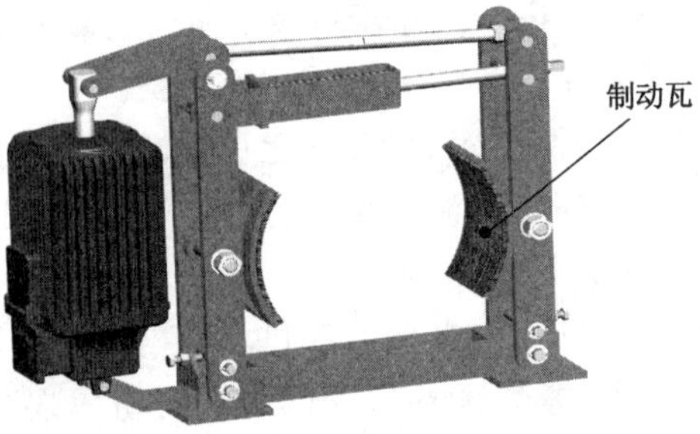

图 2-4　电力液压块式制动器

② 安全制动器

安全制动器根据开启方式的不同，可分为电力液压盘式制动器(图 2-5)和液压盘式制动器(图 2-6)。

图 2-5　电力液压盘式制动器

图 2-6　液压盘式制动器

安全制动器的作用：安全制动器为设备停车时的二级制动，增加设备停车时的安全系数。由于安全制动器直接作用于驱动轮上，因此安全制动器也能够起到使架空乘人装置急停的作用。当工作制动器失效或减速器轮齿损坏、输出轴的平键或花键齿损坏时，安全制动器就起到了关键作用。安全制动器在通电(或通压力油)的情况下，钳口是张开的，保证驱动轮正常运转；断电时，钳口在弹簧力的作用下闭合，夹紧制动轮(盘)，从而达到制动的效果。

安全制动器的选用：《煤矿用架空乘人装置安全检验规范》(AQ 1038—2007)中规定，制动器的最大制动力应为额定牵引力的 1.5～2 倍。

如果发生紧急情况，可使两个制动器同时制动，可有效避免飞车事故及人员伤亡事故的发生。

③ 制动器的性能要求

a. 安全制动器空动时间不大于 0.7 s。

b. 制动装置应为失效安全型。

c. 制动器的最大制动力应为额定牵引力的 1.5～2 倍。

d. 重车下行、空车上行时，工作制动器的平均减速度不应小于 0.3 m/s^2；重车上行、空车下行时，工作制动器平均减速度不应大于 1.5 m/s^2。减速度按下式进行计算：

$$a = v/(t - t_{空})$$

式中　a——制动减速度，m/s^2；

v——车辆运行速度，m/s；

t——制动时间，s；

$t_{空}$——制动器空动时间，s。

④ 制动器的其他要求

a. 工作制动器安装调整好后，松闸时制动闸瓦与制动轮（轴）的间隙不应大于 0.8 mm；安全制动器安装调整好后，松闸时制动闸瓦与制动轮的间隙不应大于 2 mm。

b. 应有防护措施，防止制动块、刹车面上沾上液压油、润滑油脂和水。

c. 正向和反向制动动作应相同。

d. 制动力应均匀地分布在制动块上。

e. 制动行程应留有余量。

f. 在选择制动弹簧时，弹簧的工作行程不得超过其有效行程的 80%。

g. 制动块的压紧力应由重力或压力弹簧产生，其力的传递应为机械式的。

h. 制动闸瓦不允许有影响使用性能的龟裂、起泡、分层等缺陷。在摩擦试验时，不应发生有焰燃烧或无焰燃烧现象，在密闭的隔爆箱内不应引起爆炸；试件和试验盘表面温度不应大于 150 ℃；制动闸瓦不准拉毛或刮伤试验盘。

（5）驱动轮

《煤矿用架空乘人装置安全检验规范》（AQ 1038—2007）中对驱动轮直径的定义为：驱动轮缠绳表面的径向尺寸称为驱动轮的直径。

驱动轮分为单绳槽驱动轮和双绳槽驱动轮。驱动轮直径根据钢丝绳直径、运行速度要求以及现场安装空间等条件确定。《煤矿用架空乘人装置安全检验规范》（AQ 1038—2007）中还要求，乘人装置的驱动轮和尾轮与钢丝绳直径的比值不应小于 60，驱动轮直径与钢丝绳中最粗钢丝直径的比值不应小于 900。

驱动轮按制造工艺分为铸造和焊接两种。其中，焊接驱动轮质量可靠，不存在内部缺陷，质量轻，启动时转动惯量小；铸造驱动轮内部容易存在气孔、夹渣、裂纹等铸造缺陷。

① 单绳槽驱动轮

单绳槽驱动轮是指只有一个绳槽的驱动轮，如图 2-7 所示。一般情况下，牵引钢丝绳在驱动轮上缠绕半圈，此时，钢丝绳在驱动轮上的围包角为 180°。单绳槽驱动轮主要用于小负载的架空乘人装置，安装简单方便。

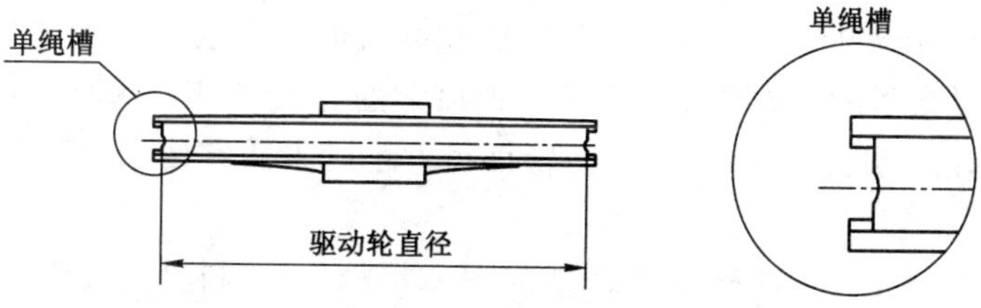

图 2-7　单绳槽驱动轮

② 双绳槽驱动轮

双绳槽驱动轮是指有两个绳槽的驱动轮，如图 2-8 所示。与之配套使用且倾斜安装的换向轮称为副轮，副轮使牵引钢丝绳换向，从而达到让牵引钢丝绳在驱动轮上缠绕两个半圈的目的。通常情况下，牵引钢丝绳在双绳槽驱动轮上的围包角大于等于 360°，双绳槽驱动轮牵引钢丝绳的缠绕方式如图 2-9 所示。双绳槽驱动轮主要用于大负载的架空乘人装置，其结构紧凑，驱动能力强，安装简单方便。

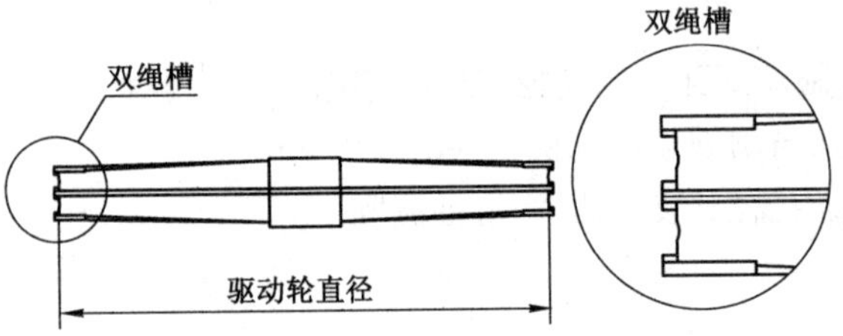

图 2-8 双绳槽驱动轮

图 2-9 双绳槽驱动轮牵引钢丝绳缠绕方式

机械驱动装置根据其结构以及安装方式的不同，主要分为机械架空单轮驱动装置、机械架空双轮驱动装置、机械落地单轮驱动装置和机械落地双轮驱动装置。

机械架空单轮驱动装置如图 2-10 所示。

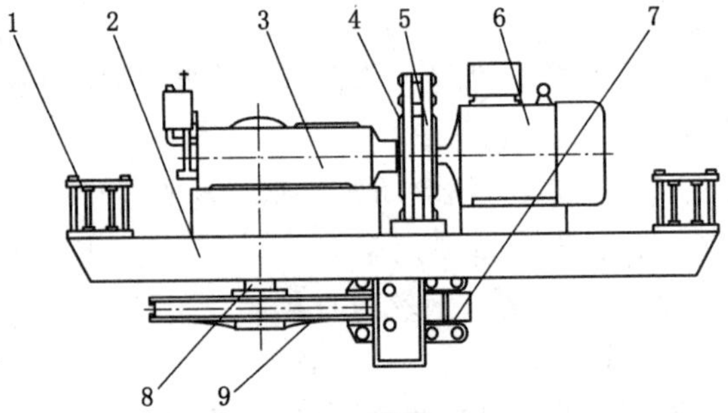

图 2-10 机械架空单轮驱动装置

1——驱动装置横梁；2——驱动机座；3——减速器；4——联轴器；5——工作制动器；6——电动机；7——安全制动器；8——驱动轴组件；9——驱动轮

机械架空双轮驱动装置的驱动轮为双绳槽，副轮组件用于牵引钢丝绳换向。机械架空双轮驱动装置如图 2-11 所示。

机械落地单轮驱动装置与机械架空单轮驱动装置的最大区别在于安装的方式不一样，机械落地单轮驱动装置的机架是直接安装在地面上的，主要适用于矮小的巷道。其工作原理同机械架空单轮驱动装置一样，但驱动轮直径太小时不适宜使用固定抱索器，如图 2-12 所示。

机械落地双轮驱动装置的机架落地安装，其双绳槽轮及副轮均安装在同一机架上，如图 2-13 所示。

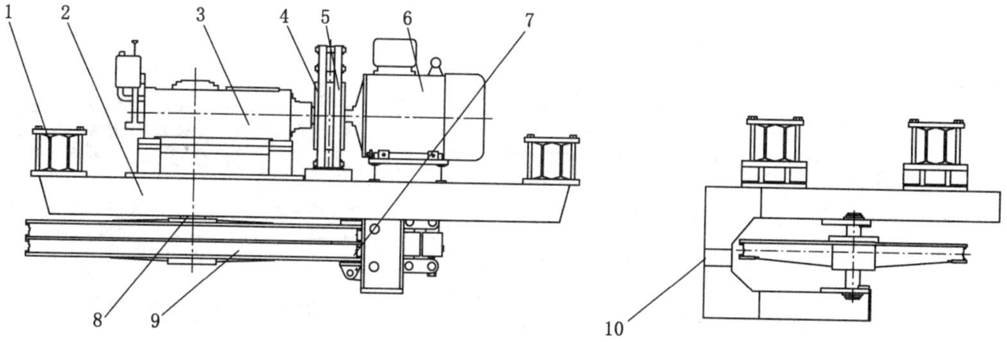

图 2-11 机械架空双轮驱动装置

1——驱动装置横梁；2——驱动机座；3——减速器；4——联轴器；5——工作制动器；6——电动机；7——安全制动器(液压盘式制动器)；8——驱动轴组件；9——双绳槽驱动轮；10——副轮组件

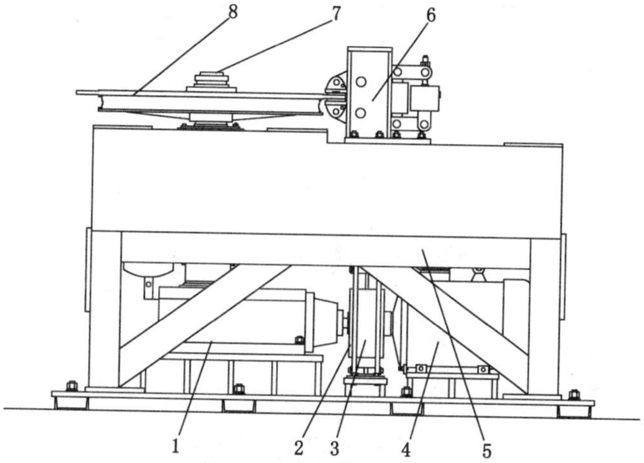

图 2-12 机械落地单轮驱动装置

1——减速器；2——联轴器；3——工作制动器；4——电动机；5——驱动机座；6——安全制动器；7——驱动轴组件；8——驱动轮

2.2.1.2 *液压驱动装置*

液压驱动装置由液压系统提供动力，即液压泵给液压马达输出压力油，液压马达在压力油的作用下高速转动，通过减速器减速后带动驱动轮转动。通常减速器采用锥齿轮-斜齿轮减速器(图2-14)和行星齿轮减速器(图 2-15)。其工作原理如图 2-16 所示，液压泵给液压马达输出压力油，液压马达在压力油的作用下高速转动，并通过减速器减速后带动驱动轮转动。若采用低速大转矩马达，则马达通过连接装置与驱动轮连接，马达带动驱动轮转动，马达的转速通过改变变量泵的排量来调节。

液压站是为液压架空乘人装置驱动部分提供动力的单元，是液压驱动系统中的核心部分。液压站主要包括隔爆电动机、液压泵、油箱、散热器、主泵变量控制阀组、温度保护控制器、速度保护控制器、制动控制阀组及张紧控制阀组等。液压站给驱动部分提供动力。此外，液压站还可为安全(低速端轮边)制动器以及张紧液压缸提供压力油。液压站的最高工作油温为 70 ℃，当超过此温度时，通过温度控制器使液压站自动停止工作。液压站分为两

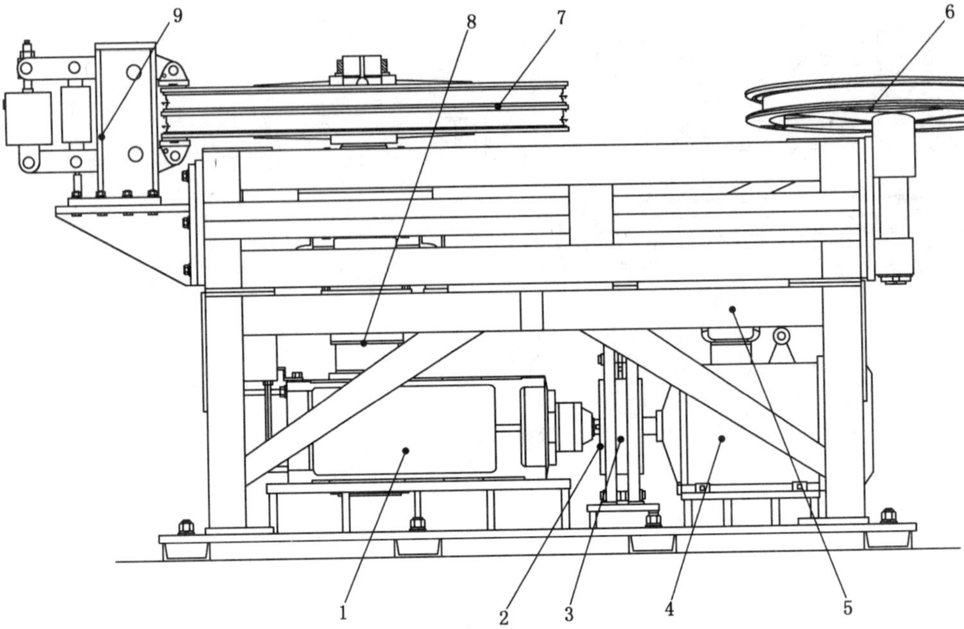

图 2-13 机械落地双轮驱动装置

1——减速器；2——联轴器；3——工作制动器；4——电动机；5——驱动机座；
6——副轮组件；7——双绳槽驱动轮；8——驱动轴组件；9——安全制动器(液压盘式制动器)

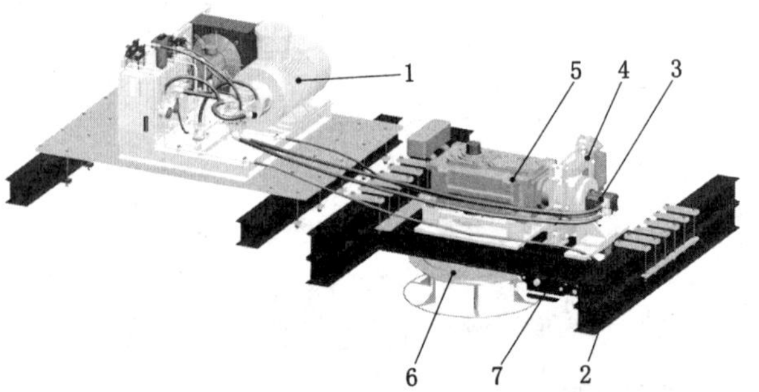

图 2-14 锥齿轮-斜齿轮减速器

1——液压站；2——驱动机架；3——液压马达；4——工作制动器；5——减速器；
6——驱动轮；7——安全制动器(液压盘式制动器)

种形式：单动力液压站和双动力液压站。

(1) 单动力液压站

单动力液压站分为两种形式：卧式单泵液压站(图 2-17)和立式单泵液压站(图 2-18)。

立式单泵液压站与卧式单泵液压站的不同之处为：散热器的形式和安装方式不同，立式单泵液压站中的散热器安装在电动机和液压泵之间，其主泵变量控制阀组和制动控制阀组与卧式单泵液压站中的相同。

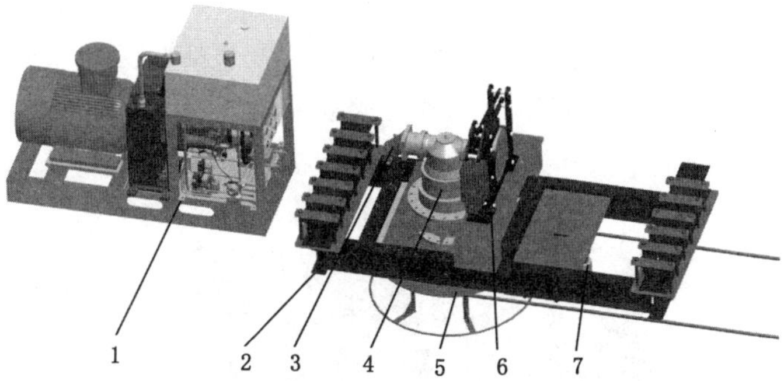

图 2-15 行星齿轮减速器

1——液压站;2——驱动机架;3——液压马达;4——减速器;5——驱动轮;
6——工作制动器;7——安全制动器(液压盘式制动器)

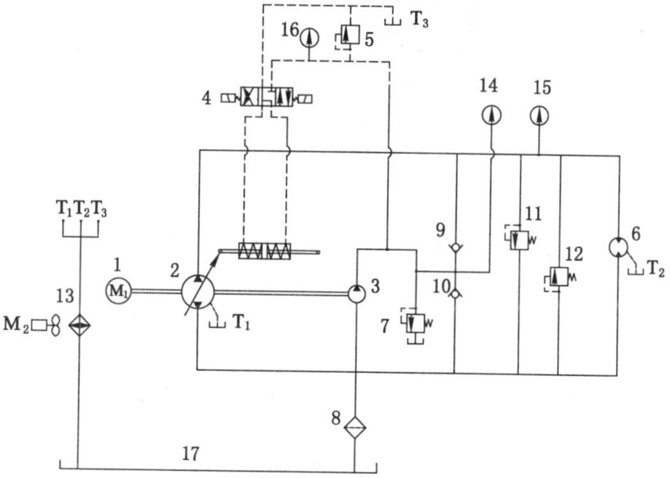

图 2-16 液压驱动系统原理图

1——电动机;2——变量泵;3——补油泵;4——电磁换向阀;5,7,11,12——溢流阀;
6——液压马达;8——过滤器;9,10——单向阀;13——散热器;14,15,16——压力表;17——油箱

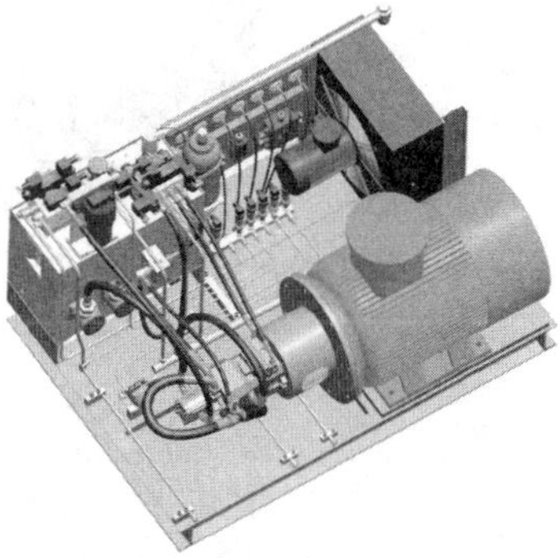

图 2-17 卧式单泵液压站

图 2-18 立式单泵液压站

① 主泵变量控制阀组

单泵液压站主泵变量控制阀组如图 2-19 所示，主要包括调速阀 1、二位四通电磁换向阀 2 和 6、三位四通电磁换向阀 3、减压阀 4、安全阀 5 等部件。

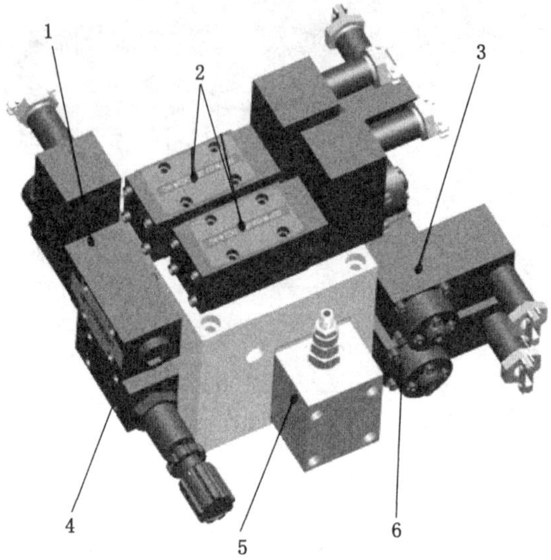

图 2-19　单泵液压站主泵变量控制阀组

1——调速阀；2，6——二位四通电磁换向阀；3——三位四通电磁换向阀；4——减压阀；5——安全阀

a. 调速阀 1 的主要功能：调节系统的运行速度，通过调速阀调节主液压泵排量控制油的压力，达到调节液压泵的排量从而实现控制系统速度的目的。

b. 二位四通电磁换向阀 2 的主要功能：切换程控和手动调速挡位，当程控时两电磁阀不通电，手动时两电磁阀通电。

c. 三位四通电磁换向阀 3 的主要功能：控制液压马达的正、反转。

d. 减压阀 4 的主要功能：切换到手动挡时，手动调节牵引钢丝绳的运行速度。

e. 安全阀 5 的主要功能：限制液压泵排量，控制压力的最大值，以达到限制系统最大运行速度的目的。

f. 二位四通电磁换向阀 6 的主要功能：控制高速端制动器的打开和关闭。

② 制动控制阀组

制动控制阀组用于控制低速制动器的打开和关闭，如图 2-20 所示，主要包括三位四通电磁换向阀 1、单向阀 2、溢流阀 3 和 4、二位四通电磁换向阀 5 等。

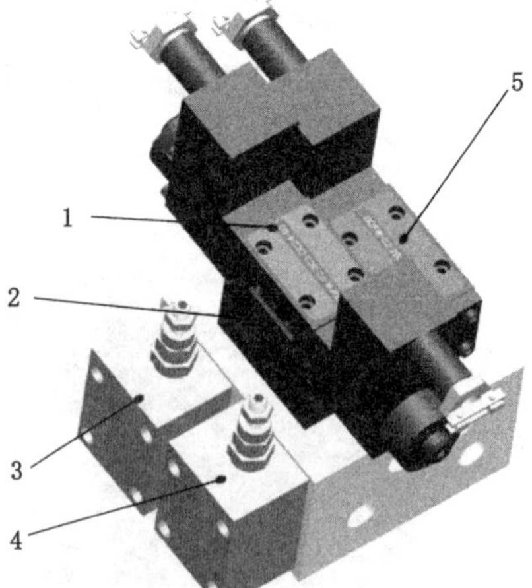

图 2-20　单泵液压站制动控制阀组

1——三位四通电磁换向阀；2——单向阀；3，4——溢流阀；5——二位四通电磁换向阀

a. 三位四通电磁换向阀 1 的主要功能：制动液压泵（辅泵）卸荷及制动器液压缸的充压。

b. 单向阀 2 的主要功能：安全（低速）制动器液压缸保压。

c. 溢流阀 3 的主要功能：调节制动液压泵的工

作压力。

d. 溢流阀 4 的主要功能：调节安全（低速）制动器的开启压力。

e. 二位四通电磁换向阀 5 的主要功能：控制安全（低速）制动器的开启和制动。

（2）双动力液压站

双动力液压站也分为两种形式：一种是卧式双泵液压站（图 2-21），两台液压泵一用一备，互为备用，共用油箱和散热器；另一种是立式双泵液压站（图 2-22），由两台独立的立式单泵液压站和切换装置组成，两台立式单泵液压站一用一备，互为备用，其主泵变量控制阀组、制动控制阀组与立式单泵液压站中的主泵变量控制阀组、制动控制阀组结构一致。

图 2-21　卧式双泵液压站

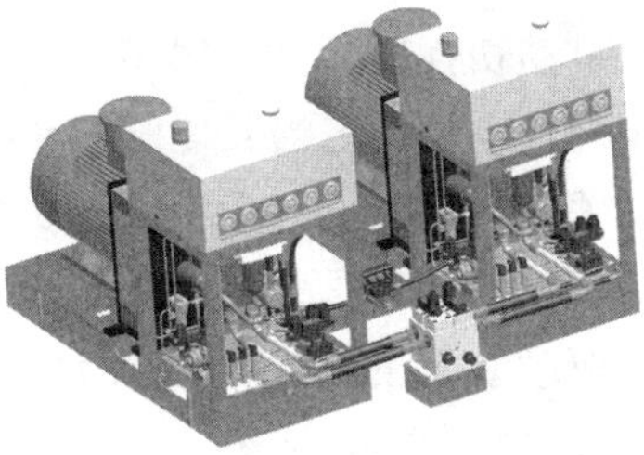

图 2-22　立式双泵液压站

① 主泵变量控制阀组

主泵变量控制阀组主要包括调速阀 1、三位四通电磁换向阀 2、安全阀 3 等部件，如图 2-23 所示。

a. 调速阀 1 的主要功能：调节系统的运行速度，通过调速阀调节主液压泵排量控制油的压力，达到调节液压泵的排量从而实现控制系统速度的目的。

b. 三位四通电磁换向阀 2 的主要功能：控制液压马达的正、反转。

c. 安全阀 3 的主要功能：限制液压泵排量，控制压力的最大值，以达到限制系统最大运行速度的目的。

② 制动控制阀组

制动控制阀组主要包括二位四通电磁换向阀 1 和 2、三位四通电磁换向阀 3、单向阀 4、溢流阀 5 和 6 等部件，如图 2-24 所示。

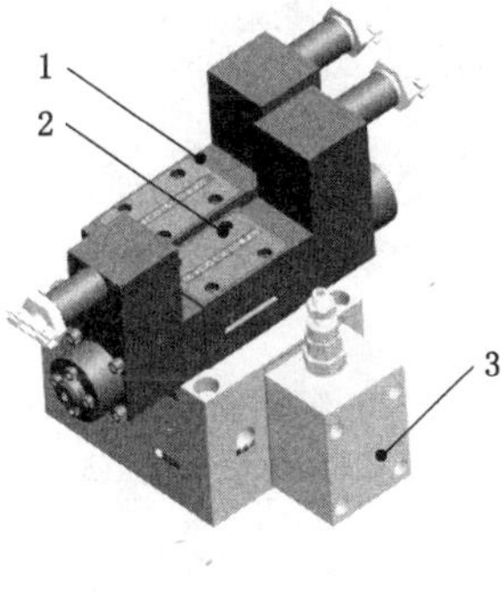

图 2-23　双泵液压站主泵变量控制阀组

1——调速阀；2——三位四通电磁换向阀；3——安全阀

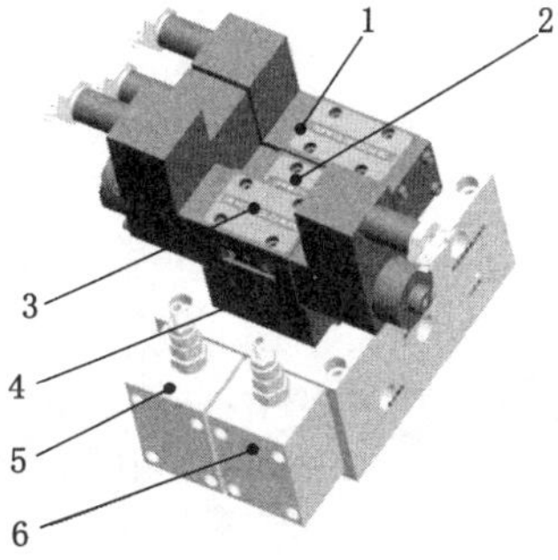

图 2-24　双泵液压站制动控制阀组

1，2——二位四通电磁换向阀；3——三位四通电磁换向阀；4——单向阀；5，6——溢流阀

a. 二位四通电磁换向阀 1 和 2 的主要功能：控制安全(低速)制动器的开启和制动。

b. 三位四通电磁换向阀 3 的主要功能：辅泵卸荷及控制油路的通断。

c. 单向阀 4 的主要功能：安全(低速)制动器液压缸保压。

d. 溢流阀 5 的主要功能：调节制动液压泵的工作压力。

e. 溢流阀 6 的主要功能：调节安全(低速)制动器的开启压力。

③ 双泵自动切换阀组

双泵自动切换阀组用于双泵液压站中两组液压泵的自动切换。当其中一台运行时，另一台自动关闭，需两台液压泵同时运行时，可同时打开。如图 2-25 所示。

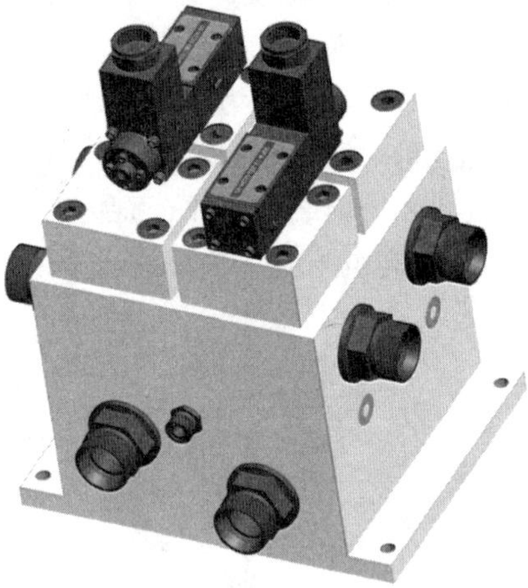

图 2-25　双泵自动切换阀组

液压驱动装置的其余组成部件同机械驱动的一致，在此不再赘述。

液压驱动装置根据其结构以及安装方式的不同，主要分为液压架空单轮驱动装置(图 2-26)、液压架空双轮驱动装置(图 2-27)、液压落地单轮驱动装置(图 2-28)和液压落地双轮驱动装置(图 2-29)。

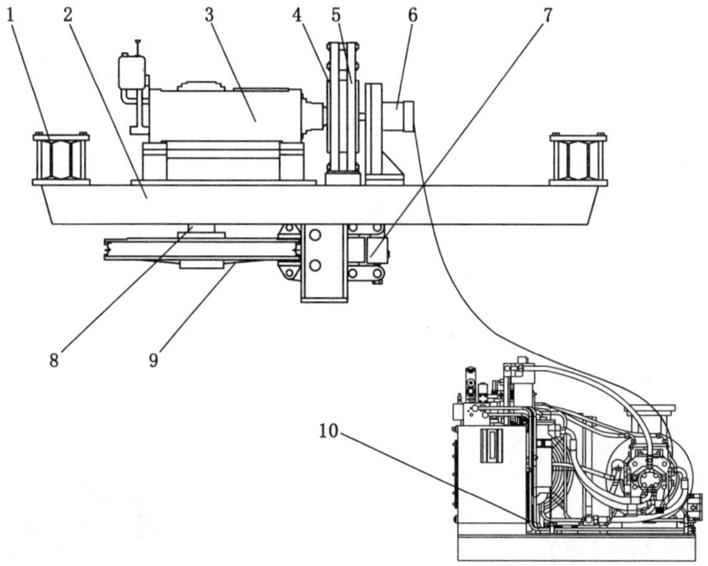

图 2-26　液压架空单轮驱动装置

1——驱动装置横梁；2——驱动机座；3——减速器；4——联轴器；5——工作制动器；6——液压马达；7——安全制动器(液压盘式制动器)；8——驱动轴组件；9——驱动轮；10——液压站

2.2.1.3　驱动装置的性能要求

驱动装置无论是架空安装还是落地安装，都必须满足如下要求：

(1) 驱动机架整体应有较高的强度、刚度和稳定性。

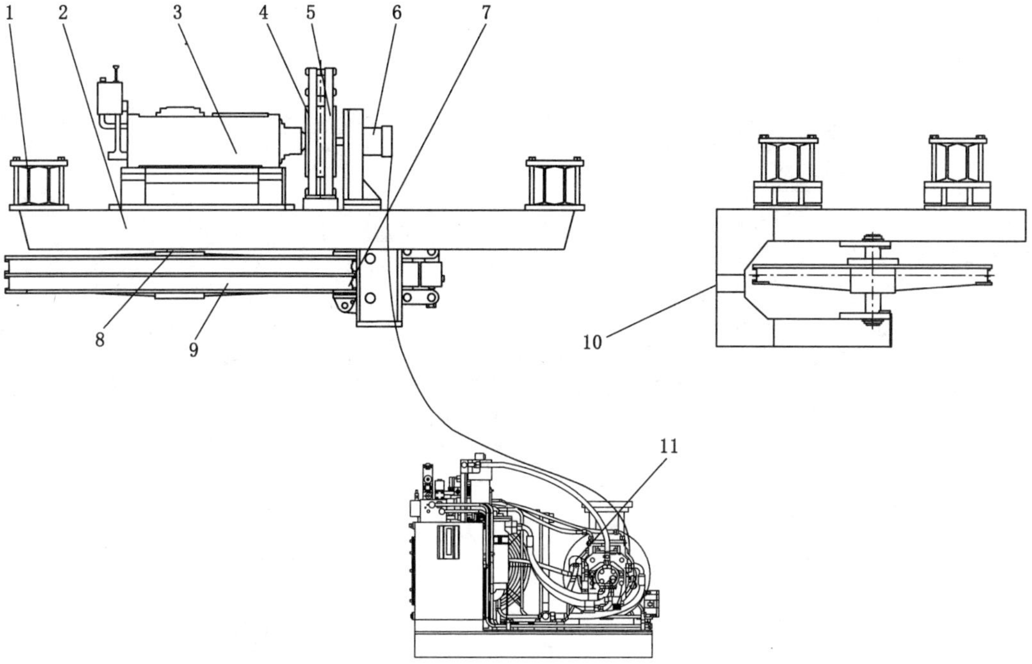

图 2-27　液压架空双轮驱动装置

1——驱动装置横梁；2——驱动机座；3——减速器；4——联轴器；5——工作制动器；6——液压马达；7——安全制动器(液压盘式制动器)；8——驱动轴组件；9——双绳槽驱动轮；10——副轮组件；11——液压站

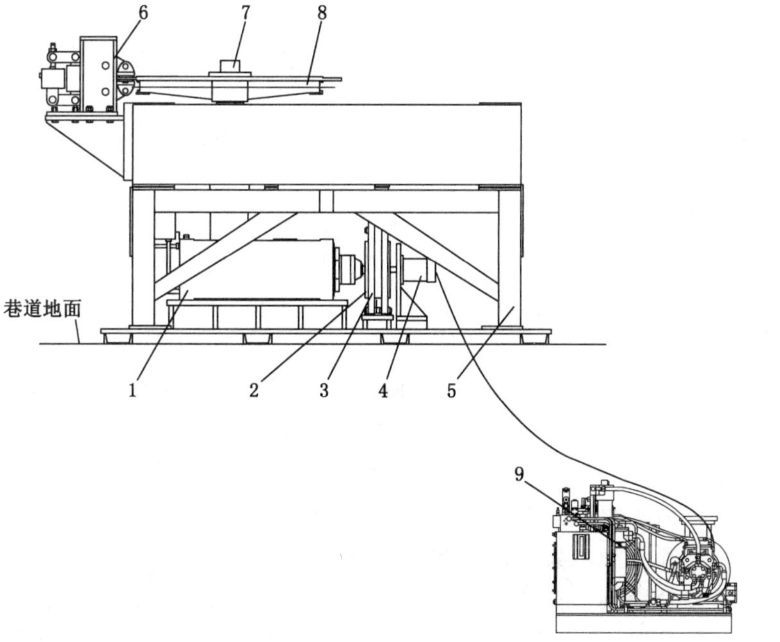

图 2-28　液压落地单轮驱动装置

1——减速器；2——联轴器；3——工作制动器；4——液压马达；5——驱动机座；6——安全制动器(液压盘式制动器)；7——驱动轴组件；8——驱动轮；9——液压站

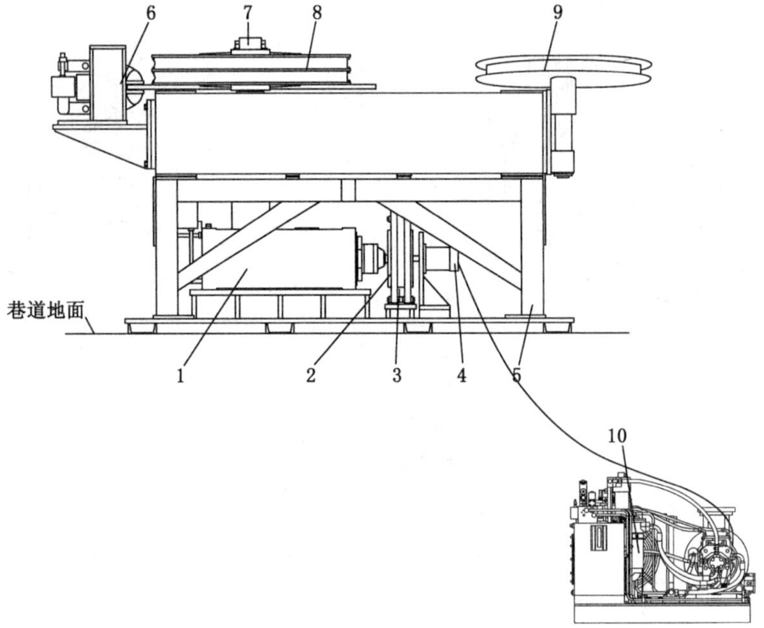

图 2-29　液压落地双轮驱动装置

1——减速器；2——联轴器；3——工作制动器；4——液压马达；5——驱动机座；
6——安全制动器（液压盘式制动器）；7——驱动轴组件；8——双绳槽驱动轮；9——副轮组件；10——液压站

（2）减速器输入轴与电动机（液压马达）的输出轴连接的同轴度偏差不得超出允许的范围。

（3）驱动轮与主轴之间必须紧密配合，且锁紧螺母必须锁紧。

（4）各部件结构紧凑，不相互干涉。

（5）驱动装置中所涉及的安标受控件，如电动机、推动器等均需有防爆合格证和煤矿安全标志准用证。

2.2.2　绳轮组

在架空乘人装置线路中，绳轮组对牵引钢丝绳起到支承与导向的作用，使牵引钢丝绳在一定的轨迹上运行。

绳轮组固定在吊架上，通常吊架利用螺栓固定在巷道中的横梁上，也可用锚杆直接固定在巷道顶部。制作吊架的材料有很多，多以型材为主，如方管吊架、圆管吊架、槽钢吊架等。常用的是方管吊架和圆管吊架。吊架按安装方式的不同，可分为边形吊架和 T 形吊架两种。边形吊架是指分别独立安装在线路两侧的吊架，可分为边形单托轮吊架、边形双托轮吊架和边形托（压）轮吊架。T 形吊架是指线路两侧的托轮共用一个吊架，这个吊架安装在线路中间，可分为 T 形单托轮吊架、T 形双托轮吊架和 T 形托（压）轮吊架。

绳轮组根据使用情况可分为G形托绳轮(图2-30)和H形托绳轮(图2-31)。G形托绳轮适用于固定抱索器和卡钳式可摘挂抱索器;H形托绳轮适用于摩擦式可摘挂抱索器。G形托绳轮后端轮缘加大,以防止牵引钢丝绳从后端掉出,托轮与吊架端面距离h越小越好,以防止牵引钢丝绳从后端掉出时被卡住;H形托绳轮后端与吊架端面距离H要加大,以保证摩擦式可摘挂抱索器通过托轮时不会与吊架干涉。

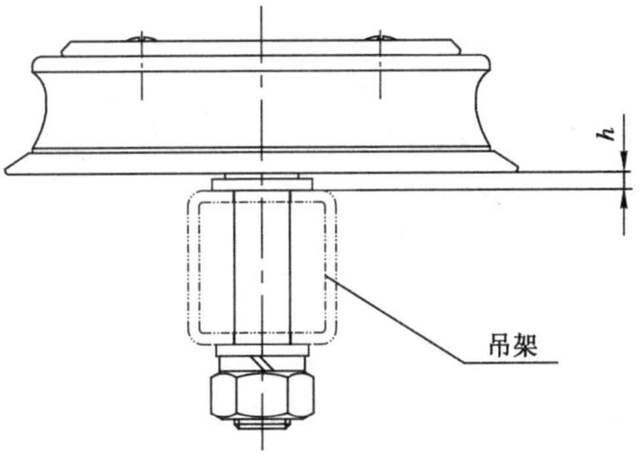

图2-30 G形托绳轮

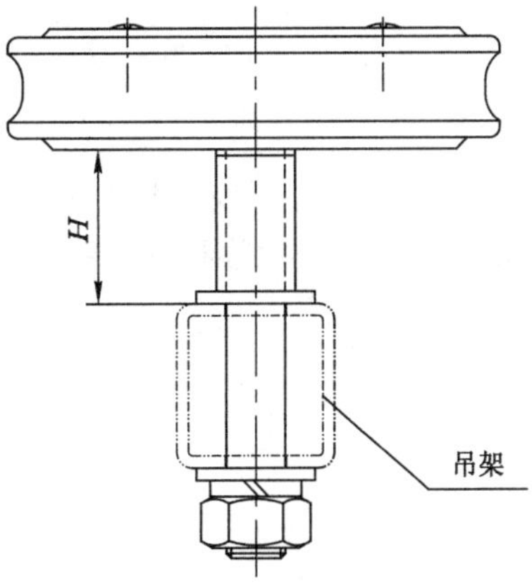

图2-31 H形托绳轮

2.2.2.1 边形托绳装置

边形托绳装置根据所配吊架的不同,可分为边形单托绳轮组件、边形双托绳轮组件和边形托(压)绳轮组件。

(1) 边形单托绳轮组件

单托绳轮组件一般用于直线段牵引钢丝绳的支承。如图2-32所示,边形单托绳轮组件由单托绳轮和吊架组成。边形单托绳轮组件在需要的时候也可以当单压绳轮使用,如图2-33所示。

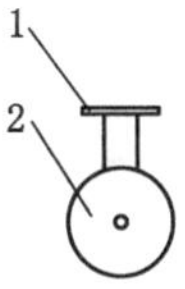

图2-32 边形单托绳轮组件

1——吊架;2——单托绳轮

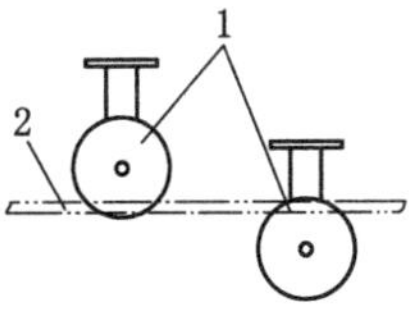

图2-33 边形单托绳轮组件的应用

1——单托绳轮组件;2——牵引钢丝绳

安装单托绳轮的吊架称为单托轮吊架。吊架分为固定吊架和可调吊架两种形式。固定吊架的托绳轮组件安装孔为圆孔,如图2-34所示;可调吊架的托绳轮安装孔为U形调节孔,如图2-35所示。由于巷道中横梁的安装高度可能会存在误差,因此配置一部分可调吊架可以调节托绳轮的高度,以保证同一直线段的托绳轮安装高度(垂直巷道腰线方向)一致。

(2) 边形双托绳轮组件

双托绳轮组件一般用于变坡段牵引钢丝绳的支承。如图2-36所示,双托绳轮组件由吊架和双托绳轮组成。安装双托绳轮的吊架称为双托轮吊架,为了适应横梁高度的差异,保证

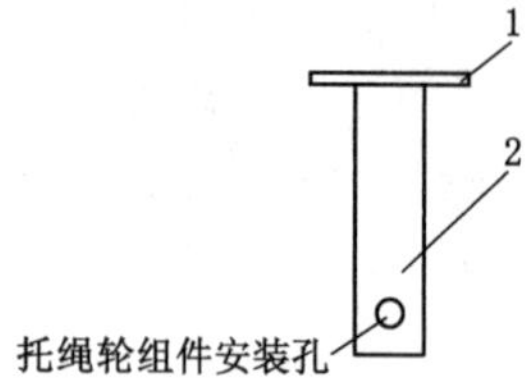

图 2-34　固定吊架

1——吊架顶板；2——架体

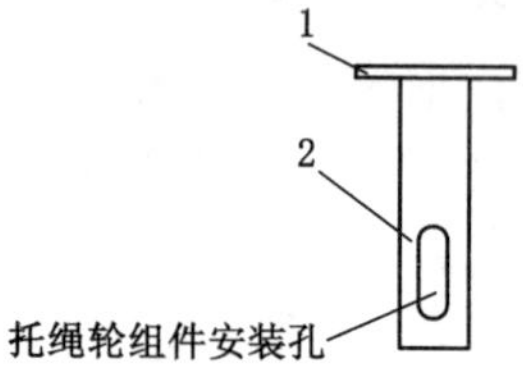

图 2-35　可调吊架

1——吊架顶板；2——架体

变坡段牵引钢丝绳呈弧线，因此，双托轮吊架上双托绳轮组件的安装孔设计有 3 个，如图 2-37所示，便于调节双托绳轮的高度。

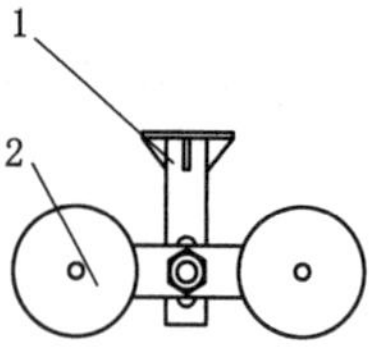

图 2-36　双托绳轮组

1——吊架；2——双托绳轮

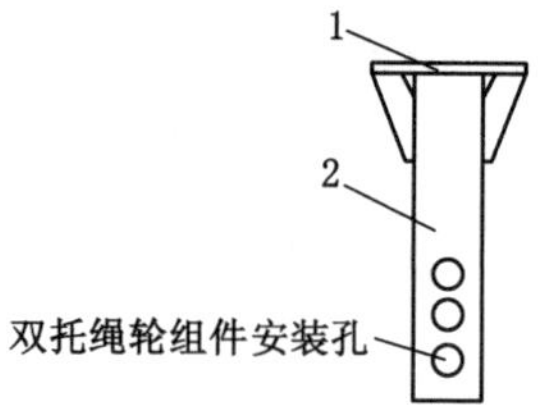

图 2-37　双托轮吊架

1——吊架顶板；2——架体

图 2-38 所示为双托绳轮组件在变坡段的布置示意图。为了使变坡点绳轮组单轮上分担的牵引钢丝绳折角不大于 4.5°，根据巷道坡度的大小来设置双托绳轮组件的数量，坡度小时可只设一组，坡度大时可设置多组。图 2-39 为绳轮组单轮上分担的牵引钢丝绳折角示意图。

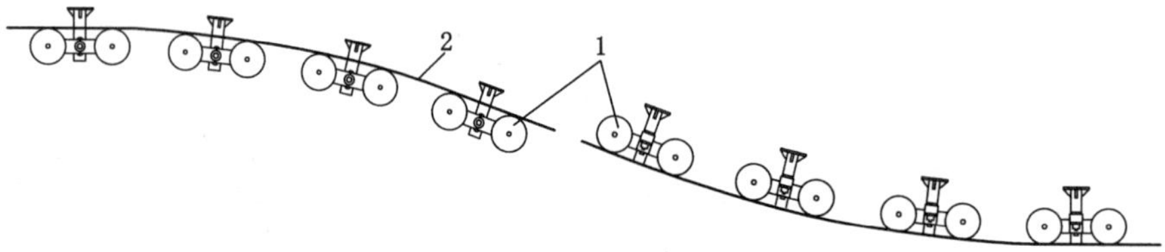

图 2-38　双托绳轮组件在变坡段的布置示意图

1——双托绳轮组件；2——牵引钢丝绳

(3) 托(压)绳轮组件

托(压)绳轮组件由单托绳轮、单压绳轮和托(压)吊架组成。如图 2-40 所示，托(压)绳轮组件布置在架空乘人装置的机头入绳口处、变坡段前后、转弯前后、中间段、机尾入绳口处等位置。托(压)绳轮组件能有效地规范牵引钢丝绳的运行轨迹，保证托轮上的最小轮压不小于 100 N，避免由于牵引钢丝绳的跳动而发生掉绳的现象。

托(压)吊架的托(压)绳轮安装孔设计的都是 U 形调节孔，如图 2-41 所示，便于调节托(压)绳轮的高度，以适应横梁安装高度的差异。

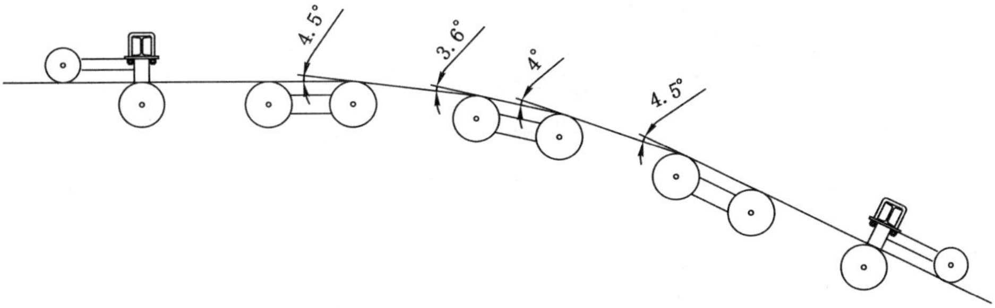

图 2-39 绳轮组单轮上分担的牵引钢丝绳折角示意图

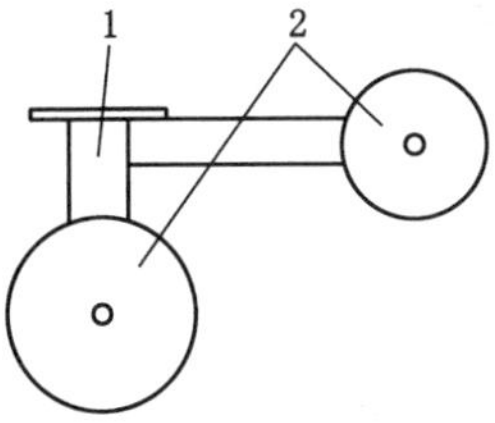

图 2-40 托(压)绳轮组件

1——托(压)吊架;2——单托(压)绳轮组件

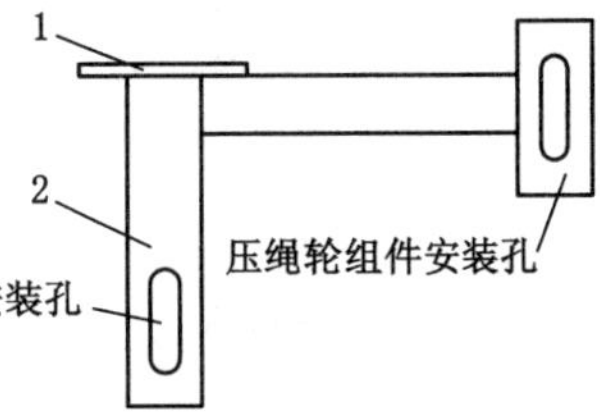

图 2-41 托(压)吊架

1——吊架顶板;2——架体

如图 2-42、图 2-43 所示,托(压)绳轮组件置于机头、机尾入绳口处,可以调整牵引钢丝绳的高度,以保证牵引钢丝绳位于驱动轮、迂回轮的绳槽中心。

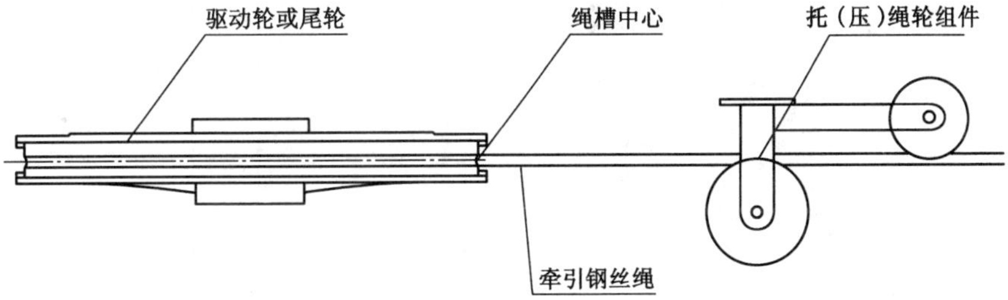

图 2-42 驱动轮或迂回轮处布置有托(压)绳轮组件

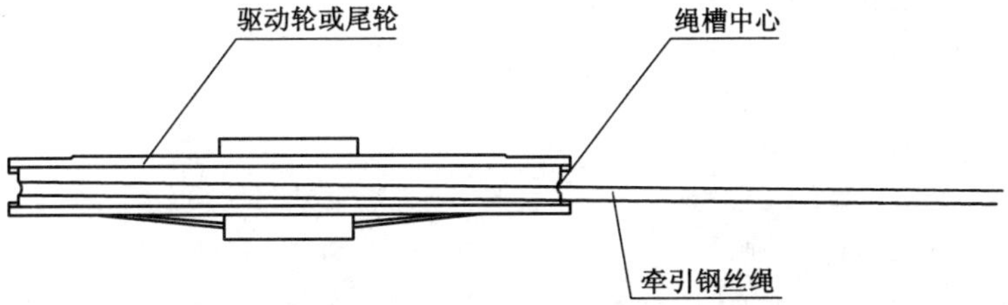

图 2-43 驱动轮或迂回轮处没有布置托(压)绳轮组件

2.2.2.2　T 形托绳装置

T 形托绳装置的分类及作用与边形托绳装置相同，分为单托(压)绳轮组件(图 2-44)、双托(压)绳轮组件(图 2-45)和托(压)绳轮组件(图 2-46)。T 形托绳装置与边形托绳装置的区别在于吊架的形式和吊架与托(压)绳轮组件的连接方式不同。

图 2-44　T 形单托(压)绳轮组件

1——圆筒吊架；2——托轮连杆；

3——单托(压)绳轮；4——圆筒吊架抱箍组件

图 2-45　T 形双托(压)绳轮组件

1——圆筒吊架；2——托轮连杆；

3——圆筒吊架抱箍组件；4——双托(压)绳轮；

5——双托轮横梁

T 形托绳装置中的圆筒吊架如图 2-47 所示，抱箍组件可在吊架上上下、左右移动，可以调节托(压)绳轮组件上下、左右的位置。

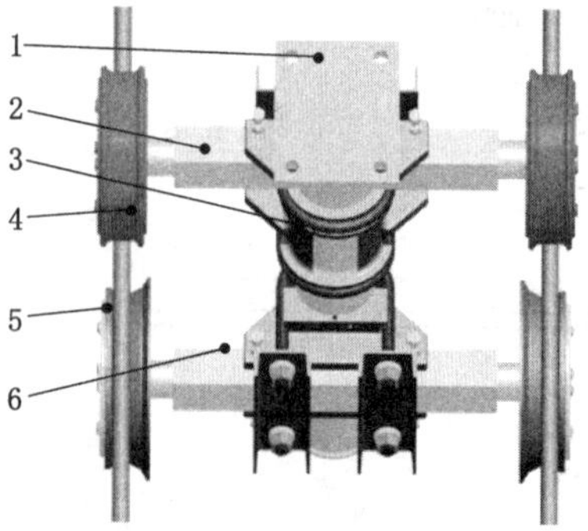

图 2-46　T 形托(压)绳轮组件

1——圆筒吊架；2——压绳轮连杆；

3——圆筒吊架抱箍组件；4——压绳轮；

5——托绳轮；6——托绳轮连杆

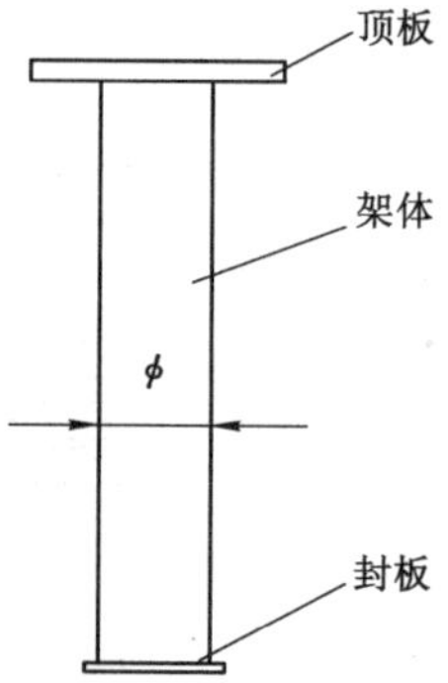

图 2-47　圆筒吊架

2.2.2.3　绳轮组的性能要求

(1) 应运转灵活，无卡阻现象。

(2) 绳轮组应采用密封轴承。

(3) 轮衬应采用软质、耐磨、阻燃材料，并可更换。轮衬压装后靠自身紧缩力能固定在轮体上，轮衬与轮体不应出现相对运动。

(4) 轮衬轮缘形状应防止牵引钢丝绳脱槽，轮槽深不应小于 1/3 的牵引钢丝绳直径且不应小于 8 mm，轮槽半径不应小于牵引钢丝绳半径。

2.2.3 迂回轮装置

迂回轮(尾轮)装置主要起牵引钢丝绳的换向作用,主要包括迂回轮组件、带滚轮迂回轮架、导轨组件、四滑轮组等部件,如图 2-48 所示。

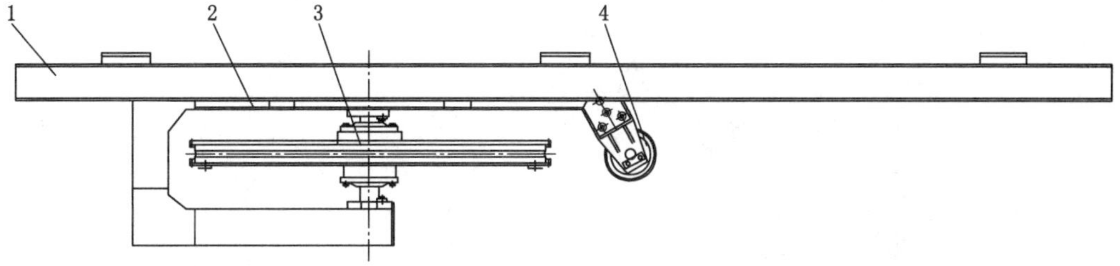

图 2-48 迂回轮装置

1——导轨组件;2——带滚轮迂回轮架;3——迂回轮组件;4——四滑轮组

迂回轮架上的滚轮在牵引钢丝绳张紧的过程中起减少摩擦及导向作用,行走应灵活。牵引钢丝绳在运行中张紧力发生变化时,通过滚轮在导轨内的前后移动,达到随时调节牵引钢丝绳的张力和挠度的效果,以保证架空乘人装置在正常运行时牵引钢丝绳具有恒定的张紧力和适当的挠度。

迂回轮架应有足够的强度和刚度,应能承受不低于架空乘人装置所需最大张紧力 1.25 倍的拉力。

2.2.4 张紧装置

张紧装置为牵引钢丝绳提供合适的拉紧力,以保证牵引钢丝绳在恒定张力下负载运行。张紧装置分重锤张紧和液压张紧两种方式。

2.2.4.1 重锤张紧装置

重锤张紧装置主要包括张紧绞车和三滑轮组、单滑轮组、重锤组件、换向轮组、张紧钢丝绳等部件,如图 2-49 所示。其主要作用是张紧牵引钢丝绳,保证牵引钢丝绳与驱动轮之间有足够的正压力,以使牵引钢丝绳与驱动轮之间的静摩擦力能满足所需驱动力的要求,同时给牵引钢丝绳提供恒定的张力和适当的挠度。

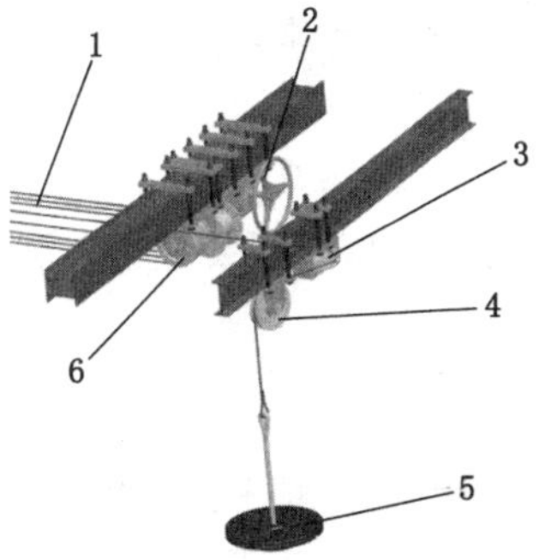

图 2-49 重锤张紧装置

1——张紧钢丝绳;2——张紧绞车;3——换向轮;4——单滑轮;5——重锤组件;6——三滑轮组

(1) 张紧绞车

如图 2-50 所示,张紧绞车主要由手轮 6、减速器 5、联轴器 4、卷绳筒 2、轴承座 1、卷绳筒定位插销 3 等部件组成。张紧绞车的作用是随时调节张紧行程,防止重锤落地或冲顶。使用张紧绞车能减轻人工提升重锤的劳动强度。

(2) 重锤组件

重锤组件由配重块、张紧钢丝绳和单滑轮等部件组成,如图 2-51 所示,其作用是给牵引钢丝绳提供一定的恒张紧力。重锤组件一般设置在线路张力较小的点，通常设在机尾迂回轮后方适当位置。

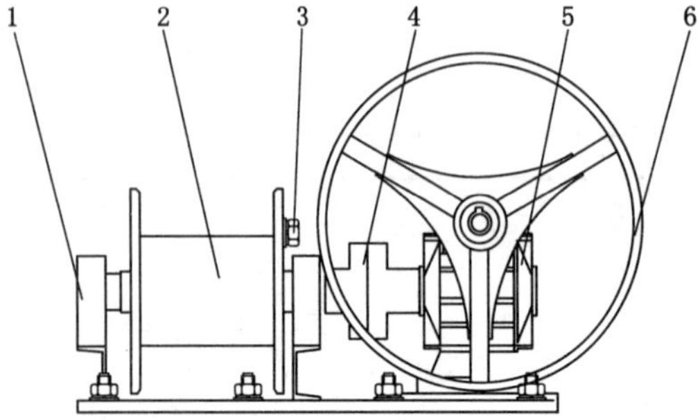

图 2-50　张紧绞车

1——轴承座；2——卷绳筒；3——卷绳筒定位插销
4——联轴器；5——减速器；6——手轮

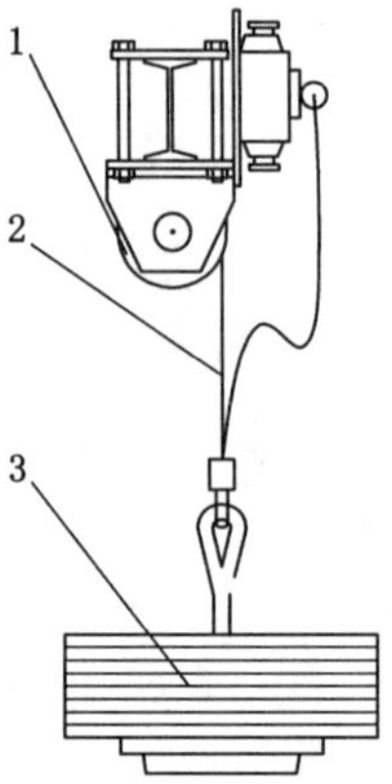

图 2-51　重锤组件

1——单滑轮；2——张紧钢丝绳；3——配重块

张紧能力应不低于架空乘人装置所需最大张紧力的 1.25 倍，但最大预紧张力不应超过牵引钢丝绳破断拉力的 8%。

(3) 重锤张紧装置应符合的要求

① 设置重锤行程标尺和行程保护，当重锤距离上、下极限位置小于 200 mm 时，应报警。

② 应采用机械限位方式限制迂回轮在导轨中的行程，不应达到终端位置。

③ 张紧绳轮的轮缘高度(绳轮外圆半径与轮衬槽底半径之差)不得小于一倍张紧钢丝绳直径。

④ 张紧重锤的支承结构、张紧钢丝绳的附件和端点连接处应便于检查、检修和更换。

⑤ 张紧重锤和锚固点的连接应防止锈蚀。

⑥ 应设张紧钢丝绳断裂时的二次保护措施。

2.2.4.2　*液压张紧装置*

机头液压张紧装置包括液压站、导轨、滚轮组件、机架定位机构、张紧液压缸等部件，如图 2-52 所示。

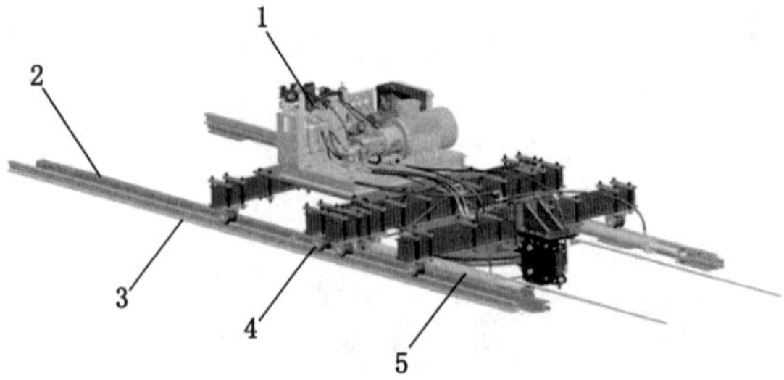

图 2-52　机头液压张紧装置

1——液压站；2——机架定位机构；3——导轨；4——滚轮组件；5——张紧液压缸

张紧液压缸的行程一般不超过1.5 m，压力在5～10 MPa之间，配套的液压站应具有良好的保压性能，且能在张紧液压缸压力降低时自动补充压力。

机尾液压张紧装置包括液压站、张紧液压缸、张紧绞车装置、张紧钢丝绳等部件，如图2-53所示，张紧钢丝绳拉动迂回轮组件在迂回轮导轨上滑行。

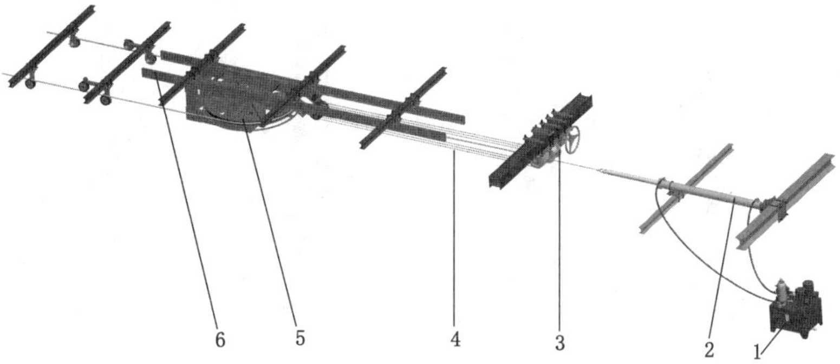

图2-53 机尾液压张紧装置

1——液压站；2——张紧液压缸；3——张紧绞车装置；4——张紧钢丝绳；5——迂回轮组件；6——迂回轮导轨

液压张紧装置应符合下列要求：

(1) 液压管路和连接元件的破裂安全系数应不小于3。

(2) 设置安全阀，且安全阀应有单独的泄压回路。

(3) 液压缸压力油口应设防爆控制阀，当液压管路和连接元件在破裂时，使液压缸缓慢泄压。

(4) 设置油压显示和压力保护，压力超过额定值±15%时，报警并停机。

(5) 液压缸的固定点应采用球形铰接。

(6) 设置液压缸张紧行程保护，当张紧液压缸行程距离上、下极限位置小于200 mm时，应报警并停机。

2.2.4.3 张紧装置的行程和性能要求

(1) 张紧装置的行程至少为以下各项之和：牵引钢丝绳1.5‰的永久伸长以及各种运行载荷情况下牵引钢丝绳的弹性伸长，弹性模量可取80 kN/mm^2。

(2) 带滚轮的迂回轮架应行走灵活。

(3) 张紧轮、张紧绞车卷绳筒直径与张紧钢丝绳直径之比不小于20。

(4) 张紧绞车的传动装置应能闭锁，张紧钢丝绳在储绳滚筒上缠绕3圈以上，并可靠锚固。

2.2.5 牵引钢丝绳

现代工程索道中，牵引钢丝绳大都采用多股钢丝绳。因为索道的牵引钢丝绳要求具有较大的抗拉强度，可承受较大的连续拉力，且具有较高的耐磨性和适宜的弹性，易于吸收冲击，对振荡荷重具有耐力，对拉力变动及反复弯曲的耐疲劳性较强，柔软而易于操作，不易打卷(扭结)、回捻以及变形。

2.2.5.1 钢丝绳的结构及类型

如图2-54所示，钢丝绳的捻法分为右交互捻(ZS)、左交互捻(SZ)、右同向捻(ZZ)、左同向捻(SS)四种。钢丝在股内的捻绕方向与绳股在钢丝绳内的捻绕方向相反的,称为交互捻;钢丝在股内捻绕方向与绳股在钢丝绳内捻绕方向相同的,称为同向捻。前者的外层钢丝与钢丝绳的轴向大体平行,后者则保持倾斜。

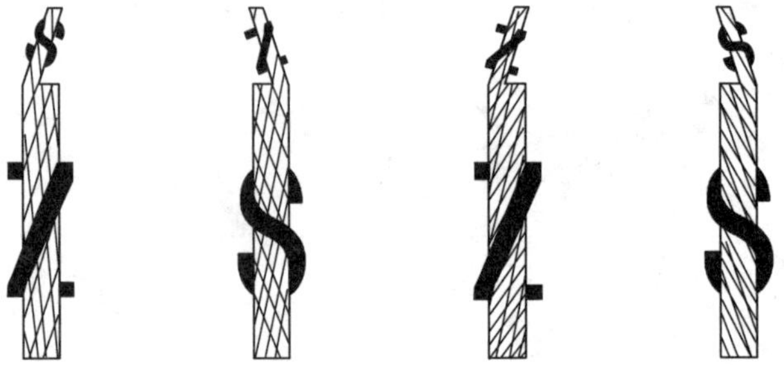

图 2-54 钢丝绳按捻法分类

(a) 右交互捻(ZS);(b) 左交互捻(SZ);(c) 右同向捻(ZZ);(d) 左同向捻(SS)

根据钢丝绳股内各层钢丝间接触状况的不同,分为点接触和线接触两种类型。点接触的钢丝绳使用时,内部磨损大、耐久性差;线接触钢丝绳使用时,接触线长、面积大、磨损小、使用寿命较长。

2.2.5.2 钢丝绳的选用

(1) 钢丝绳的结构、类型有很多种,根据《重要用途钢丝绳》(GB 8918—2006)附录 D 钢丝绳主要用途推荐表中推荐索道采用线接触同向捻纤维芯的钢丝绳,推荐型号主要有6×19S、6×26WS、6×31WS 和 6×36WS。

架空乘人装置使用的牵引钢丝绳一般采用右同向捻,因为右同向捻钢丝绳的柔韧性较好,其自旋的特性使得插接头比较牢固,不容易松动,同时线接触钢丝绳不容易断丝,使用寿命较长。在有腐蚀和潮湿的环境中最好选用镀锌钢丝绳。

交互捻钢丝绳的自旋程度比同向捻要小,自旋现象容易消除,但钢丝绳容易产生断丝、冒头和接头松动等现象,因此,架空乘人装置不宜使用交互捻钢丝绳。

(2) 钢丝绳的抗拉强度的选用范围在 1 570~1 870 MPa 之间,一般选用钢丝绳的抗拉强度值为 1 670 MPa。

2.2.5.3 钢丝绳的型号标记

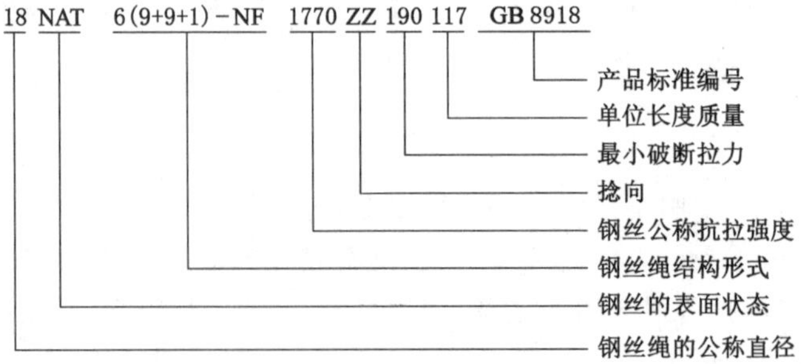

在钢丝绳的型号表示中,最小破断拉力、单位长度质量、产品标准编号都会相应省略不写,形式如下:

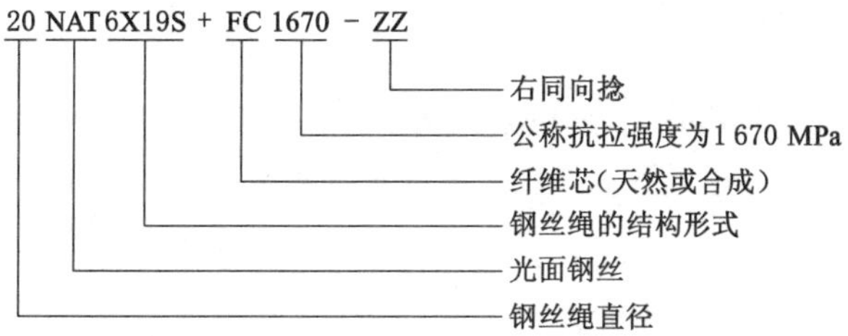

2.2.5.4 影响钢丝绳寿命的因素

影响钢丝绳寿命的因素主要有磨损、断丝、锈蚀、变形和疲劳等。

(1) 磨损

钢丝绳的表面磨损肉眼可以看见,磨损情况可以根据"印画法"很容易测出。外层钢丝已磨损到直径的1/2以上时,虽然还没有断丝,但其强度已经大大降低了。磨损的原因除了钢丝材质因素外,还与钢丝绳的使用情况有关;局部磨损一般发生在钢丝材质不均匀的地方。一旦发现钢丝绳出现磨损现象,应及时查明原因并进行相应的处理。

(2) 断丝

钢丝绳断丝有两种情况:一种情况是磨损断丝,钢丝断口呈斜楔式的椭圆形;另一种情况是钢丝脆裂断丝,反复弯曲疲劳断丝或受外部冲击断丝,钢丝断口呈圆形。多股钢丝绳的钢丝破断,可由断丝的露头看出。当1个节距或钢丝绳直径30倍距离内的断丝数超过钢丝总数的10%时,应截断该部分,然后重新插接或更换新钢丝绳。断丝有外层断丝和里层断丝之分。外层断丝是外周钢丝的破断,断头松开部分较短,而里层断丝是内部钢丝的破断,断头松开部分较长。不管是哪种情况,只要发现断丝情况,就必须采取相应的措施进行处理。

(3) 锈蚀

钢丝绳的腐蚀,主要是由于潮湿而生锈。当发生锈蚀时,钢丝绳的强度会降低,且内部的锈蚀会促使钢丝绳的疲劳和断丝,因此,在潮湿的环境中应使用镀锌钢丝绳,以增强钢丝绳的耐锈蚀性。

(4) 变形

架空乘人装置用钢丝绳的变形主要发生在插接位置,插接时股索头处理不当或绳芯直径偏小等都会使钢丝绳变形。另外,有的钢丝绳的绳芯填充不当,钢丝绳会在拉力作用下直径变细等。对于已变形的部分,因为易引起更多的断丝,所以必须截断后重新插接。

(5) 疲劳

架空乘人装置在运行时,牵引钢丝绳在驱动轮和尾轮之间无极循环运行,每经过一次驱动轮和尾轮,钢丝绳就弯曲一次,因此,钢丝绳在长期使用时,容易产生疲劳现象。为了缓解疲劳现象,一般在设计时考虑尽可能地选用大直径的驱动轮和尾轮,同时安装时不要把钢丝绳张得太紧。

2.2.6 乘人装置

乘人装置主要分为两部分:一部分为抱索器;另一部分为吊具(蹬座、吊椅和吊厢)。

2.2.6.1 抱索器

《煤矿用架空乘人装置安全检验规范》(AQ 1038—2007)中,抱索器的定义为:在运载工具或吊具上直接与运载索相连接的部件。简单地说,抱索器是乘人座凳与牵引钢丝绳连接的部件。

根据安装现场条件和用户的使用要求,以及《煤矿用架空乘人装置安全检验规范》(AQ 1038—2007)和《煤矿安全规程》第三百八十三条的相关规定,抱索器分为固定抱索器和可摘挂抱索器两种。

(1) 固定抱索器

固定抱索器的定义:与牵引钢丝绳紧固连接的抱索器。吊具随牵引钢丝绳绕驱动轮和尾轮运动,乘员无法取下乘人装置。固定抱索器可用字母“G”表示,外形如图 2-55 所示,其工作原理为:小抱块在压紧螺栓的作用下,通过刚性顶杆和弹性顶杆(或碟簧)将牵引钢丝绳夹紧,夹紧牵引钢丝绳后弹性顶杆(或碟簧)有一定的弹性形变,从而蓄积了一定的能量,当牵引钢丝绳因拉伸而绳径变小时,弹性顶杆(或碟簧)可使抱索器保持一定的夹紧力,确保抱索器不打滑。

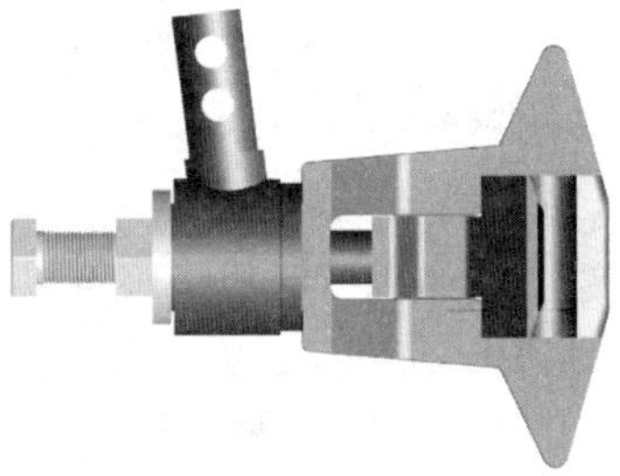

图 2-55　固定抱索器外形

固定抱索器是固定安装在牵引钢丝绳上不能摘挂的,所以,固定抱索器必须通过驱动轮和迂回轮,且只能用于单轮驱动,不能用于双轮驱动。其适用坡度最大可达 28°。这种固定抱索器不宜用于需要转弯的架空乘人装置。

(2) 可摘挂抱索器

根据抱索器抱紧牵引钢丝绳的方式和结构的不同,可摘挂抱索器可分为摩擦式可摘挂抱索器(通常称为活动抱索器)和卡钳式可摘挂抱索器。

① 摩擦式可摘挂抱索器(活动抱索器)

摩擦式可摘挂抱索器是指直接搭载在牵引钢丝绳上的抱索器,其外形、结构分别如图 2-56 和图 2-57 所示。摩擦式可摘挂抱索器用字母“HM”表示。其工作原理是抱索器直接挂在牵引钢丝绳上,衬垫与牵引钢丝绳接触,在乘人重力的作用下压紧牵引钢丝绳,依靠衬垫与牵引钢丝绳之间的静摩擦力抱紧牵引钢丝绳。

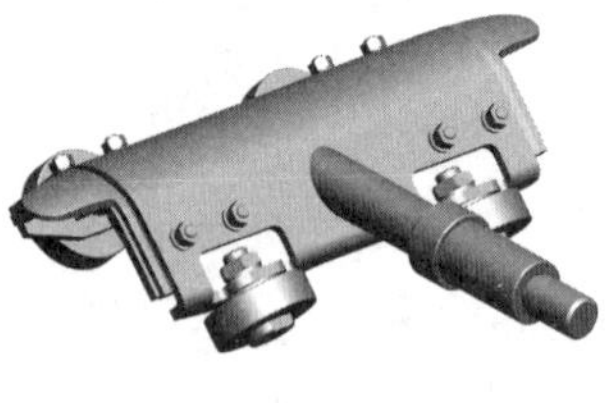

图 2-56　摩擦式可摘挂抱索器外形

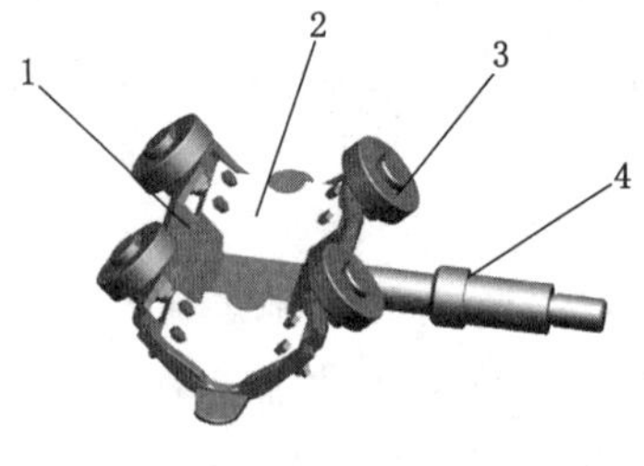

图 2-57　摩擦式可摘挂抱索器结构

1——壳体;2——衬垫;3——滚轮;4——接头

摩擦式可摘挂抱索器的适用坡度最大为 18°,能适用于静态上、下车及水平转弯运行等情况,同时适用于高速(速度≤1.7 m/s)运行的架空乘人装置。摩擦式可摘挂抱索器不能绕过驱动轮和迂回轮,空载情况下乘人器不宜单独使用。摩擦式可摘挂抱索器既能用于单轮驱动,又能用于双轮驱动。

摩擦式可摘挂抱索器中衬垫的作用是增加抱索器与牵引钢丝绳之间的摩擦力，属于易损件；滚轮的作用是为了使抱索器能实现一些辅助功能，如静态上、下车功能和水平转弯功能等。

② 卡钳式可摘挂抱索器

卡钳式可摘挂抱索器是指靠上、下抱爪抱住牵引钢丝绳的抱索器，外形如图 2-58 所示。卡钳式可摘挂抱索器用字母“HK”表示。吊具和抱索器不能绕行驱动轮和迂回轮，乘员必须自行摘挂。卡钳式可摘挂抱索器的工作原理是两抱爪一上一下抱住牵引钢丝绳，在乘人重力的作用下上、下抱爪压紧牵引钢丝绳，从而达到抱紧牵引钢丝绳的目的。

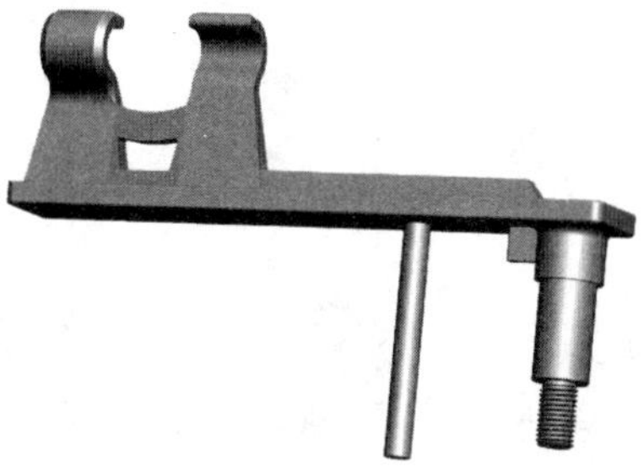

图 2-58　卡钳式可摘挂抱索器外形

卡钳式可摘挂抱索器适用坡度最大为 25°，能实现水平和斜坡上的转弯运行。该抱索器不能通过驱动轮和迂回轮，空载情况下乘人器不宜单独使用。卡钳式可摘挂抱索器既能用于单轮驱动，又能用于双轮驱动。

(3) 抱索器的性能要求

① 抱索器与牵引钢丝绳抱紧部位的硬度应不低于 255 HB，安全系数不小于 5。

② 固定抱索器无自滑现象，摩擦式可摘挂抱索器应摘挂灵活、可靠，自滑不应超过行程的 0.2%。

③ 抗滑力不应小于重车在最大坡度时下滑力的 2 倍。

④ 固定抱索器钳口应保证在吊具横向摆动 20°时顺利通过绳轮组，两端应圆弧过渡，端部内外不允许有棱角。

⑤ 抱紧弹簧的工作行程应不大于其最大行程的 75%，不应有锈蚀及裂纹。

⑥ 固定抱索器通过驱动轮、迂回轮产生的牵引钢丝绳折角不应超过 13°。

2.2.6.2　吊具

吊具是指在架空索道上用于承载人员的部件，由吊杆、蹬座、吊椅(或吊厢)等组成。

(1) 蹬座、吊椅

蹬座是指用于乘坐人员的敞开式简易运载工具。蹬座设计应符合人机工程学的设计原理，下部边缘不得有凸出、锋利的棱角。几种形式的蹬座如图 2-59 所示。

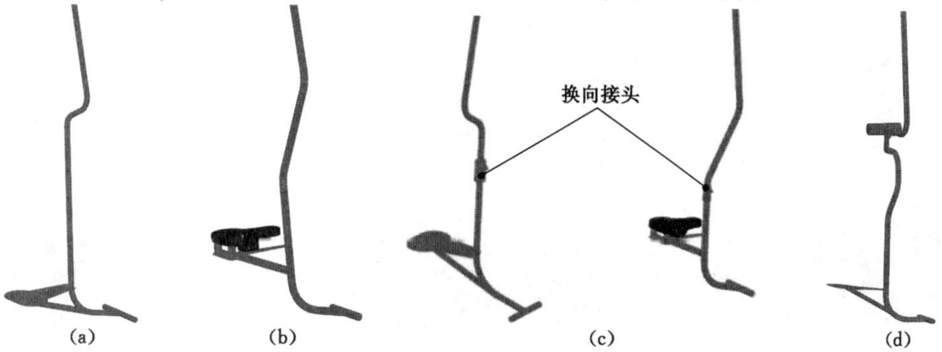

图 2-59　不同形式的蹬座

(a) 简易型蹬座；(b) 舒适型蹬座；(c) 换向型蹬座；(d) 可摘挂蹬座

吊椅是指用于乘坐人员，形状类似座椅且带靠背的敞开式运载工具。吊椅设计采用人机工程学原理，乘坐舒适，具有足够的强度和刚度，同时能克服牵引钢丝绳自旋而产生的转矩，使运行和乘坐更加安全可靠。几种形式的吊椅如图 2-60 和图 2-61 所示。

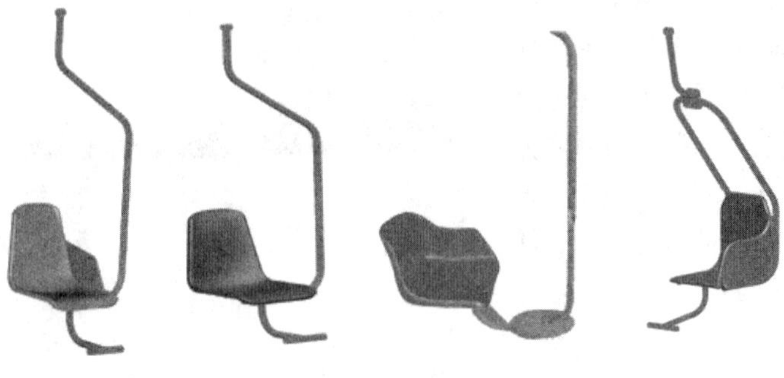

(a) (b) (c) (d)

图 2-60 不同形式的吊椅

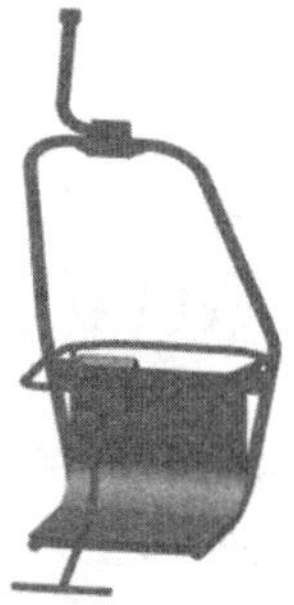

图 2-61 活动踏杆吊椅

吊椅应符合以下要求：

① 吊椅应符合人机工程学的设计原理，下部前边缘不得有凸出、锋利的棱角。

② 座椅面全部承载时向后倾斜不超过 20°，其深度应在 0.45～0.5 m 之间。

③ 吊椅脚踏处的高度不得小于 0.35 m，靠背下边缘与座椅面的间隔不得大于 0.15 m。

(2) 吊厢

吊厢是指用于乘坐人员，且是封闭式的运载工具。吊厢分单人吊厢(图 2-62)和双人吊厢(图 2-63)。

由于吊厢体积大、质量大，乘人不能摘挂，因此，井下用吊厢只适用于固定抱索器，且只能用与之配套的重型固定抱索器，不能使用与简易吊椅相配套的固定抱索器。为了减轻吊厢质量，一般采用轻质材料制造吊厢。

除吊厢外，双人吊椅同吊厢一样，使用的抱索器及要求也一样，双人吊椅如图 2-64 所示。

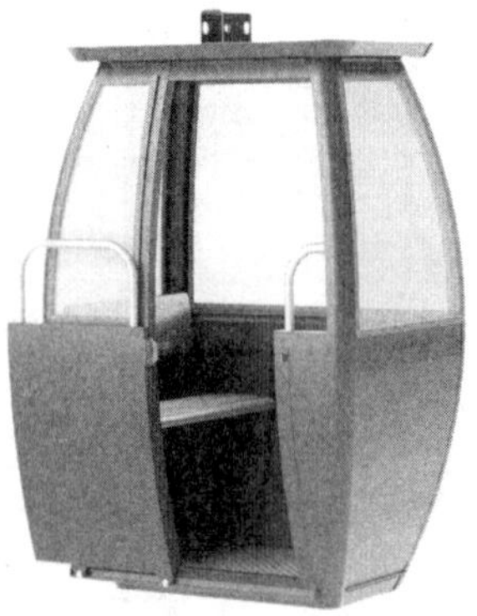

图 2-62 单人吊厢

图 2-63 双人吊厢

图 2-64 双人吊椅

(3) 吊具的性能要求

① 吊具与抱索器连接后，应转动灵活，运行时不应碰及导向装置等部件。

② 固定抱索器吊具通过驱动轮和迂回轮时，应有限制吊具离心甩动的措施。

③ 吊具间的间距不应小于 5 s 的运行行程，且不小于 6 m。

④ 当吊具为吊厢及双人吊椅时，安全系数应不小于 5。

⑤ 吊厢应有导向装置，内净高度不小于 1.5 m，人均座位宽度应不小于 0.5 m。

⑥ 双人座椅人均座位宽度应不小于 0.5 m。

2.2.7 辅助装置

架空乘人装置中除驱动装置、绳轮组、迂回轮装置、张紧装置、牵引钢丝绳、乘人装置等必备组件外，往往还需要增加一些辅助装置以满足不同的使用要求。

2.2.7.1 静态上、下车装置

它可以在架空乘人装置不停车时，使乘人在静止状况下上、下车，以确保乘人上、下车时的安全。静态上、下车装置的结构为导轨式，抱索器在导轨上滑行。静态上车装置和静态下车装置可以成套使用，也可以单独使用。静态上、下车装置仅适用于可摘挂抱索器，不同的可摘挂抱索器的静态上、下车装置的结构也有所不同。

(1) 摩擦式可摘挂抱索器静态上、下车装置

① 静态上车装置

静态上车装置结构如图 2-65 所示，乘人将乘人装置上的抱索器置于闸板组件之后的导轨上，坐稳后，拉动拉手 3，使闸板向上提起，由于导轨具有一定的倾斜角度，因此乘人装置在重力作用下沿导轨向下滑动。调整导轨的倾斜角度，使乘人装置滑动到接触牵引钢丝绳时的速度接近牵引钢丝绳的运行速度，可以保证乘人装置滑上牵引钢丝绳时能平稳地抱住牵引钢丝绳，随牵引钢丝绳一起运行。

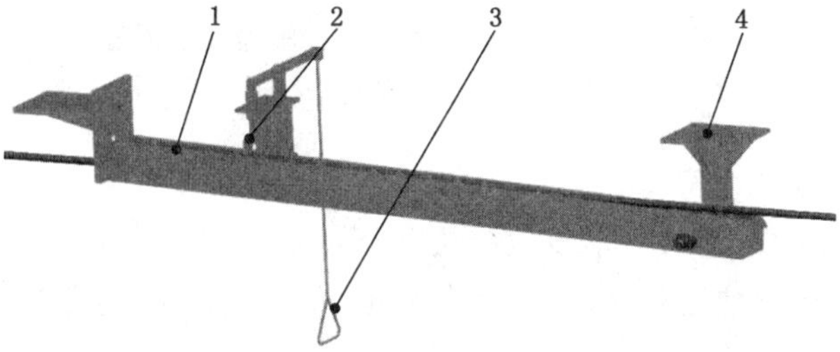

图 2-65 摩擦式可摘挂抱索器静态上车装置

1——导轨；2——闸板组件；3——拉手；4——固定架

② 静态下车装置

静态下车装置结构如图 2-66 所示，乘人装置运行到静态下车装置处，由于惯性，乘人装置脱离牵引钢丝后冲上导轨并减速，越过逆止器 2 后慢慢停下。待乘人器停止后，乘人再从吊具上下来，并将乘人装置摘下。

由于静态下车装置中的导轨是向上倾斜的，因此，在下车时，乘人装置速度减为零时又会后退至逆止器处停下，乘人装置停稳后，乘人才可以下车。

由于静态上、下车装置的导轨本身需要有一定的倾斜度，因此，静态上、下车装置必须安装在

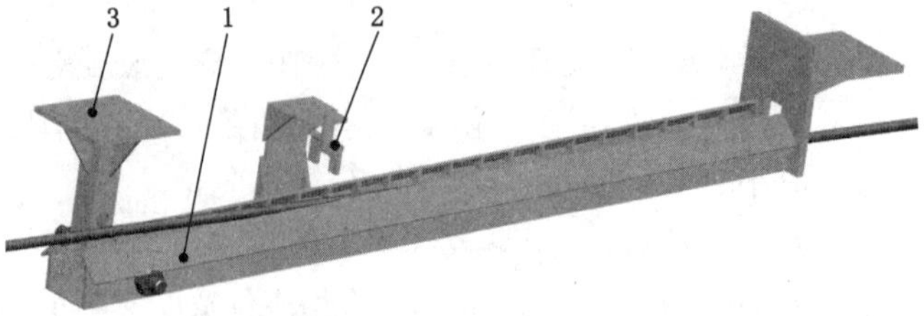

图 2-66　摩擦式可摘挂抱索器静态下车装置

1——导轨；2——逆止器；3——固定架

水平巷道，如果在斜巷上安装，则只能在斜巷(坡度≤15°)的下部安装，在斜巷的上部则不能安装。

(2) 卡钳式可摘挂抱索器辅助上、下车装置

① 卡钳式可摘挂抱索器辅助上车装置

卡钳式可摘挂抱索器辅助上车装置结构如图 2-67 所示。卡钳式可摘挂抱索器上装有滑轮，乘员坐上吊具时，卡钳式可摘挂抱索器在轨道上滑行，在滑行过程中，可摘挂抱索器上的上卡钳和下卡钳逐渐靠近牵引钢丝绳，当上卡钳和下卡钳卡住牵引钢丝绳后，滑轮脱离轨道，进入牵引钢丝绳运行。

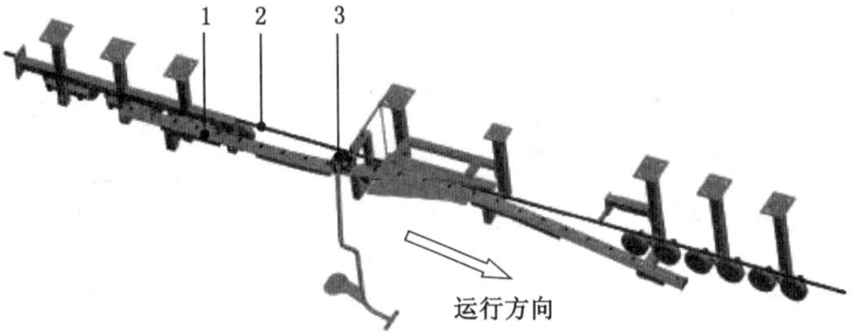

图 2-67　卡钳式可摘挂抱索器辅助上车装置

1——轨道；2——牵引钢丝绳；3——抱索器

② 可摘挂抱索器辅助下车装置

卡钳式可摘挂抱索器辅助下车装置结构如图 2-68 所示。乘坐人员随吊具运行至辅助下车装置时，卡钳式可摘挂抱索器(其上装有滑轮)在牵引钢丝绳带动下进入轨道滑行，在卡

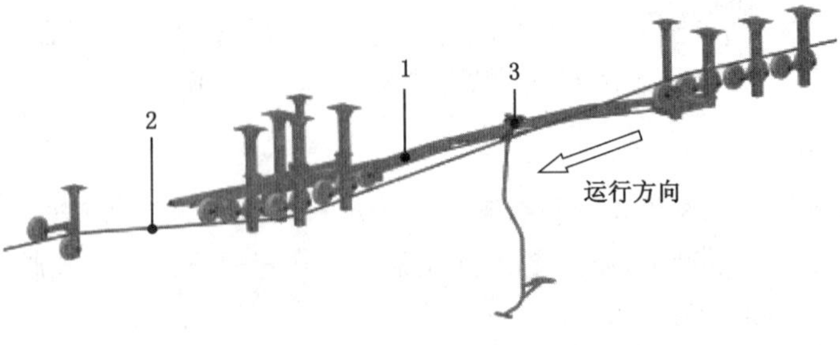

图 2-68　卡钳式可摘挂抱索器辅助下车装置

1——轨道；2——牵引钢丝绳；3——抱索器

钳式可摘挂抱索器上的上卡钳和下卡钳逐渐脱离牵引钢丝绳后，抱索器上的滚轮进入轨道滑行，最后停在轨道上，实现乘坐人员静态下车的目的。

用于辅助上、下车装置的卡钳式可摘挂抱索器与普通的卡钳式可摘挂抱索器不同，多了有四个滚轮的行走小车，目的是为了使乘人装置能在上、下车轨道中滑行。其结构如图 2-69 所示。

图 2-69　辅助上、下车用卡钳式可摘挂抱索器

2.2.7.2　中间站装置

有的煤矿井下巷道有很多个岔道口，矿工在乘坐架空乘人装置时，需要在中途的某个岔道口上、下。乘坐固定抱索器架空乘人装置中途需要上、下车时，由于运行速度不超过 1.2 m/s，下车后无须摘取吊椅，乘人可以不需借助上、下车装置即可上、下，但上、下车点应设在平巷，或坡度较小(≤10°)的斜巷。乘坐摩擦式可摘挂抱索器架空乘人装置中途需要上、下车时，由于运行速度可能会超过 1.2 m/s，且下车后需要摘取吊椅，因此，乘人需要借助上、下车装置上、下，所以需要配置中间站装置，而中间站只适用于摩擦式可摘挂抱索器。

中间站装置采用导轨式结构，如图 2-70 所示。两端都是具有斜度的导轨，中间一小段为水平。乘人器因惯性冲上轨道，速度慢慢减小，到中间水平段时，乘人器速度一般在 0.3 m/s 左右，需要下车的即可下车，并在下车后摘下吊椅，不下车的可继续前行。

图 2-70　中间站装置

2.2.7.3　吊椅存储装置

对于使用摩擦式可摘挂抱索器和卡钳式可摘挂抱索器的架空乘人装置，乘人下车和上车需要摘挂乘人装置，摘下后的乘人装置存放于巷道两侧，乘人在使用过程中很不方便，特别是有些特殊乘人装置，如带靠背吊椅、坐凳加大及配重蹬座等摘挂起来更不方便，因此，可在机头、机尾配置吊椅存储装置，乘人上、下车时就不需要再摘挂乘人装置了。

吊椅存储装置的主体结构为 U 形轨道，U 形轨道进出牵引钢丝绳端的结构类似于静态上、下车装置，两边进出绳端分别有用于吊椅加速和减速的倾斜轨道，U 形轨道的其余部分是呈水平状的，用来存储乘人装置，如图 2-71 所示。因此，吊椅存储装置具有静态上、下车的功能。乘人上车时不用挂乘人装置，只要从轨道上将乘人装置推到上车点，同静态上车装置一样，坐稳后拉下拉手随即上车。下车后不用摘下乘人装置，直接将乘人装置存放在轨道上即可。

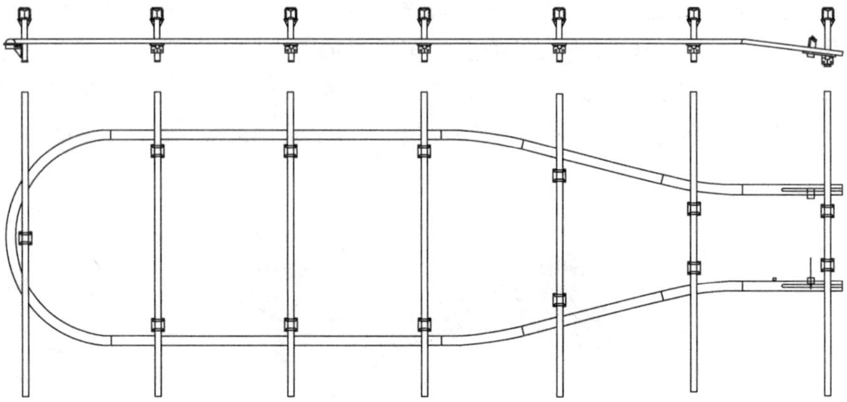

图 2-71　吊椅存储装置

2.2.7.4　转弯装置

在煤矿井下的巷道中，往往存在着巷道转弯的情况，这就要求架空乘人装置能满足巷道转弯的要求。巷道转弯有多种情况，有的转弯在水平巷内，有的转弯在斜巷内；有的只转一个弯，有的朝一个方向转几个弯（同向弯），有的朝不同的方向转几个弯（S弯）；等等。不同情况采用的解决方案不同，需根据具体的情况确定。一般情况下，每个单独的转弯处均需配置一套转弯装置，目前应用广泛的有水平转弯装置和斜巷转弯装置。

(1) 摩擦式可摘挂抱索器转弯装置

摩擦式可摘挂抱索器转弯装置主要由转弯滑行轨道和牵引钢丝绳换向装置组成，如图 2-72 所示。转弯滑行轨道具有一定的弧度和倾斜度，当乘人器进入轨道后，抱索器就脱

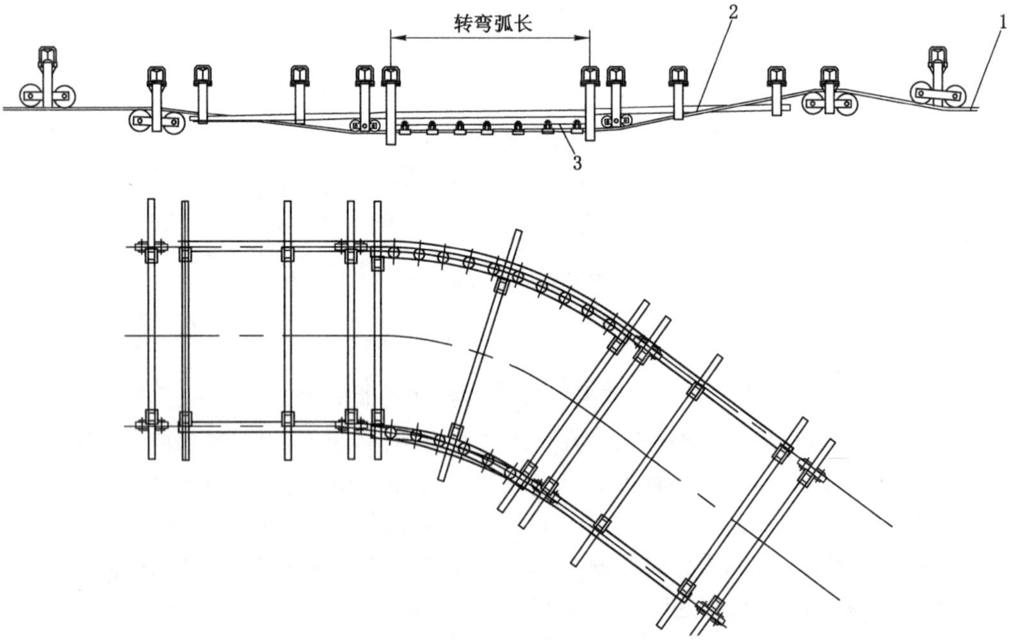

图 2-72　摩擦式可摘挂抱索器转弯装置

1——牵引钢丝绳；2——转弯轨道；3——牵引钢丝绳转向装置

离牵引钢丝绳，乘人装置依靠惯性和自身重力从轨道的一端滑行至轨道另一端，因为轨道的弧度与巷道转弯弧度一致，所以当乘人在轨道上滑行至末端时就已通过了弯道，抱索器通过弯道后就脱离轨道抱住牵引钢丝绳，由牵引钢丝绳带动乘人装置继续前行。牵引钢丝绳转向装置由转向固定架组件和多个转弯抗绳轮组成，这些抗绳轮组起导向作用，实现牵引钢丝绳的换向，满足转弯要求。

摩擦式可摘挂抱索器转弯装置一般用于弯道在水平巷内的情况，不能在斜巷上安装。但对于坡度不大于 4°的巷道，在巷道高度条件允许的情况下也可以安装使用。转弯夹角一般不小于 90°(中心角不大于 90°)；转弯半径根据弯道夹角的大小而定；为了保证乘人装置能顺利通过转弯轨道，一般要求轨道弧长不超过 15 m。

(2) 卡钳式可摘挂抱索器转弯装置

卡钳式可摘挂抱索器转弯装置主要由转向固定架组件和多个抗绳轮组成，如图 2-73 所示。与摩擦式可摘挂抱索器转弯装置相比，卡钳式可摘挂抱索器转弯装置无须转弯轨道，在转弯过程中抱索器不需要脱离牵引钢丝绳。转向固定架组件中的抗绳轮用于牵引钢丝绳的导向，抱索器从抗绳轮绳槽通过，从而实现转弯的目的。

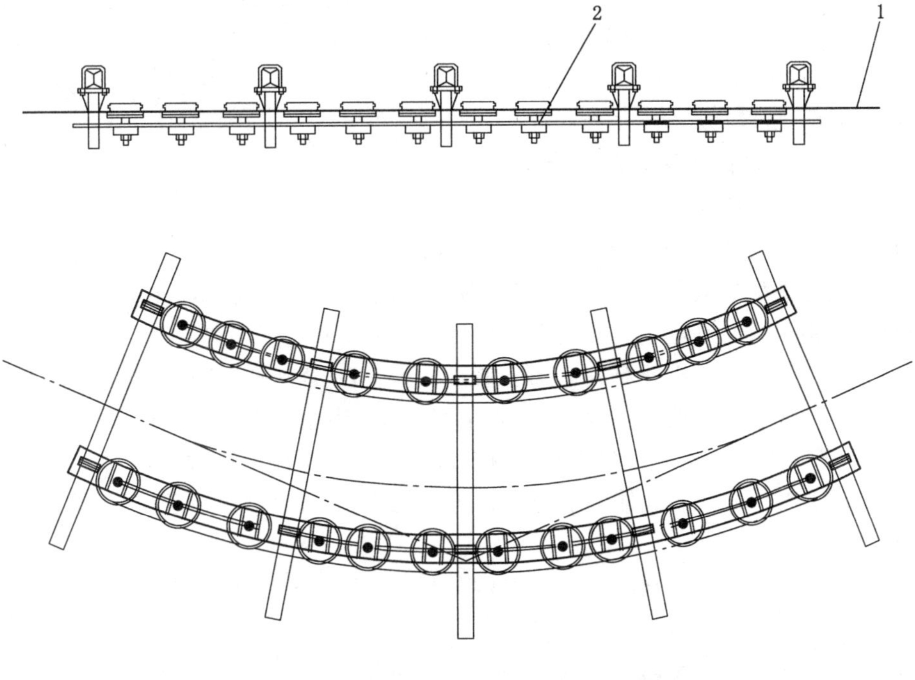

图 2-73 卡钳式可摘挂抱索器转弯装置

1——牵引钢丝绳；2——转向固定架组件

卡钳式可摘挂抱索器转弯装置适用于卡钳式可摘挂抱索器，不适用于固定抱索器和摩擦式可摘挂抱索器。转弯夹角一般不小于 90°(中心角不大于 90°)，转弯半径根据现场弯道半径确定，适用巷道坡度在 25°以内的巷道。

卡钳式可摘挂抱索器转弯装置不仅适用于在斜巷上的转弯，同样适用于在水平巷内的转弯。其结构简单，安装方便，且适用性强。

2.2.7.5　收(扩)绳装置

架空乘人装置和其他设备共用一个巷道的情况很常见,如同一巷道中,既要安装架空乘人装置,又要安装输送带设备或轨道设备,用于安装架空乘人装置的有效空间存在一定的限制,为满足现场安装需要,往往需要改变牵引钢丝绳的间距以适应安装现场的空间要求。

收绳装置安装在机头或机尾处。在驱动轮和迂回轮直径不能改变,同时需满足相关安全距离的前提下,当巷道宽度不够时,采取收绳的方法,改变牵引钢丝绳间距,以满足使用要求。双向运行的架空乘人装置牵引钢丝绳间距不小于 800 mm,单向运行的不小于 500 mm。

在轨道巷安装固定抱索器架空乘人装置时,往往需要考虑轨道运输大件的情况,为了不影响较宽大件与吊椅相干涉,要求有较大的牵引钢丝绳间距,相应的驱动轮和迂回轮的直径也要大。但有时由于某种条件限制,驱动轮和迂回轮的直径不能满足较大牵引钢丝绳间距的要求,这就要考虑增加扩绳装置,利用扩绳装置将牵引钢丝绳间距扩大。

收(扩)绳装置分为单轮收(扩)绳装置和多轮收(扩)绳装置。

(1) 单轮收(扩)绳装置

单轮收(扩)绳装置常用于上、下平巷长度有限的巷道。单轮收(扩)绳装置外形如图 2-74 所示,其使用方法如图 2-75、图 2-76 所示。

(2) 多轮收(扩)绳装置

多轮收(扩)绳装置如图 2-77 所示,其应用比单轮收(扩)绳装置更广泛。

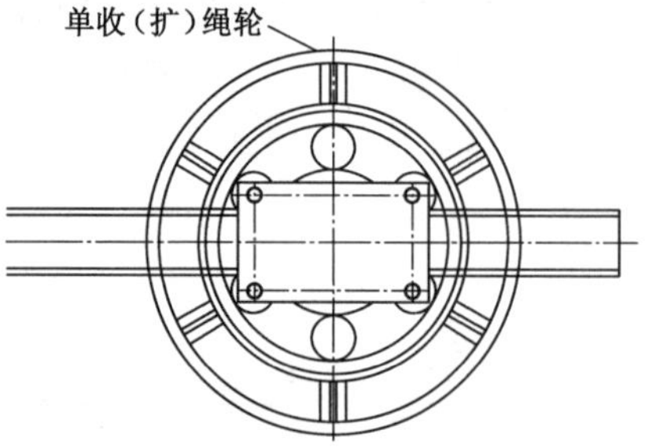

图 2-74　单轮收(扩)绳装置

多轮收(扩)绳装置中的定位轮是收(扩)绳装置中抗绳轮轮衬磨损的极限定位,初装调试时定位轮与牵引钢丝绳的距离为 10 mm,当抗绳轮轮衬磨损到致牵引钢丝绳接触到定位轮且使定位轮开始旋转时,应调整或更换抗绳轮。

两侧的收(扩)绳装置必须对称于架空乘人装置中心(特殊情况除外,如当驱动装置安装现场的原因必须偏离中心线一段距离,就会导致两边牵引钢丝绳一边收得多、一边收得少的现象),否则,牵引钢丝绳加载在两侧收(扩)绳装置上的载荷不一致,离安装中心线较近侧的收绳装置或离安装中心线较远侧的扩绳装置所受载荷较大,轮衬磨损会加快,从而缩短了轮衬的使用寿命。

当收(扩)绳轮轮衬磨损到轮衬余厚为总厚度的三分之一时,应更换轮衬。在运行中,因

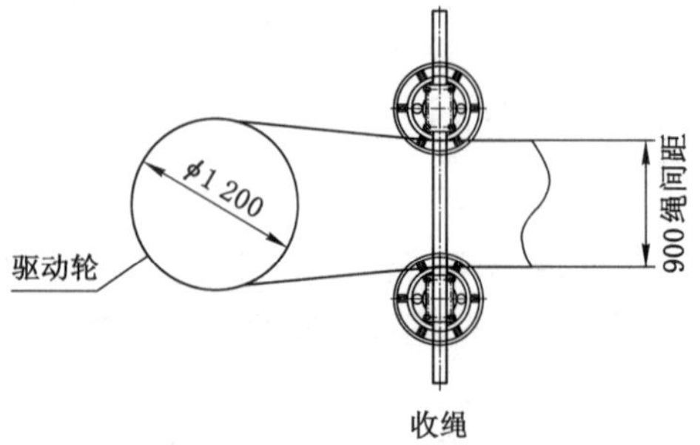

图 2-75　单轮收绳装置使用示意图

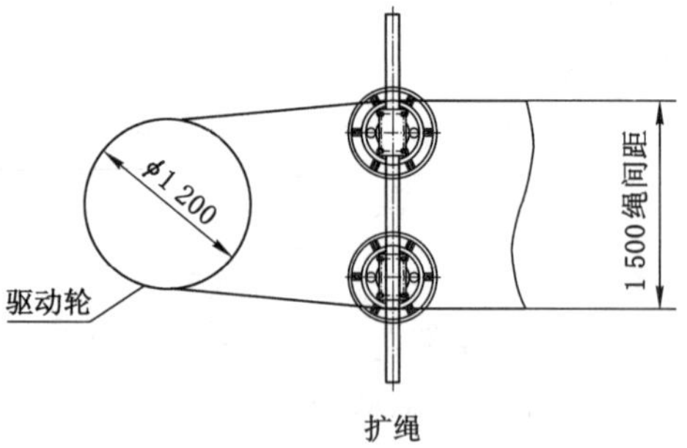

图 2-76　单轮扩绳装置使用示意图

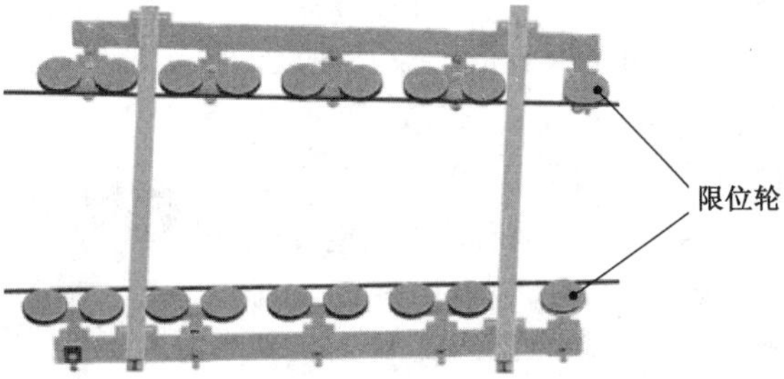

图 2-77 多轮收(扩)绳装置

收(扩)绳轮轮衬磨损,两侧牵引钢丝绳间距变宽或者变窄。因此,必须定期检查收(扩)绳装置,以确保牵引钢丝绳间距不变。否则,会因牵引钢丝绳间距的改变而发生掉绳现象。

2.2.8 安全保护装置

架空乘人装置作为运输人员的设备,安全保障特别重要。本节主要介绍架空乘人装置中的安全保护装置。在 2016 年修订的《煤矿安全规程》和《煤矿用架空乘人装置安全检验规范》(AQ 1038—2007)中,规定架空乘人装置必须有以下安全保护装置。

2.2.8.1 机头、机尾越位保护

若乘坐人员到达机头、机尾下车点未能及时下车,当其越过越位保护点时,触动保护开关动作,系统自动保护停车。

越位保护装置可安装在下车点之后,距离驱动轮和迂回轮不小于 5 m 的横梁上。固定抱索器架空乘人装置的越位保护装置应保证当有人乘坐到达下车点而没下车且经过禁止越位点时,越位保护必须动作,使架空乘人装置停止运行,如图 2-78 所示。可摘挂抱索器架空乘人装置的越位开关应保证当有人乘坐到达下车点而没下车,或者下车后未将抱索器从牵引钢丝绳上摘下且经过禁止越位点时,越位开关必须动作,使架空乘人装置停止运行,如图 2-79 所示。

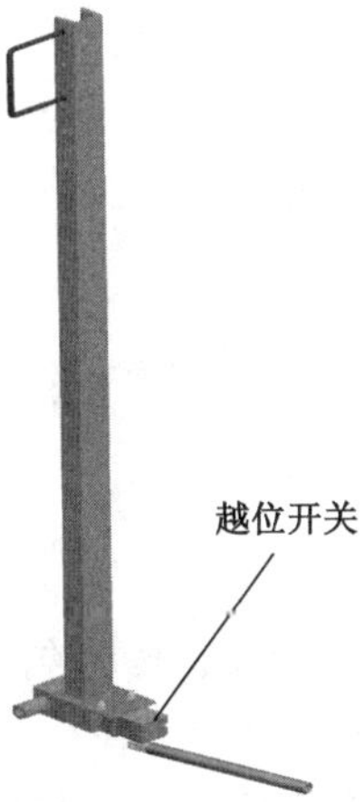

图 2-78 固定抱索器越位保护装置

图 2-79 可摘挂抱索器越位保护装置

2.2.8.2 欠速、超速保护

当架空乘人装置运行速度高于或者低于设计速度的一定值时(如 20%),会出现超速或欠速现象,系统将自动保护停车。

欠速、超速保护装置如图 2-80 所示,可安装在离驱动轮最近的一根横梁上。安装时,必须保证牵引钢丝绳与测速轮有效接触,牵引钢丝绳移动时,测速轮转动,传感器探头每经过一个磁钢时,指示灯点亮一次。

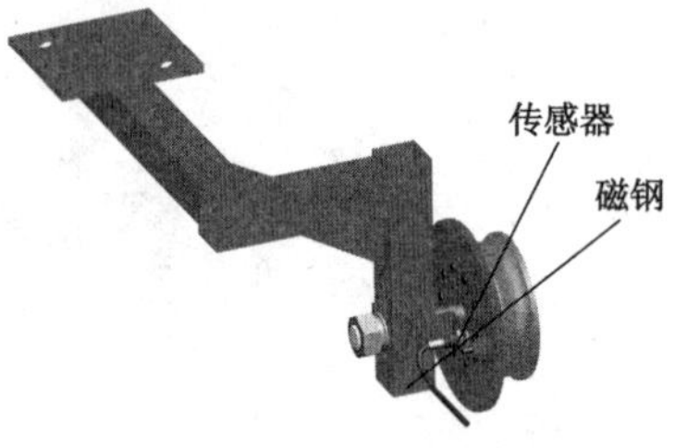

图 2-80 欠速、超速保护装置

2.2.8.3 张紧力下降保护

牵引钢丝绳的张紧方式有两种,分别为重锤张紧和液压张紧。牵引钢丝绳的张紧力分别由重锤的质量和张紧用液压缸的压力决定,当张紧重锤落地或张紧液压缸的压力减小时,牵引钢丝绳的张紧力会下降,会严重影响牵引钢丝绳的正常运行,此时张紧力下降保护可以保护停车。

(1) 重锤张紧时张紧力下降保护

重锤张紧时张紧力下降保护如图 2-81 所示,重锤下限位保护开关安装在支架上,用拉绳(可用直径 3 mm 的钢丝绳)与重锤支座连接,当重锤离地小于 200 mm 时拉绳拉动开关,系统保护停车。

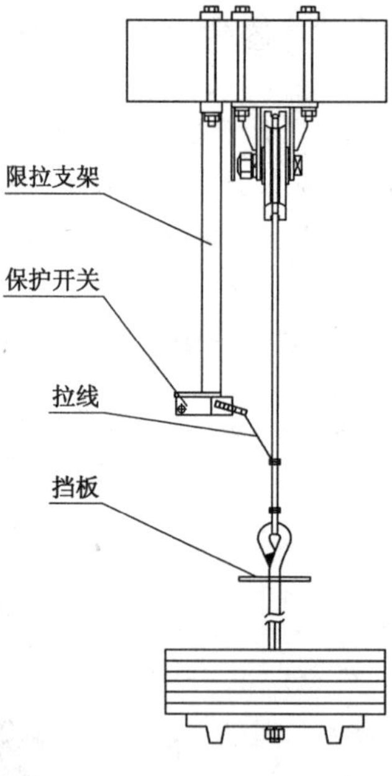

图 2-81 重锤张紧时张紧力下降保护

安装拉绳时,必须计算好重锤下降到离地 200 mm 时拉绳能拉动跑偏开关的长度。

在实际使用过程当中,存在超载情况,使固定张紧钢丝绳用的绳卡卡在单滑轮底座上,张紧装置失去调节恒引力的作用,因此可在重锤上行到一定的安全位置处安装传感器,当重锤上升到规定最高位置时,重锤组件上的挡板触动传感器,传感器发出信号,系统保护停车,从而保证张紧装置对恒张力的有效调节。

(2) 液压张紧时张紧力下降保护

液压张紧时,如果液压缸压力下降,液压缸的活塞杆或缸筒随之移动,会使牵引钢丝绳的张紧力下降。液压张紧时张紧力下降保护如图 2-82 所示,在活塞杆或缸筒移动方向的相应位置设置保护开关,用拉绳(可用直径 3 mm 的钢丝绳)与活塞杆顶端连接,当活塞杆即将到达极限位置时拉绳拉动保护开关,系统保护停车。

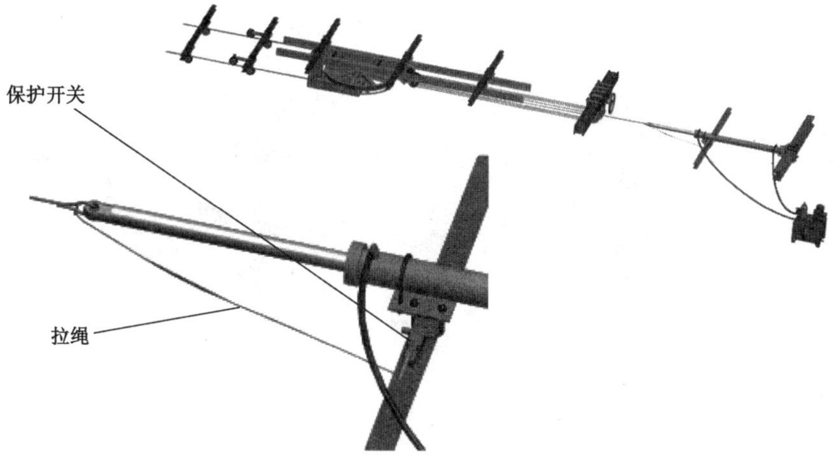

图 2-82　液压张紧时张紧力下降保护

2.2.8.4　沿线急停保护

乘坐人员在乘坐途中,若发现紧急情况需要停车,则在乘车区域内的任一点拉动急停开关拉线,即可使系统保护停车。

沿线急停保护装置(图 2-83)安装在托轮横梁上,一般间隔 50 m 安装 1 个急停保护。对于牵引钢丝绳间距不大于 1 500 mm 时,在牵引钢丝绳中间安装一套急停保护装置;当牵引钢丝绳间距大于 1 500 mm,或者架空乘人装置下方需要运输大件时,应安装两套急停保护装置,根据现场巷道条件分别安装在两侧牵引钢丝绳下方。

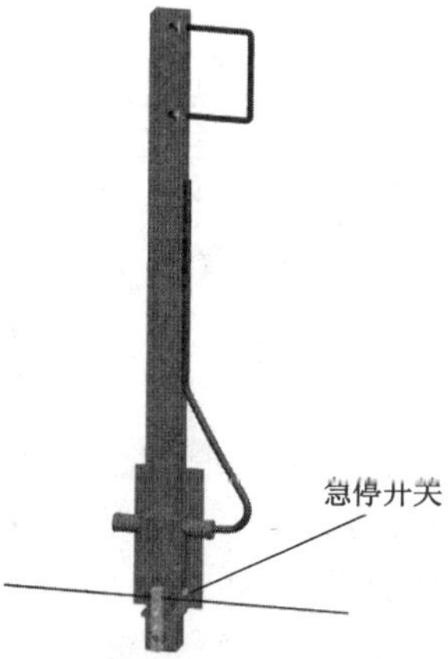

图 2-83　沿线急停保护装置

2.2.8.5　变坡点防掉绳保护

变坡点防掉绳保护装置由捕绳器和停车传感器组成。当牵引钢丝绳从变坡点托绳轮上掉落时，捕绳器托住牵引钢丝绳，同时牵引钢丝绳触动停车传感器，系统自动保护停车。

如图 2-84、图 2-85 所示，传感器的感应面应正对捕绳器上的磁钢。当牵引钢丝绳掉落在捕绳器上时，传感器感应触发信号，系统自动保护停车。

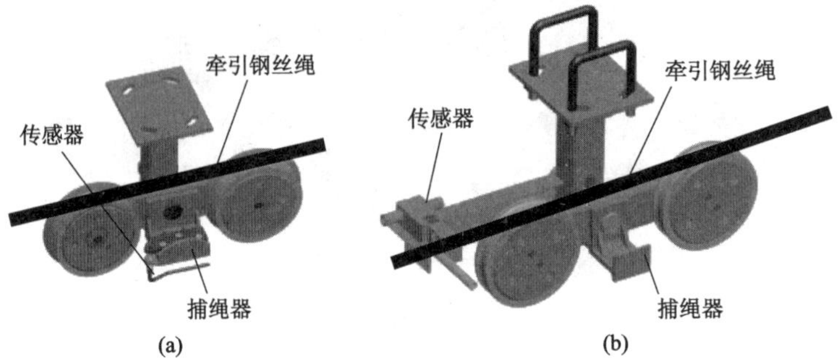

图 2-84　上变坡点掉绳保护装置

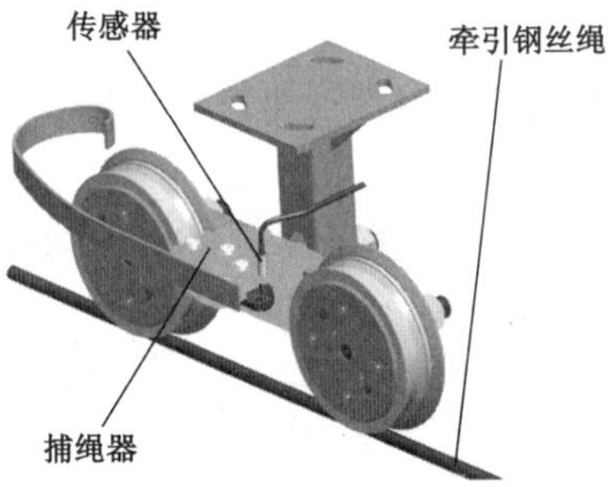

图 2-85　下变坡点掉绳保护装置

2.2.8.6　断轴保护

驱动主轴的设计一般都有足够的安全系数，但是井下环境比较恶劣，且部分架空乘人装置运行时间长、负载大(特别是采用可摘挂抱索器，若没有控制好乘人间距易造成超载)，驱动主轴是承受负载最大的部件，同时承受驱动轮转动所需的大转矩及沿牵引钢丝绳方向的径向拉力，还时常会受到冲击载荷，这些因素都可能会缩短主轴的使用寿命，产生裂纹甚至断裂，断轴保护装置可以防止主轴断裂后发生严重的安全事故。

断轴保护装置就是在驱动轴断裂时，驱动轮基本上在原位置保持不动，即不会掉落，牵引钢丝绳不会松弛，同时传感器发出停机信号停机。此时，乘员不会跌落，不会危及人身安全。

2.2.8.7 防脱绳保护

防脱绳保护装置由防脱绳保护支架和停车传感器组成。防脱绳保护支架由捕绳部分和停车传感器的安装座组成。当牵引钢丝绳从托绳轮上脱落时，牵引钢丝绳触动停车传感器，同时落入防脱绳保护支架的捕绳部分中，系统自动停车如图 2-86 所示。

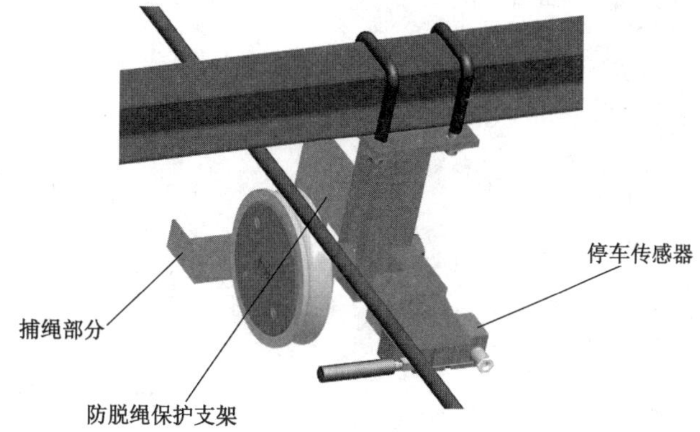

图 2-86 防脱绳保护装置

2.2.8.8 打滑保护

当出现牵引钢丝绳上有油污、张紧力不够、驱动轮衬块过度磨损或架空乘人装置超载等情况时，牵引钢丝绳与驱动轮之间可能会发生相对滑动，牵引钢丝绳在负载的作用下速度会越来越快，严重时可能会引起飞车事故。打滑保护能在牵引钢丝绳出现打滑时，使乘人装置自动停车，可有效地阻止飞车事故的发生。

要实现打滑保护功能，必须分别检测牵引钢丝绳的运行速度和驱动轮有效直径处的线速度并进行比较，当两者速度相差一定值时（如相差 0.4 m/s），架空乘人装置能够及时停车。其中，驱动轮的速度检测装置如图 2-87 所示。

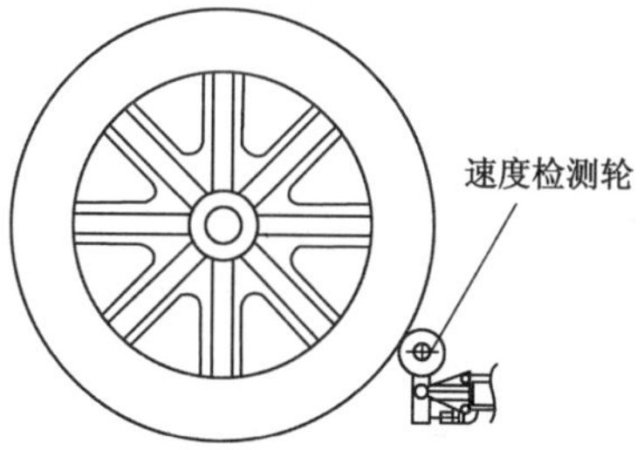

图 2-87 驱动轮速度检测装置

2.2.8.9 吊椅防过摆保护

当乘坐人员在乘坐途中因某种原因导致吊椅横向摆动幅度较大时，有可能被托轮挡住而引发安全事故，而吊椅防过摆保护装置可防止此类事故的发生。

吊椅防过摆装置适用于固定抱索器和卡钳式可摘挂抱索器的架空乘人装置，通常有两种形式，分别如图 2-88 和图 2-89 所示。

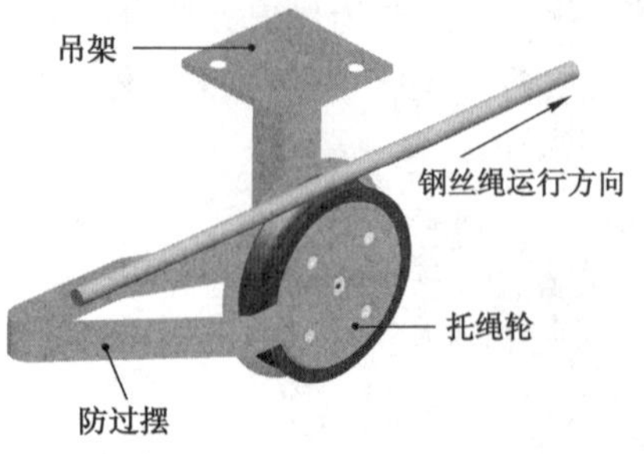

图 2-88　吊椅防过摆装置 1

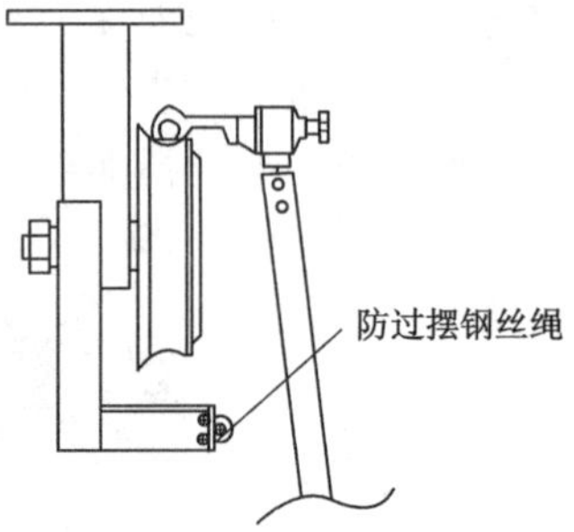

图 2-89　吊椅防过摆装置 2

2.2.8.10　乘人间距保护

使用可摘挂抱索器时，如果乘坐人员未按设计的乘人间距乘坐，当实际的乘人间距小于设计间距时，则会造成超载情况，导致设备损坏，出现安全隐患。乘人间距控制装置可以确保乘人间距不小于设计值，当乘人间距小于设计值时，系统会自动停车。

乘人间距控制装置如图 2-90 所示，安装在上车点前方距上车点的距离为设计乘人间距的位置。信号板上的磁钢正对着传感器感应面，抱索器经过控制装置上的信号板时，传感器接收信号。当传感器连续两次接收到的信号时间间隔比牵引钢丝绳运行设计乘人间距长度所需的时间短时，系统自动停车。

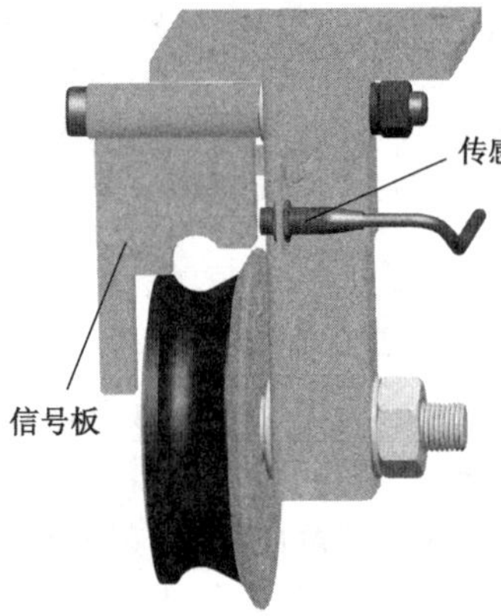

图 2-90　乘人间距控制装置

2.2.8.11　减速器油温超限保护

当电控装置检测到减速器的油温超过上限设定值时，系统自动保护停车，从而避免发生因油温过高导致减速器齿轮严重磨损等设备故障。

2.2.8.12　液压油箱温度超限保护(液压驱动时)

当电控装置检测到液压油箱温度超过上限设定值时，系统自动保护停车，从而避免发生油温过高而导致设备损坏、液压系统无法正常工作等故障。

2.2.8.13　驱动油压超压保护(液压驱动时)

当电控装置检测到液压驱动系统中驱动油压超过上限设定值时，系统自动保护停车，从而避免发生因油压过高而导致爆炸发生。

除了上述规定的安全保护之外，还可根据实际需要增加以下保护。

2.2.8.14　系统防静电保护

牵引钢丝绳与轮衬摩擦运行时，会产生静电集聚现象，在驱动轮和迂回轮的轮衬中间安装了强度较低的铸铁块或铜块，让它与牵引钢丝绳接触，将静电导走，以防止发生因静电聚集释放电火花等危害。如图 2-91 所示。

2.2.8.15　尾轮极限位置保护

由于牵引钢丝绳伸长等原因导致迂回轮向后移动到极限位置时，若钢丝绳继续伸长，而迂回轮不能向后移动，牵引钢丝绳的张紧力就会下降。因此，在迂回轮导轨上安装传感器（传感器位于尾轮极限位置），迂回轮触动传感器动作，系统会自动保护停车。

如图 2-92 所示，尾轮极限位置保护传感器安装在距离尾轮导轨末端 500 mm 处。安装时，必须保证迂回轮装置移动到此处时，跑偏传感器动作，系统能自动保护停车。

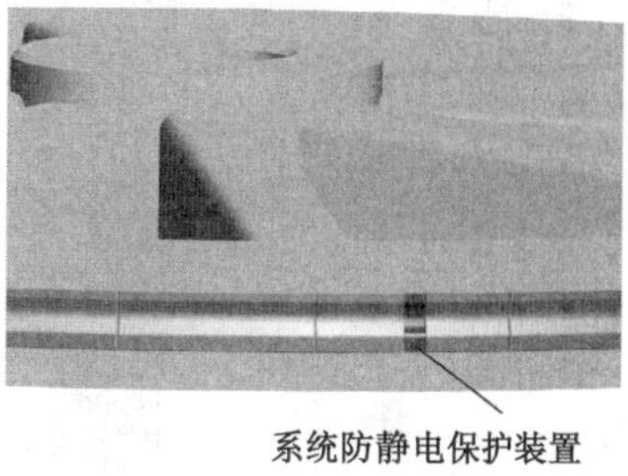

图 2-91　系统防静电保护装置

2.2.8.16　头尾轮入绳口安全防护装置

在驱动轮和迂回轮的牵引钢丝绳入口处，安装安全防护装置，以防止在运行中有异物导入轮体而造成掉绳或人身安全伤害。如图 2-93 所示。

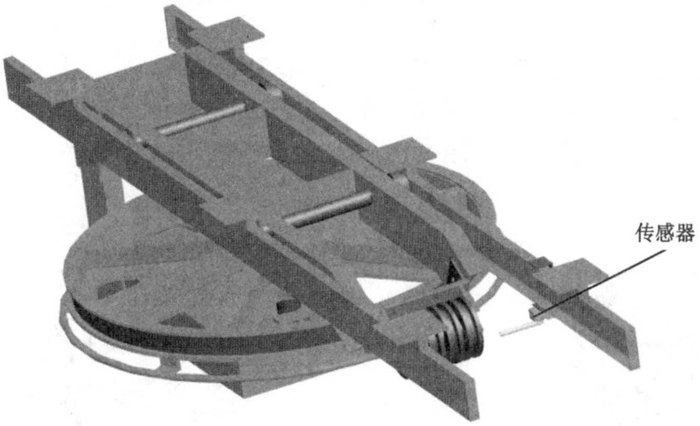

图 2-92　尾轮极限位置保护装置

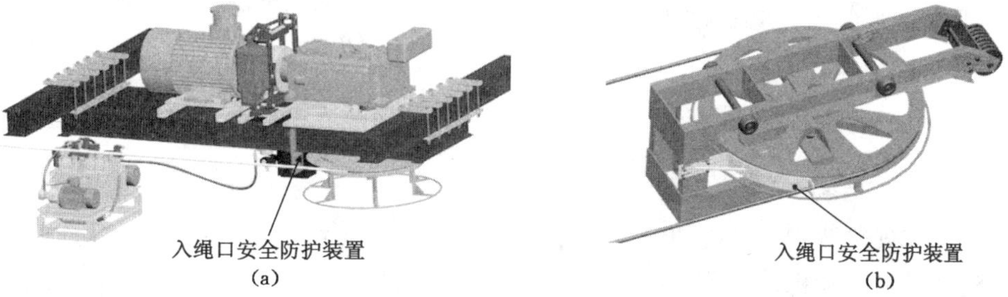

图 2-93　头尾轮入绳口防护装置

2.2.8.17　制动器动作失效保护

启动设备运行时，高速端或低速端制动器出现故障导致制动器无动作（即未打开时），系统不能开车或自动保护停车，从而避免了因制动器动作失效无法正常打开而造成的电动机过载烧坏。

高速端制动器动作失效保护装置安装在制动器的推动器上。推动器的推杆上安装有磁钢，传感器安装支架固定在推动器的两个固定螺杆上，制动器松闸时，磁钢脱离传感器感应范围，不输出信号；制动器在制动状态时，传感器感应磁钢并输出信号（电力液压盘式制动器失效保护装置的安装方式与此一致）。如图 2-94 所示。

图 2-94　制动器动作失效保护装置（高速端制动器）

低速端制动器动作失效保护装置安装在制动器的制动臂上。制动器的一侧制动臂安装有磁钢，传感器安装支架安装在另一侧制动臂上，制动器松闸时，传感器不感应信号；制动器在制动状态时，传感器感应信号。如图 2-95 和图 2-96 所示。

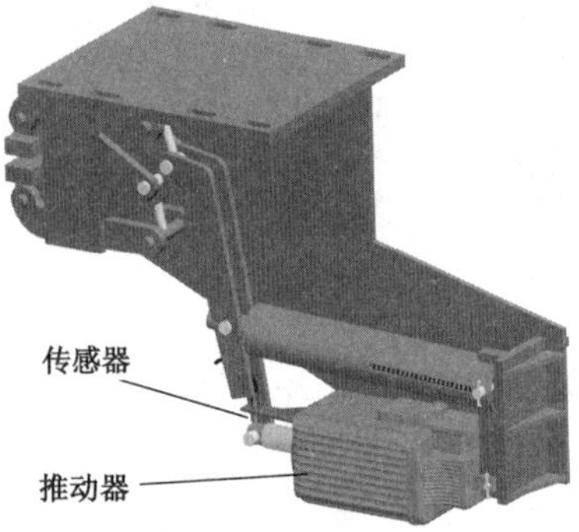

图 2-95　制动器动作失效保护装置 1

图 2-96　制动器动作失效保护装置 2

2.2.8.18　电动机温度超限保护

当电控装置检测到电动机的温度超过上限设定值时，系统自动保护停车，从而避免发生因温度过高导致电动机损坏等故障。

2.2.8.19　主电动机电压、电流超限保护

当电控装置检测到主电动机的工作电压、电流超过上限设定值时，系统自动保护停车，从而避免发生因工作电压、电流过高导致电动机损坏等故障。

2.2.8.20　减速器油位过低保护

当电控装置检测到减速器的油位低于下限设定值时，系统自动保护停车，从而避免发生因缺油导致减速器齿轮严重磨损等故障。

2.2.9 电控装置

2.2.9.1 概述

电控装置是架空乘人装置中重要的组成部分之一，在安标管理中，为架空乘人装置的A类受控件；其组成的电气设备应符合GB 3836系列相关防爆标准的规定，且应经国家授权的防爆检验机构进行防爆检验，并取得矿用产品安全标志准用证书。

与矿用提升机电控装置一样，架空乘人装置也需要采用专用的电控装置，由井下交流127 V照明用电供电，能满足架空乘人装置的运行控制、安全保护、声光预警等需求。

架空乘人装置为煤矿必备的辅助运输设备，最大长度可达4 000 m，因此，电控装置现基本采用总线制控制，即信号现场采集、总线传输、集中控制。

2.2.9.2 结构组成

电控装置主要由操控部分、检测部分、声光显示部分及信号电缆组成。

(1) 操控部分可分为可编程控制箱、操作台和信号采集设备。

可编程控制箱以PLC可编程控制器为核心，通过PLC的输入端、数据接口或扩展模块来采集控制和安全保护信号，再由PLC输出端控制中间继电器隔离输出来控制架空乘人装置的启停及保护停车闭锁。操作台主要实现电控装置的运行控制、设备状态信息监控、语音报警和通信功能。信号采集设备主要是采集架空乘人装置沿线及机尾部分的安全保护信号。

(2) 检测部分主要由转速传感器、跑偏传感器、温度传感器、压力传感器、电流电压传感器等各类传感器及其安装支架组成，用于检测架空乘人装置的运行状态、设备参数、保护信号(如减速器油温、油路压力、牵引钢丝绳速度、张紧力下降、沿线急停等)。

(3) 声光显示部分包括设备运行信息监控显示、沿线预警声光提示、故障报警显示及下车点告警提示等。

2.2.9.3 基本要求

(1) 电控装置能在0～+40 ℃、平均相对湿度不大于95%、无液体浸入电气设备内部、无剧烈振动、无腐蚀性气体的环境中工作。

(2) 电控装置必须通过本安联检试验，其中设备的防爆合格证及安全标志准用证均应在有效期内。

(3) 电控装置启动架空乘人装置运行前，必须全巷道声光预警，且报警声音响度不小于85 dB。

(4) 安全保护触发时，电控装置应在2 s内实现故障停车闭锁并有故障报警显示。在排查消除故障后，才能人工手动复位，再次启动运行。

3 架空乘人装置的设计与选型

3.1 架空乘人装置的设计标准

3.1.1 架空乘人装置执行标准

目前，关于煤矿架空乘人装置的标准有5个，每个标准的内容都存在一定的差异：

(1)《煤矿固定抱索器架空乘人装置技术条件》(MT/T 873—2000)。此标准为煤矿架空乘人装置最早制定的标准，安全保护项目少，安全技术要求较低，且仅适用于煤矿固定抱索器架空乘人装置。

(2)《煤矿安全规程》。此标准是煤矿架空乘人装置的通用标准，所有煤矿架空乘人装置中关于安全项目的要求，都是基于这个标准。如座凳中心至巷道一侧的安全距离不应小于0.7 m及运行速度的规定等。

(3)《煤矿用架空乘人装置安全检验规范》(AQ 1038—2007)。此标准是由安标国家矿用产品安全标志中心牵头，各相关企业参与制定的煤矿架空乘人装置用专业标准，替代《煤矿固定抱索器架空乘人装置技术条件》(MT/T 873—2000)。此标准是架空乘人装置国家级标准中最高的行业标准，同时也是目前国家评审煤矿架空乘人装置安全标志准用证的主要依据。

(4)《地下矿用架空索道安全要求》(GB 21008—2007)。此标准是煤矿和非煤矿的通用标准，对煤矿架空乘人装置的安全要求专业性较低。

(5)《煤矿用架空乘人装置》(MT/T 1117—2011)。此标准安全保护项目较少，安全技术要求不够全面。

架空乘人装置整机必须要有安标国家矿用产品安全标志中心颁发的矿用产品安全标志准用证书(MA证、KA证)，与架空乘人装置配套的电控装置配套件必须要有安全标志准用证、防爆合格证、生产许可证(QS证)。

架空乘人装置型号表示方法(图3-1)必须符合《煤矿辅助运输设备型号编制方法》(MT/T 154.8—1996)的规定。

机械驱动架空乘人装置型号示例：交流电动机传动、电液制动器制动和重锤张紧、最大适用倾角18°、最大运输距离600 m、驱动功率为22 kW的摩擦式可摘挂抱索器架空乘人装置：RJHY22-18/600。

液压驱动架空乘人装置型号示例：液压传动、液压制动和液压张紧、最大适用倾角18°、最大运输距离800 m、驱动功率为45 kW的双向摩擦式可摘挂抱索器架空乘人装置：RJHZ45-18/800YU。

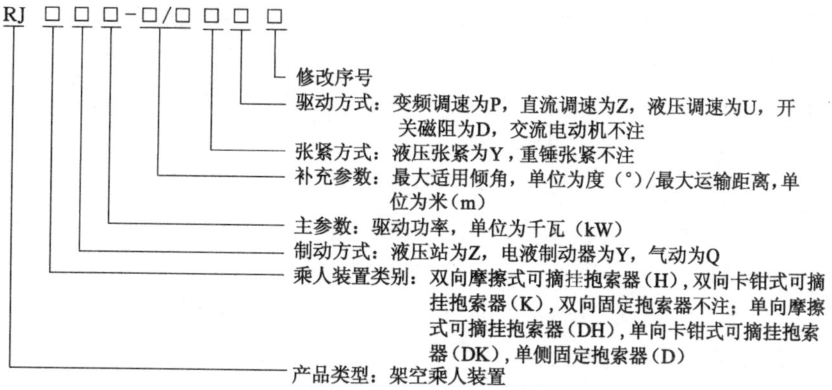

图 3-1 架空乘人装置型号表示方法

3.1.2 设计依据

（1）国家标准：《煤矿安全规程》、《地下矿用架空索道安全要求》（GB 21008—2007）。

（2）行业规范：《煤矿架空乘人装置安全检验规范》（AQ 1038—2007）、《煤矿固定抱索器架空乘人装置技术条件》（MT/T 873—2000）、《煤矿井下用架空乘人装置安全标志管理要求（试行）》。

（3）企业标准。

（4）用户现场安装条件和使用要求。

架空乘人装置为矿山井下用于人员输送的设备，其安全性能要求很高。架空乘人装置的设计应严格符合《煤矿安全规程》、《煤矿架空乘人装置安全检验规范》（AQ 1038—2007）等国家标准和行业规范。

2016 年修订的《煤矿安全规程》第三百八十三条规定：吊椅中心至巷道一侧突出部分的距离不小于 0.7 m，双向同时运送人员时钢丝绳间距不得小于 0.8 m，固定抱索器的钢丝绳间距不得小于 1.0 m……乘坐间距不应小于牵引钢丝绳 5 s 的运行距离，且不得小于 6 m。此外，对使用坡度和运行速度也作了详细规定，见表 3-1。

表 3-1 《煤矿安全规程》关于乘人装置使用坡度和运行速度的规定 单位：m/s

巷道坡度 θ/(°)	$28\geqslant\theta>25$	$25\geqslant\theta>20$	$20\geqslant\theta>14$	$\theta\leqslant14$
固定抱索器	≤0.8	≤1.2		
可摘挂抱索器	—	≤1.2	≤1.4	≤1.7

《煤矿架空乘人装置安全检验规范》（AQ 1038—2007）中第 5.2.8 条规定：乘人装置中使用的牵引钢丝绳的安全系数最低值为 6；第 5.2.11 条规定：驱动轮直径与钢丝绳中最粗钢丝的直径之比值不应小于 900。

某些架空乘人装置生产企业，从使用安全方面考虑，根据用户现场情况作了相关规定，如湘潭市恒欣实业有限公司在方案设计时规定：

① 当用固定抱索器且坡度>25°时，速度不超过 0.7 m/s。

② 当用卡钳式可摘挂抱索器且 20°<坡度≤25°时，速度不超过 1.0 m/s；14°<坡度≤20°时，速度不超过 1.2 m/s。

③ 当用摩擦式可摘挂抱索器且 14°<坡度≤18°时，速度不超过 1.4 m/s；坡度≤14°时，速度不超过 1.7 m/s。

3.1.3 方案设计现场条件

3.1.3.1 现场安装条件

在进行架空乘人装置设计前，应认真分析用户提供的现场条件，是否满足最小安装空间的要求，对于较复杂巷道一定要会同用户到安装现场仔细测绘相关数据。当用户提供的是原巷道设计图时，一定要求用户对现场进行实际测量，提供实测数据，因为实际成型的巷道可能会由于地质结构变化的原因或施工技术等原因与设计图有较大偏差，特别是有转弯的巷道。

3.1.3.2 用户的使用要求

架空乘人装置的安装现场通常有四种情况：① 专用乘人巷；② 与轨道运输共巷；③ 与带式运输机共巷；④ 与轨道、带式运输机共巷。

根据不同的巷道条件和使用要求，选用不同的抱索器，对应不同型号的架空乘人装置。

3.2 架空乘人装置的分类

3.2.1 按驱动方式分类

(1) 机械驱动式架空乘人装置，即采用传统的智能型机械传动方式，驱动装置由电动机、减速器、联轴器、制动器、驱动连接组件和驱动轮等组成。

(2) 液压驱动式架空乘人装置，即采用新型智能型液压传动方式，驱动装置由液压泵站、液压马达总成、制动器、驱动连接组件和驱动轮等组成，是目前世界上采用的比较先进的传动技术，也是国外矿山设备中普遍采用的传动技术。

3.2.2 按抱索器形式分类

(1) 固定抱索器架空乘人装置。固定抱索器是与牵引钢丝绳紧固连接的。抱索器与吊具随牵引钢丝绳绕驱动轮和尾轮运动，乘员不需要取下吊具和抱索器。

(2) 摩擦式可摘挂抱索器架空乘人装置。摩擦式可摘挂抱索器是直接搭载在牵引钢丝绳上的，抱索器与牵引钢丝绳之间靠摩擦自锁方式固定，吊具和抱索器不能绕过驱动轮和尾轮。

(3) 卡钳式可摘挂抱索器架空乘人装置。卡钳式可摘挂抱索器是与牵引钢丝绳间靠抱索器上、下抱爪夹紧牵引钢丝绳后产生的摩擦力而固定的，吊具和抱索器不得绕过驱动轮和尾轮。

3.2.3 按驱动方式、抱索器形式和运行方式分类

架空乘人装置的分类见表 3-2。

表 3-2　架空乘人装置的分类

类型＼项目		名称	最大倾角/(°)	运行速度/(m/s)	抱索器形式	输送方式	适用最窄巷道宽度/mm
RJY 型	RJZ/U 型	煤矿固定抱索器架空乘人装置	28	≤1.2	G	循环式两边同时乘人	2 400
RJDY 型	RJDZ/U 型	煤矿单侧固定抱索器架空乘人装置	28	≤1.2	G	往复式单侧乘人	1 400
RJHY 型	RJHZ/U 型	煤矿摩擦式可摘挂抱索器架空乘人装置	18	≤1.7	HM	循环式两边同时乘人	2 200
RJDHY 型	RJDHZ/U 型	煤矿单向摩擦式可摘挂抱索器架空乘人装置	18	≤1.7	HM	循环式两边不同时乘人	1 900
RJKY 型	RJKZ/U 型	煤矿卡钳式可摘挂抱索器架空乘人装置	25	≤1.7	HK	循环式两边同时乘人	2 200
RJDKY 型	RJDKZ/U 型	煤矿单向卡钳式可摘挂抱索器架空乘人装置	25	≤1.7	HK	循环式两边不同时乘人	1 900

说明：表中第一列为机械驱动架空乘人装置型号的类别，第二列为液压驱动架空乘人装置型号的类别。

(1) 煤矿固定抱索器架空乘人装置特点：抱索器不能摘挂，双向同时乘人，运行速度≤1.2 m/s，适用坡度≤28°。

(2) 煤矿单侧固定抱索器架空乘人装置特点：抱索器不能摘挂，往复式单侧乘人，往返都在一侧乘人，另一侧不乘人，吊具需要换向，运行速度≤1.2 m/s，适用坡度≤28°。

(3) 煤矿摩擦式可摘挂抱索器架空乘人装置特点：抱索器可摘挂，双向同时乘人，可静态上、下车，适用坡度≤18°，运行速度≤1.7 m/s。

(4) 煤矿单向摩擦式可摘挂抱索器架空乘人装置特点：抱索器可摘挂，循环式单向乘人，两边不同时乘人，即上行侧坐人时，下行侧不坐人，下行侧坐人时，上行侧不坐人，可静态上、下车，适用坡度≤18°。巷道宽度受限时，也可以设计为往复式单侧乘人，往返都在一侧乘人，另一侧不乘人，吊具必须能换向。

(5) 煤矿卡钳式可摘挂抱索器架空乘人装置特点：抱索器可摘挂，双向同时乘人，可配置辅助上、下车装置，适用坡度≤25°。

(6) 煤矿单向卡钳式可摘挂抱索器架空乘人装置特点：抱索器可摘挂，循环式单向乘人，两边不同时乘人，即上行侧坐人时，下行侧不坐人，下行侧坐人时，上行侧不坐人，可配置辅助上、下车装置，适用坡度≤25°。巷道宽度受限时，也可以设计为往复式单侧乘人，往返都在一侧乘人，另一侧不乘人，吊具必须能换向。

3.3　架空乘人装置的巷道条件

受煤矿井下客观条件的限制，以及考虑巷道条件的充分利用，节约巷道投资，没有专用行人巷安装架空乘人装置，因此可以考虑在轨道巷或带式输送机巷安装架空乘人装置。

《煤矿安全规程》第三百八十三条第二项规定：吊椅中心至巷道一侧突出部分的距离不

得小于 0.7 m，双向同时运送人员时钢丝绳间距不得小于 0.8 m，固定抱索器的钢丝绳间距不得小于 1.0 m。乘人吊椅距底板的高度不得小于 0.2 m，在上下人站处不大于 0.5 m。乘坐间距不应小于牵引钢丝绳 5 s 的运行距离，且不得小于 6 m。除采用固定抱索器的架空乘人装置外，应当设置乘人间距提示或者保护装置。

下面就巷道现场的几种情况如何设计架空乘人装置的安装方案，以及每种方案所需要的最小巷道条件进行介绍。

3.3.1 专用行人巷安装架空乘人装置

3.3.1.1 巷道无转弯

(1) 使用固定抱索器的条件

① 拱形巷道如图 3-2(a)所示，除机头、机尾外其余部位高度≥2 500 mm，宽度≥2 400 mm。

② 矩形巷道如图 3-2(b)所示，除机头、机尾外其余部位高度≥2 350 mm，宽度≥2 400 mm。

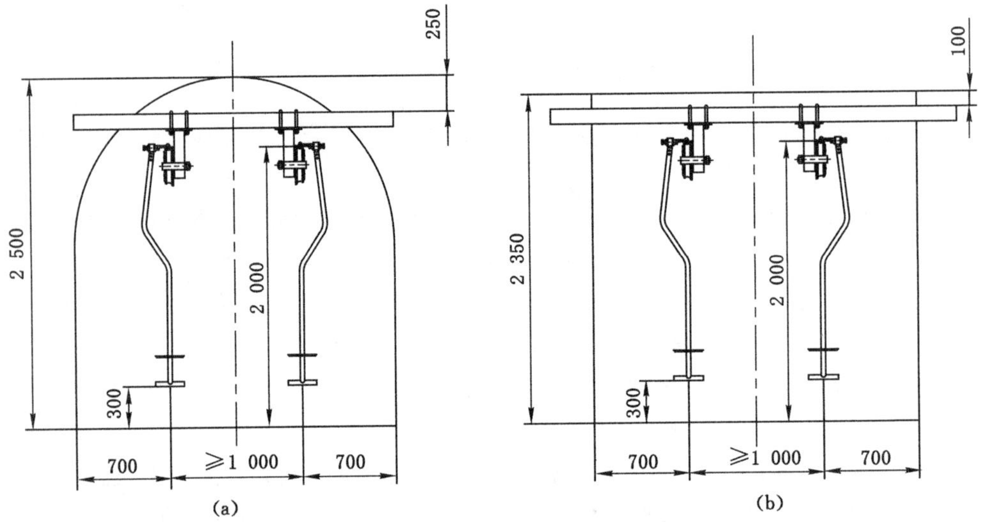

图 3-2 巷道断面图 1

(a) 拱形巷道断面；(b) 矩形巷道断面

③ 机头、机尾的长度、高度和宽度需满足设计要求，若不满足时，则需修整巷道。

④ 牵引钢丝绳间距≥1 000 m，运行速度≤1.2 m/s。

⑤ 巷道最大坡度不超过 28°。

(2) 使用可摘挂抱索器的条件

① 拱形巷道如图 3-3(a)所示，除机头、机尾外其余部位高度≥2 500 mm，宽度≥2 200 mm。

② 矩形巷道如图 3-3(b)所示，除机头、机尾外其余部位高度≥2 350 mm，宽度≥2 200 mm。

③ 机头、机尾的长度、高度和宽度需满足设计要求，若不满足时，则需修整巷道。

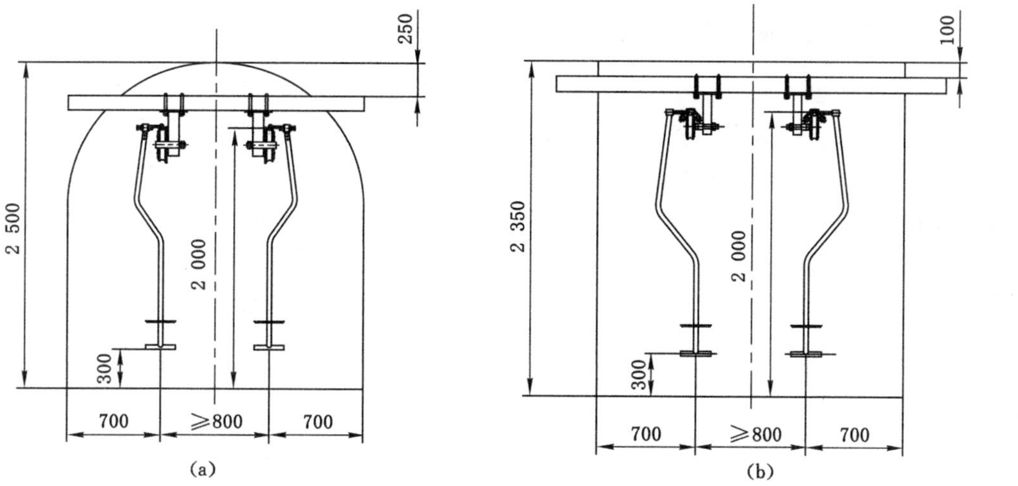

图 3-3 巷道断面图 2

(a) 拱形巷道断面；(b) 矩形巷道断面

④ 牵引钢丝绳间距≥800 mm。

⑤ 巷道最大坡度不超过 25°，当坡度＞18°时，只能采用卡钳式可摘挂抱索器。

3.3.1.2 巷道有转弯，转弯角度不小于 90°

① 拱形巷道如图 3-3(a)所示，除机头、机尾外其余部位高度≥2 500 mm，宽度≥2 200 mm。

② 矩形巷道如图 3-3(b)所示，除机头、机尾外其余部位高度≥2 350 mm，宽度≥2 200 mm。

③ 机头、机尾的长度、高度和宽度需满足设计要求，若不满足时，则需修整巷道。

④ 在坡度≤18°时，可使用摩擦式可摘挂抱索器，运行速度≤1.7 m/s，牵引钢丝绳间距≥800 m。只能在水平段转弯，但可转 S 形弯(图 3-4)。需要注意的是：一条线的转弯总数不能多于 5 个。基本型号：RJHY 和 RJHZ/U 系列。

⑤ 在坡度＞18°时，均采用卡钳式可摘挂抱索器，运行速度≤1.2 m/s，牵引钢丝绳间距≥800 m。在斜坡上或水平段均可转弯，但只能转同向弯(图 3-5)。基本型号：RJKY 和 RJKZ/U 系列。

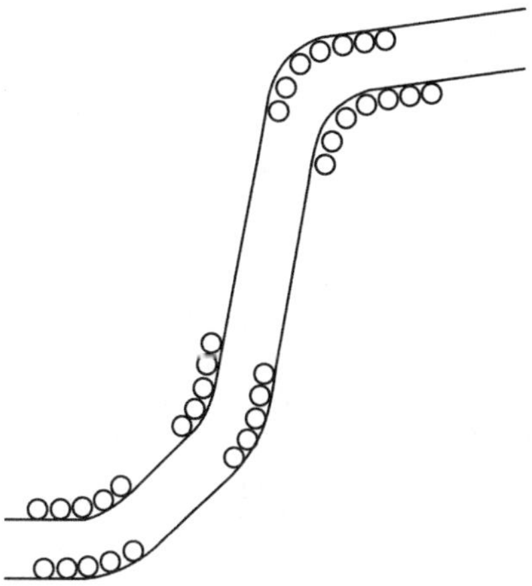

图 3-4 S形弯道示意图

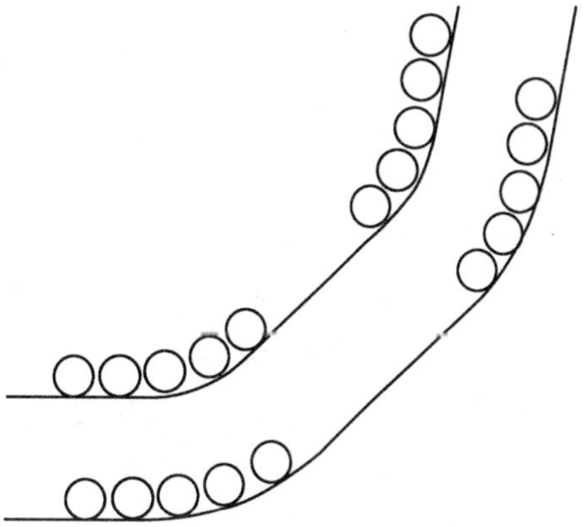

图 3-5 同向弯道示意图

3.3.2 架空乘人装置与轨道共巷

3.3.2.1 使用固定抱索器的条件

（1）坡度≤28°，巷道无转弯，速度≤1.2 m/s。基本型号：RJY 和 RJZ/U 系列。

（2）如图 3-6 所示，考虑轨道运输大件时，不与固定吊具发生干涉，则巷道宽度≥大件宽度＋吊具坐蹬中心离巷壁距离（2×700）＋吊具坐蹬中心离大件边缘距离（2×600），横梁底面距大件的最高点≥100 mm，则巷道高度＝轨道高度＋横梁高度＋600。

（3）机头、机尾的长度、高度和宽度需满足设计要求，若不满足时，则需修整巷道。

3.3.2.2 使用卡钳式可摘挂抱索器的条件

（1）坡度≤25°，巷道允许有转弯，绳间距≥800 mm，速度≤1.2 m/s。基本型号：RJKY 和 RJKZ/U 系列。

（2）如图 3-7 所示，如果巷道高度受限，但要考虑运输大件，则巷道宽度≥大件宽度＋吊具坐蹬中心离巷壁距离（2×700）＋吊具坐蹬中心离大件边缘距离（2×250），横梁底面距大件的最高点≥100 mm，则巷道高度＝轨道高度＋横梁高度＋450。

（3）如图 3-7 所示，如果巷道宽度受限（巷道≥2 200 mm），当然高度够高时，巷道高度＝横梁高度＋250。

（4）机头、机尾的长度、高度和宽度需满足设计要求，若不满足时，则需修整巷道。

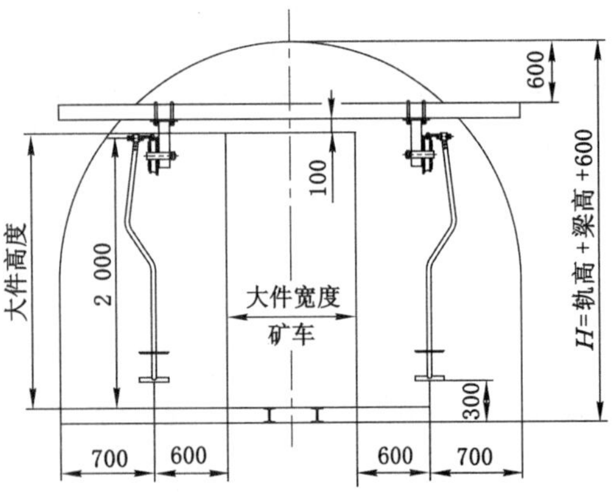

图 3-6　架空乘人装置与轨道共巷 1

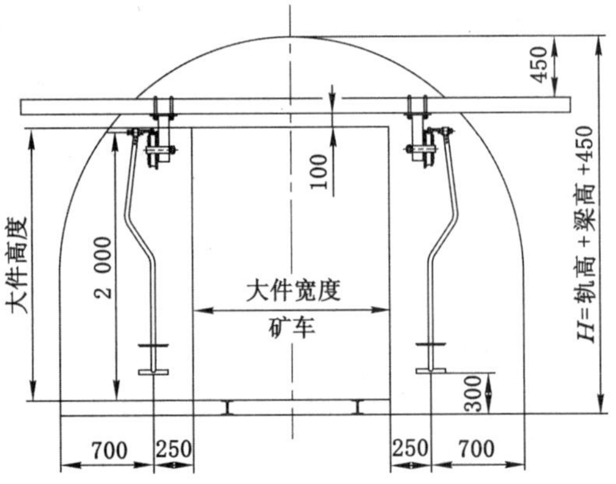

图 3-7　架空乘人装置与轨道共巷 2

3.3.2.3 使用摩擦式可摘挂抱索器的条件

（1）坡度≤18°，巷道允许有水平转弯，绳间距≥800 mm、速度≤1.7 m/s。基本型号：RJHY 和 RJHZ/U 系列。

（2）如图 3-7 所示，如果巷道高度受限，但要考虑运输大件，则巷道宽度≥大件宽度＋吊具坐蹬中心离巷壁距离（2×700）＋吊具坐蹬中心离大件边缘距离（2×250），横梁底面距大件的最高点≥100 mm，则巷道高度＝轨道高度＋横梁高度＋450。

（3）如图 3-8 所示，如果巷道宽度受限（巷道≥2 200 mm），当然高度够高时，巷道高度＝横梁高度＋250。

（4）机头、机尾的长度、高度和宽度需满足设计要求，若不满足时，则需修整巷道。

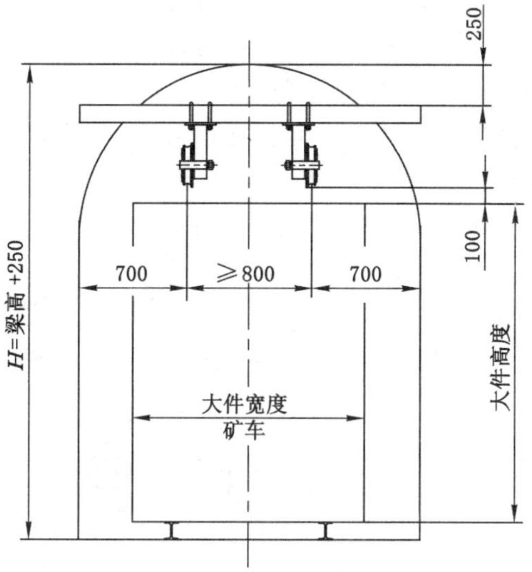

图 3-8 架空乘人装置与轨道共巷 3

3.3.3 架空乘人装置与带式输送机共巷

3.3.3.1 使用固定抱索器的条件

(1) 坡度≤28°,巷道无转弯,绳间距≥1 000 mm,速度≤1.2 m/s。基本型号:RJY 和 RJZ/U 系列。

(2) 如图 3-9 所示,在带式输送机一侧,安装架空乘人装置的有效宽度≥2 500 mm,巷道高度根据巷道断面形状和牵引钢丝绳高度确定,保证右侧抱索器不擦碰巷帮。因此,不同的巷道断面形状所需高度有所不同,图中所示情况为巷道高度=横梁高度+900。

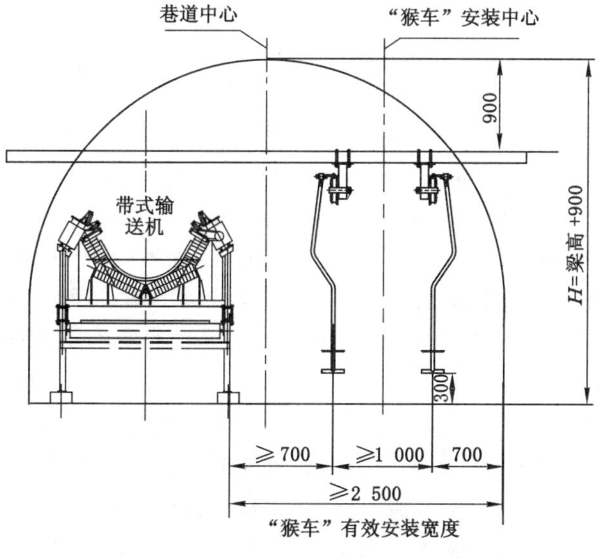

图 3-9 架空乘人装置与带式输送机共巷 1

(3) 当“猴车”有效安装宽度≥2 100 mm 时，可安装单向往复式架空乘人装置，如图3-10所示。只能单侧乘人，往返运行，因效率低，通常用于胶带机检修，而不用于人员运输。巷道高度根据巷道断面形状和牵引钢丝绳高度确定，保证右侧抱索器不擦碰巷帮。因此，不同的巷道断面形状所需高度有所不同，图中所示情况为巷道高度＝横梁高度＋900。基本型号：RJDY 和 RJDZ/U 系列。

(4) 机头、机尾的长度、高度和宽度需满足设计要求，若不满足时，则需修整巷道。

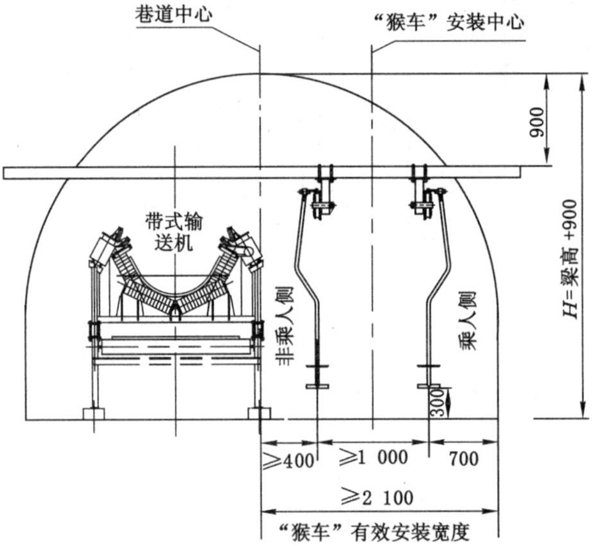

图 3-10　架空乘人装置与带式输送机共巷 2

3.3.3.2　使用卡钳式可摘挂抱索器的条件

(1) 坡度≤25°，巷道允许有转弯，绳间距≥800 mm，速度≤1.2 m/s。基本型号：RJKY 和 RJKZ/U 系列。

(2) 如图 3-11 所示，“猴车”有效安装宽度≥2 300 mm 时，可安装双向循环式架空乘人装置。巷道高度根据巷道断面形状和牵引钢丝绳高度确定，保证右侧抱索器不擦碰巷帮。因此，不同的巷道断面形状所需高度有所不同，图中所示情况为巷道高度＝横梁高度＋790。

(3) 如图 3-12 所示，当 2 000 mm≤“猴车”有效安装宽度＜2 300 mm 时，可安装单向循环式架空乘人装置，两侧均可乘人，但不允许同时乘人，即上行侧乘人时，下行侧不乘人；下行侧乘人时，上行侧不乘人。巷道高度根据巷道断面形状和牵引钢丝绳高度确定，保证右侧抱索器不擦碰巷帮。因此，不同的巷道断面形状所需高度有所不同，图中所示情况为巷道高度＝横梁高度＋660。

(4) 如图 3-13 所示，当 1 500 mm≤“猴车”有效安装宽度＜2 000 mm 时，可安装单向往复式架空乘人装置，只可单侧乘人，架空乘人装置往复运行。巷道高度根据巷道断面形状和牵引钢丝绳高度确定，保证右侧抱索器不擦碰巷帮。因此，不同的巷道断面形状所需高度有所不同，图中所示情况为巷道高度＝横梁高度＋500。基本型号：RJDKY 和 RJDKZ/U 系列。

(5) 机头、机尾的长度、高度和宽度需满足设计要求，若不满足时，则需修整巷道。

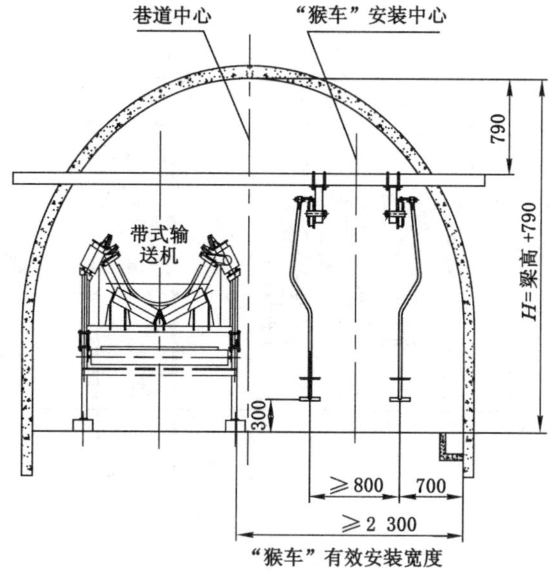

图 3-11　架空乘人装置与带式输送机共巷 3

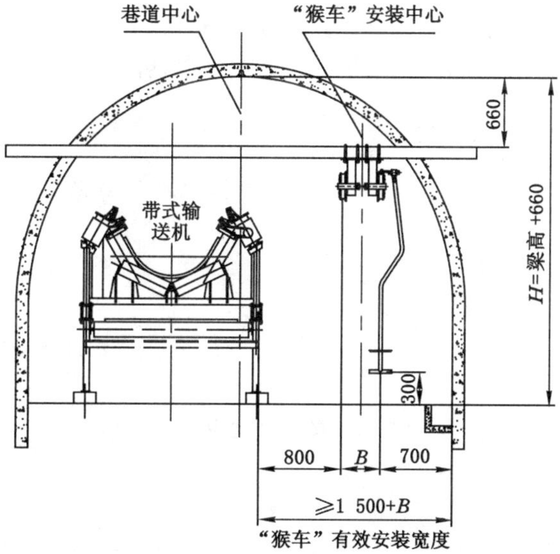

图 3-12　架空乘人装置与带式输送机共巷 4

3.3.3.3　使用摩擦式可摘挂抱索器的条件

(1) 坡度≤18°,巷道只允许水平转弯,速度≤1.7 m/s。基本型号:RJHY 和 RJHZ/U 系列以及 RJDHY 和 RJDHZ/U 系列。

(2) 其余对巷道的基本要求同 3.3.3.2,如图 3-11～图 3-13 所示。

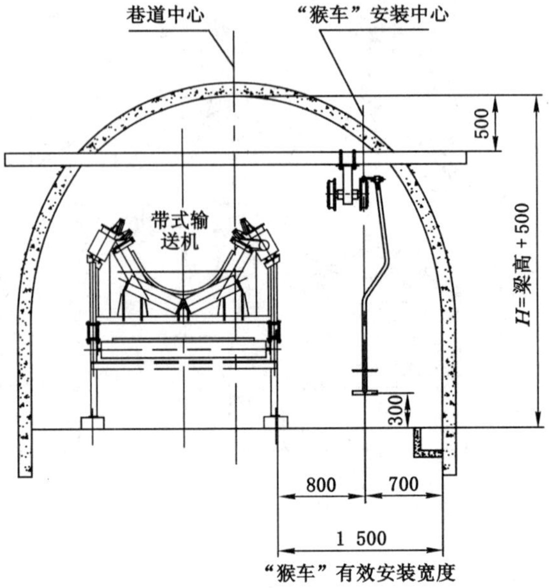

图 3-13 架空乘人装置与带式输送机共巷 5

3.3.4 几种常见的巷道类型

最常见的巷道类型是图 3-14 和图 3-15 所示的巷道，斜巷上、下有平巷，斜巷有一个坡度或几个坡度。另有水平方向转弯、全平巷及全斜巷等情况。

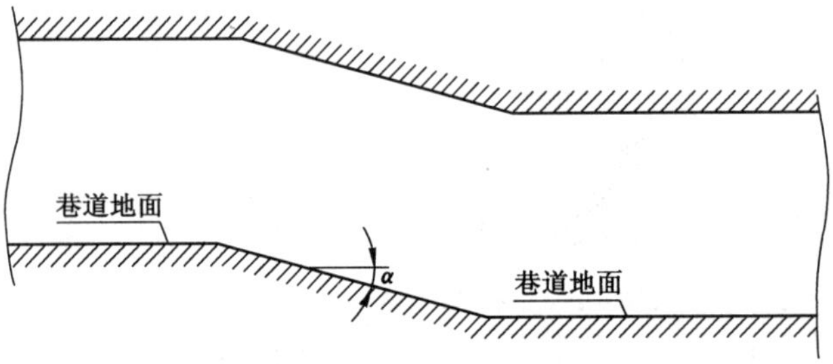

图 3-14 有上、下平巷的斜巷

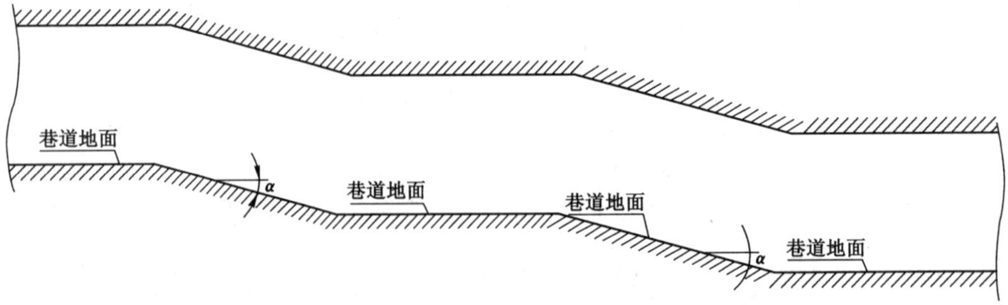

图 3-15 有一个或几个坡度的斜巷

3.4 架空乘人装置的设计计算和选型

架空乘人装置中作用在每一段牵引钢丝绳上的每一个受力点的受力情况不同，要详细分析每一个受力点的受力情况是很复杂的，因此，在实际的选型计算中，通常根据动力学的基本原理和索道领域中的一些经验数据进行系统的概算。

在选型计算中，主要分析在什么工况下负载最大，计算出最大负载时的最大负载值。下面以图 3-16 所示巷道情况为例分析系统负载最大时的工况。

如图 3-17 所示，线路阻力最大时出现在：EF 段两侧坐满人；DE 上坡侧坐满人，下坡侧无人乘坐；DC 段两侧坐满人；CB 段下坡侧无人乘坐，而上坡侧坐满人；BA 段两侧坐满人。

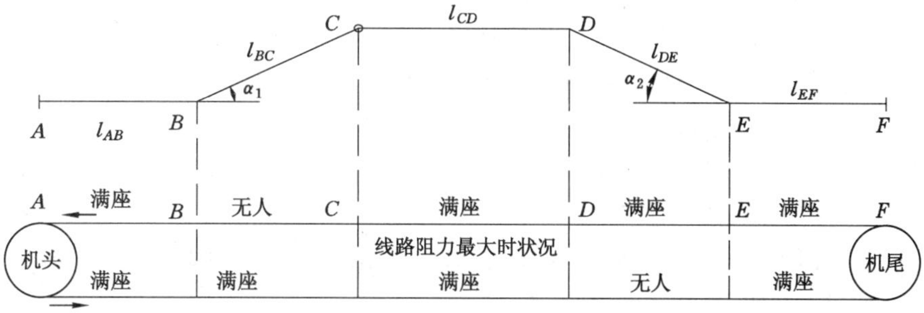

图 3-16 系统负载最大时的工况图

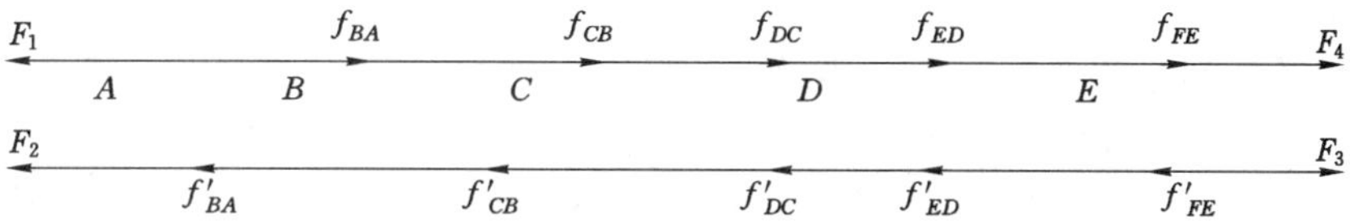

图 3-17 线路阻力分析图

各段阻力计算如下：

$$f_{BA}=f'_{BA}=\left[qL_{AB}+\frac{L_{AB}}{\lambda_1}(Q_1+Q_2)\right]\omega g$$

$$f_{BC}=\left(q+\frac{Q_2}{\lambda_1}\right)(\omega\cos\alpha_1-\sin\alpha_1)L_{CB}g$$

$$f_{DC}=f'_{DC}=\left(q+\frac{Q_1+Q_2}{\lambda_1}\right)L_{DC}\omega g$$

$$f_{ED}=\left(q+\frac{Q_1+Q_2}{\lambda_1}\right)L_{ED}(\omega\cos\alpha_2+\sin\alpha_2)g$$

$$f_{FE}=f'_{FE}=\left(q+\frac{Q_1+Q_2}{\lambda_1}\right)L_{FE}\omega g$$

$$f'_{CB}=\left(q+\frac{Q_1+Q_2}{\lambda_1}\right)L_{CB}(\omega\cos\alpha_1+\sin\alpha_1)g$$

$$f'_{ED}=\left(q+\frac{Q_2}{\lambda_1}\right)L_{ED}(\omega\cos\alpha_2-\sin\alpha_2)g$$

由于系统处于匀速运行状态，故有

$$F_1=f_{BA}+f_{CB}+f_{DC}+f_{ED}+f_{FE}+F_4$$

$$F_2=F_3-f'_{BA}-f'_{CB}-f'_{DC}-f'_{ED}-f'_{FE}$$

$$F_1=e^{\mu\alpha}F_2$$

$$F_4=1.01\ F_3$$

式中 f,f'——各段线路阻力，N；

q——钢丝绳的每米质量，kg/m；

L——线路长度，m；

F_1—— 驱动轮进绳侧钢丝绳所受的拉力，N；

F_2——驱动轮出绳侧钢丝绳所受的拉力，N；

F_3——迂回轮进绳侧钢丝绳所受的拉力，N；

F_4——迂回轮出绳侧钢丝绳所受的拉力，N；

Q_1——乘人的质量，kg；

Q_2——乘人器的质量，kg；

α_1,α_2——斜巷坡度，(°)；

ω——线路阻力系数，一般动力运行取 0.02，制动运行取 0.015；

λ_1——乘人间距，m。

由以上方程组可求得 F_1、F_2、F_3、F_4的值。

在实际的设计计算中，若巷道有多个变坡时，通常取巷道各段坡度的加权平均值——平均坡度进行计算。

设巷道各段斜长和坡度分别为：L_1和 α_1、L_2和 α_2、L_3和 α_3……L_n和 α_n，则巷道的平均坡度 α 为：

$$\alpha=\frac{L_1\times\alpha_1+L_2\times\alpha_2+L_3\alpha_3+\cdots+L_n\times\alpha_n}{L_1+L_2+L_3+\cdots+L_n}$$

因此，实际计算选型时，知道巷道安装长度、坡度、人员输送量(小时运量)、运行速度和乘人吊具的质量，就可以选定驱动设备型号。

3.4.1 钢丝绳的直径计算

根据用户提供的巷道安装长度、坡度、人员输送量(小时运量)、运行速度等设计参数，首先计算牵引钢丝绳的直径，再确定驱动部分的设备型号规格。

根据下式计算钢丝绳每米质量 q_0，然后确定钢丝绳直径。

$$q_0=\frac{F_{\min}+z(Q_1+Q_2)(\sin\alpha+\omega\cos\alpha)}{110\times\dfrac{\delta_B}{m}-(\sin\alpha+\omega\cos\alpha)L}$$

式中 $F_{\min}$——钢丝绳最小张力(kg)，取载荷的 12～18 倍，具体取值根据坡度大小而定；

z——沿线长度每侧吊椅数量；

Q_1+Q_2——吊椅、人及携带货物总质量，取 110 kg；

α—— 坡度，(°)；

δ_B——钢丝绳抗拉强度(kg/mm^2)，一般选用 1 670 MPa；

m——钢丝绳安全系数，取 $m=6$；

L——斜长，m；

ω——线路阻力系数，通常取 $\omega=0.02$。

根据牵引钢丝绳每米质量可以选定牵引钢丝绳直径。架空乘人装置使用的牵引钢丝绳的型号为 6×19S、6×26WS、6×31WS、6×36WS，抗拉强度选用 1 670 MPa。常用的几种规格牵引钢丝绳的参数见表 3-3。

在实际选型过程中，为了简化，通常直接预选牵引钢丝绳直径，能满足牵引钢丝绳的安全系数要求即可。

表 3-3　　常用牵引钢丝绳的主要参数表

牵引钢丝绳直径 ϕ/mm	18	20	22	24	26	28
牵引钢丝绳每米质量 q_0/(kg/m)	1.19	1.47	1.78	2.12	2.49	2.89
抗拉强度/MPa	1 670	1 670	1 670	1 670	1 670	1 670
牵引钢丝绳破断拉力/kN	179	220	266	317	372	432
钢丝破断拉力总和/kN	217	267	323	385	451	524

3.4.2　确定驱动轮及尾轮直径

《煤矿用架空乘人装置安全检验规范》(AQ 1038—2007)中要求，乘人装置的驱动轮和尾轮直径与牵引钢丝绳直径的比值不应小于 60，驱动轮直径与牵引钢丝绳中最粗钢丝的直径的比值应不小于 900。设驱动轮和尾轮的直径分别为 D_1(mm)和 D_2(mm)，牵引钢丝绳直径为 ϕ(mm)，则要求

$$D_1 \geqslant 60\phi$$

$$D_1 \geqslant d \times 900$$

$$d = \phi/(3.08 \times \tau)$$

$$D_2 \geqslant 60\phi$$

式中　d——钢丝绳中最粗钢丝直径，mm；

τ——钢丝绳中最粗钢丝直径的计算系数，常用各种型号牵引钢丝绳的 τ 值见表 3-4。

表 3-4　　牵引钢丝绳 τ 值

牵引钢丝绳型号	6×19S	6×26WS	6×31WS	6×36WS
τ 值	4	4.3	5	5.6

从表中可以看出，同一直径的钢丝绳，τ 值越大，钢丝绳中最粗钢丝直径越细。

实际选用驱动轮直径时，还要考虑牵引钢丝绳运行速度、减速器速比、电动机转速等因素；在液压驱动系统中，选用驱动轮直径时，只要现场安装条件允许，可以将直径选大些，常用的驱动轮直径和尾轮直径范围为 1 100～2 500 mm。通常情况下驱动轮直径 D_1 和尾轮直径 D_2 相同。

3.4.3 牵引钢丝绳运行速度

机械驱动架空乘人装置的牵引钢丝绳运行速度 v(m/s)：

$$v=K\times(\frac{\pi d}{60})\times n/i$$

式中 K——牵引钢丝绳运行时的蠕动系数，取 $K=0.98$；

n——驱动装置的输入转速，为电动机的转速，一般选择两种规格转速：980 r/min、740 r/min。

i——减速器速比，一般选用 50～80。

在设计中，架空乘人装置的运行速度除了符合标准规定外，还要考虑实际的使用情况，如在斜坡上下车时，速度应较慢，根据坡度大小，速度应在 0.5～1 m/s 范围内，坡度越大，速度应越慢。

3.4.4 牵引钢丝绳张力计算

3.4.4.1 牵引钢丝绳受力分析

由于整个线路牵引钢丝绳上的每一受力点的受力情况不尽相同，且有的差别较大，因此，只能假想牵引钢丝绳整体是一个刚体，取单侧牵引钢丝绳对其进行受力分析，对单侧牵引钢丝绳的受力作整体的概算。如图 3-18 所示为驱动装置在上平巷、机尾在下平巷时，牵引钢丝绳的受力情况分析。

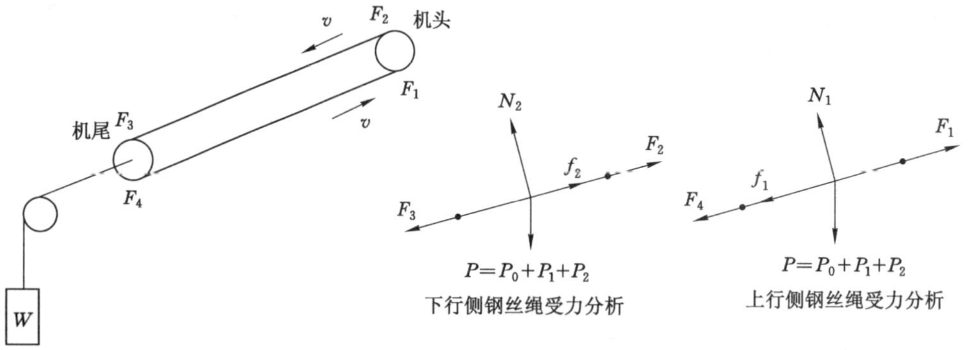

图 3-18 牵引钢丝绳的受力情况分析

3.4.4.2 各点张力计算

(1) 对于下行侧有：

$$F_2+f_2=F_3+P\sin\alpha$$

$$f_2=\omega N_2$$

$$P=P_0+P_1+P_2$$

$$N_2=P\cos\alpha$$

(2) 对于上行侧有：

$$F_1=F_4+f_1+P\sin\alpha$$

$$f_1=\omega N_2$$

$$P = P_0 + P_1 + P_2$$

$$N_1 = P\cos\alpha$$

由(1)、(2)得

$$F_2 + \omega(P_0 + P_1 + P_2)\cos\alpha = F_3 + (P_0 + P_1 + P_2)\sin\alpha$$

$$F_1 = F_4 + \omega(P_0 + P_1 + P_2)\cos\alpha + (P_0 + P_1 + P_2)\sin\alpha$$

$$F_3 = F_{\min}$$

$$F_4 = 1.01F_3$$

式中 q_0——牵引钢丝绳每米质量，kg/m；

1.01——尾轮的阻力系数；

F_1，F_2——驱动轮对牵引钢丝绳的张力；

F_3，F_4——迂回轮对牵引钢丝绳的张力；

f_1——线路所受的平均阻力；

ω——线路的阻力系数，动力运行时取 0.015～0.02，制动运行时取 0.008～0.012；

P——下行侧牵引钢丝绳总负载，N；

P_0——单侧牵引钢丝绳重力，N；

P_1——吊具总重力，N；

P_2——乘人重力＋平均每人负重力，N；

N_1，N_2——托轮对牵引钢丝绳的支持力总和。

3.4.4.3 线路各特征点计算

（1）当下放侧无人乘坐而上升侧满员时（动力运行状态）：

$$F_2 + \omega(P_0 + P_2)\cos\alpha = F_3 + (P_0 + P_2)\sin\alpha \quad ①$$

$$F_1 = F_4 + \omega(P_0 + P_1 + P_2)\cos\alpha + (P_0 + P_1 + P_2)\sin\alpha \quad ②$$

$$F_3 = F_{\min} \quad ③$$

$$F_4 = 1.01F_3 \quad ④$$

将 $P_0 = Lq_0g$，$P_1 = LQ_1g/\lambda_1$，$P_2 = LQ_2g/\lambda_1$ 及③、④式代入①、②式得

$$F_1 = 1.01F_{\min} + [q_0 + (Q_1 + Q_2)/\lambda_1](\omega\cos\alpha + \sin\alpha)Lg$$

$$F_2 = F_{\min} + (q_0 + Q_2/\lambda_1)(\sin\alpha - \omega\cos\alpha)Lg$$

（2）当下放侧满员乘坐而上升侧无人乘坐时（制动运行状态）：

$$F_1 = 1.01F_{\min} + [q_0 + Q_2/\lambda_1](\omega\cos\alpha + \sin\alpha)Lg$$

$$F_2 = F_{\min} + [q_0 + (Q_1 + Q_2)/\lambda_1](\sin\alpha - \omega\cos\alpha)Lg$$

3.4.5 驱动轮防滑校验

动力运行状态时不打滑的条件：

$$F_1 - F_2 > 0$$

$$F_1/F_2 < e^{\mu\beta}$$

制动运行状态时不打滑的条件：

$$F_1 - F_2 < 0$$

$$F_2/F_1 < e^{\mu\beta}$$

式中 μ——牵引钢丝绳与驱动轮之间的摩擦系数，一般取 0.2～0.25；

β——牵引钢丝绳在驱动轮上的围包角(弧度),单轮驱动(未收或扩绳时)时 $\beta=180°$,双轮驱动(未收或扩绳时)时 $\beta=360°$。

3.4.6 电动机功率

最大负载功率:

$$N_f=(F_1-F_2)v/1\ 000$$

动力运行时电动机功率:

$$N_e=K_\mu N_f/\eta$$

制动运行时电动机功率:

$$N_e=K_\mu(F'_2-F'_1)v/(1\ 000\eta)$$

式中 v——牵引钢丝绳运行速度,m/s;

η——机械传动效率,取 0.8~0.95;

K_μ——功率备用系数,取 1.2~1.3。

架空乘人装置常用的电动机额定功率范围为 18.5~132 kW,额定电压有 380/660 V 和 660/1 140 V 两种。

3.4.7 牵引钢丝绳校核

根据《煤矿安全规程》和《煤矿用架空乘人装置安全检验规范》(AQ 1038—2007)中的相关规定,牵引钢丝绳的安全系数不得小于 6,即

$$m=F_k/F_{max}\geqslant 6$$

式中 F_k——牵引钢丝绳钢丝破断拉力总和;N;

m——牵引钢丝绳安全系数;

F_{max}——最大负载时最大张力点张力,N。

3.4.8 张紧行程

由于牵引钢丝绳在使用过程中因受拉会在一定范围内伸长,因此,为了适应牵引钢丝绳长度的变化,一般让尾轮在机尾轨道内移动。轨道长度一般取线路总长的 1%,即

$$S=0.01L_{总}$$

式中 S——轨道长度,m;

$L_{总}$——线路总长,m。

若采用出厂前已进行了预张拉的钢丝绳,则机尾道的长度可相应地缩短。

3.4.9 尾轮张紧力

张紧装置一般设置在下平巷的机尾处,即张力最小点所需要的张紧力为:

$$F_{拉}=F_3+F_4$$

迂回轮张紧装置中的张紧钢丝绳可采用单滑轮、双滑轮或四滑轮换向。采用单滑轮换向的优点是迂回轮移动时阻力小,反应灵敏;缺点是所配重锤块多,占用空间大。采用四滑轮换向的优点是所配重锤块少,占用空间小;缺点是迂回轮移动时阻力大,反映灵敏性欠佳。通常情况下采用四滑轮结构较为合适,通过四滑轮换向后,由八段钢丝绳拉紧迂回轮,拉紧

迂回轮所需要重锤的重量为 $F_{拉}$ 的八分之一。

根据选定的驱动轮直径 D_1，最大负载转矩为：

$$M_f=(F_1-F_2)\times D_1/2$$

选用减速器时，一般要求减速器的额定输出转矩不小于最大负载转矩的 1.5～2 倍，减速器的额定机械功率不小于最大负载功率的 1.8 倍，且不小于电动机的功率。

3.4.10 制动器选型

3.4.10.1 高速端制动器

根据电动机功率计算高速端制动器制动转矩为：

$$T_C=T=9\ 550\times N_e/n$$

式中 T——理论转矩，N·m；

T_C——计算转矩，N·m；

N_e——驱动功率，kW；

n——工作转速，r/min。

也可以根据最大负载转矩 M_f 计算高速端制动器制动转矩为：

$$T_C=M_f/i$$

式中 i——减速器速比。

实际选用的高速端制动器制动转矩要为计算转矩的 1.5～2 倍，一般取 2 倍。

3.4.10.2 低速端轮边制动器

根据最大负载牵引力 $F=F_1-F_2$，所选制动器的制动力应为最大负载牵引力(即额定负载牵引力)的 1.5～2 倍，一般取 2 倍。

以上为机械驱动式架空乘人装置的选型计算，液压驱动式架空乘人装置除电动机的选型不同于机械驱动式外，减速器、制动器的选型基本相同。

下面列举不同类型架空乘人装置的选型计算以供参考。

【例 3-1】 机械驱动式固定抱索器架空乘人装置。

(1) 巷道参数

① 斜长：$L=1\ 272$ m。

② 平均坡度：$\alpha=8.5°$。

(2) 主要参数的确定

① 预选驱动轮：直径 $D=1.4$ m。

② 预选减速器速比：$i=63$。

③ 牵引钢丝绳运行速度：

$$v=K\times(\pi d/60)\times n/i=1.12\ (\mathrm{m/s})$$

式中 K——牵引钢丝绳运行时的蠕动系数，取 $K=0.98$；

n——电动机转速，980 r/min。

④ 设定乘坐间距：$\lambda_1=12$ m，则运输效率为：

$$Q_r=3\ 600\times v/\lambda_1=335\ (人次/h)$$

⑤ 预选牵引钢丝绳直径：$\phi=22$ mm。单位质量为 $q_0=1.78$ kg/m，抗拉强度为 1 670 MPa，牵引钢丝绳钢丝破断拉力总和为 323 kN。

⑥ 驱动轮绳槽与牵引钢丝绳的摩擦系数：$\mu=0.25$。牵引钢丝绳与绳轮组的平均阻力系数 ω，动力运行时取 $\omega=0.02$，制动运行时取 $\omega=0.015$。

⑦ 牵引钢丝绳在驱动轮上的围包角：$\beta=180°$。

(3) 牵引钢丝绳张力的计算

① 最小点张力：

$$F_{\min}=c\times q_0\times g=17\ 444\ (\text{N})$$

式中 c——牵引钢丝绳的抗挠度系数，取值范围为 650～1 000；

g——重力加速度，$g=9.8\ \text{m/s}^2$。

② 各特征点张力的计算：

a. 当下放侧无人乘坐而上升侧满员时(动力运行状态)，线路运行阻力为：

$$\begin{aligned}f_{上}&=[q_0+(Q_1+Q_2)/\lambda_1]\times(\omega\cos\alpha+\sin\alpha)Lg\\&=[1.78+110/12]\times(0.02\cos 8.5°+\sin 8.5°)\times 1\ 272\times 9.8=22\ 869\ (\text{N})\end{aligned}$$

$$\begin{aligned}f_{下}&=[q_0+Q_2/\lambda_1]\times(\omega\cos\alpha-\sin\alpha)Lg\\&=[1.78+15/12]\times(0.02\cos 8.5°-\sin 8.5°)\times 1\ 272\times 9.8=-4\ 836(\text{N})\end{aligned}$$

各特征点张力：

$$F_3=F_{\min}=17\ 444\ (\text{N})$$

$$F_4=1.01F_3=17\ 618\ (\text{N})$$

$$F_1=F_4+f_{上}=40\ 487\ (\text{N})$$

$$F_2=F_3-f_{下}=22\ 280\ (\text{N})$$

式中 $f_{上}$——上升侧满员时的线路阻力，N；

$f_{下}$——下放侧无人时的线路阻力，N；

其余符号意义同前。

b. 当下放侧满员乘坐而上升侧无人乘坐时(制动运行状态)，线路运行阻力为：

$$\begin{aligned}f'_{上}&=[q_0+Q_2/\lambda_1]\times(\omega\cos\alpha+\sin\alpha)Lg\\&=[1.78+15/12]\times(0.02\cos 8.5°+\sin 8.5°)\times 1\ 272\times 9.8=6\ 031\ (\text{N})\end{aligned}$$

$$\begin{aligned}f'_{下}&=[q_0+(Q_1+Q_2)/\lambda_1]\times(\omega\cos\alpha-\sin\alpha)Lg\\&=[1.78+110/12]\times(0.02\cos 8.5°-\sin 8.5°)\times 1\ 272\times 9.8=-18\ 550\ (\text{N})\end{aligned}$$

各特征点张力：

$$F_3=F_{\min}=17\ 444\ (\text{N})$$

$$F_4=1.01F_3=17\ 618\ (\text{N})$$

$$F'_1=F_4+f'_{上}=23\ 650\ (\text{N})$$

$$F'_2=F_3-f'_{下}=35\ 994\ (\text{N})$$

(4) 驱动轮防滑校验

牵引钢丝绳与驱动轮之间的摩擦系数取 $\mu=0.25$，围包角 $\beta=180°=\pi$ 弧度，则 $e^{\mu\beta}=2.19$。

① 动力运行状态，且 $F_1-F_2>0$，则有：

$$F_1/F_2=1.82<2.19$$

符合要求。

② 制动运行状态，且 $F'_1-F'_2<0$，则有：

$$F'_2/F'_1=1.52<2.19$$

符合要求。

(5) 电动机功率

最大负载功率:

$$N_f=(F_1-F_2)v/1\ 000=20.3\ (\mathrm{kW})$$

动力运行时电动机功率:

$$N_e=K_\mu N_f/\eta=30.5\ (\mathrm{kW})$$

制动运行时电动机功率:

$$N_e=K_\mu(F'_2-F'_1)v/(1\ 000\eta)=20.7\ (\mathrm{kW})$$

式中 v——牵引钢丝绳运行速度,取 1.12 m/s;

η——机械传动效率,取 0.8~0.95;

K_μ——功率备用系数,取 1.2~1.3。

因计算超过 30 kW,所以实际选取电动机功率为 37 kW,额定电压 380/660 V 或 660/1 140 V。

(6) 牵引钢丝绳校核

$$F_k=m\times F_{max}$$

式中 F_k——牵引钢丝绳钢丝破断拉力总和,N;

m——牵引钢丝绳安全系数;

F_{max}——最大张力点张力,$F_{max}=F_1=40.478$ kN,$F_k=323$ kN。

故有

$$m=F_k/F_{max}=8>6$$

因此选择直径 $\phi=22$ mm、抗拉强度为 1 670 MPa 的牵引钢丝绳,其钢丝破断拉力总和为 323 kN,符合要求。

(7) 驱动轮直径 D_1 和尾轮直径 D_2 与牵引钢丝绳型号的确定

① 确定 D_1 和 D_2:

$$D_1\geqslant 60\phi=60\times 22=1\ 320\ (\mathrm{mm})$$

$$D_2\geqslant 60\phi=60\times 22=1\ 320\ (\mathrm{mm})$$

最终选取驱动轮直径为 $D_1=1\ 400$ mm,尾轮直径为 $D_2=1\ 400$ mm。驱动轮直径 D_1 和尾轮直径 D_2 分别为牵引钢丝绳直径的 63.6 倍。

② 确定钢丝绳结构形式:

根据规定

$$D_1\geqslant d\times 900$$

有

$$d\leqslant D_1/900=1\ 400/900=1.556\ (\mathrm{mm})$$

由 $d=\phi/(3.08\times\tau)$ 得

$$\tau\geqslant 4.59$$

取 $\tau=5$,则牵引钢丝绳的型号选为 22NAT6×31WS+FC1670。

其最粗钢丝绳直径为:

$$d=22/(3.08\times 5)=1.428\ (\mathrm{mm})$$

驱动轮直径与 d 的比值为 980，符合要求。

(8) 张紧行程

$$S=0.01L_{总}=12.72\ (\mathrm{m})$$

取 $S=13$ m。

(9) 尾轮张紧力

$$F_{拉}=F_3+F_4=35\ 062\ (\mathrm{N})$$

采用四滑轮八绳牵引尾轮，因此张紧重锤质量为：35 062/8=4 382 (N)，即 447 kg。

(10) 减速器选型

根据驱动轮直径 $D_1=1\ 400$ mm，因此最大负载转矩为：

$$M_f=(F_1-F_2)\times D_1/2=12\ 745\ (\mathrm{N\cdot m})$$

要求减速器的额定输出转矩不小于最大负载转矩的 1.5 倍，即为 19 118 N·m。

要求减速器的额定机械功率大于电动机功率 37 kW。

因此选用减速器型号为：B309VHC-63-HX，速比为 63，额定输出扭矩为 35 700 N·m，额定功率为 57 kW，符合使用要求。

(11) 制动器选型

① 高速端制动器：

根据电动机功率计算高速端制动器转矩为：

$$T_C=T=9\ 550\times N_e/n=9\ 550\times(37/980)=360.5\ (\mathrm{N\cdot m})$$

式中 T——理论转矩，N·m；

T_C——计算转矩，N·m；

N_e——驱动功率，kW；

n——工作转速，r/min。

选电液鼓式制动器，型号为：BYWZ4B-300/50，最大制动力矩为 630 N·m，为所需制动力矩的 1.75 倍，满足使用要求。

② 低速端轮边制动器：

负载牵引力 $F=F_1-F_2=18\ 207$ (N)，选用液压盘式制动器，型号为：YQP50-C112，其制动力最大可达 50 kN，可调整制动器的制动力为 35 kN，为负载牵引力的 1.9 倍，能满足使用要求。

【例 3-2】 液压驱动式固定抱索器架空乘人装置。

(1) 巷道参数

① 斜长：$L=1\ 272$ m。

② 平均坡度：$\alpha=8.5°$。

(2) 主要参数的确定

① 预选驱动轮直径：$D=1.4$ m。

② 预选减速器速比：$i=63$。

③ 初设牵引钢丝绳的运行速度 v：0～1.2 m/s。

④ 设定乘坐间距：$\lambda_1=12$ m，则运输效率为：

$$Q_r=3\ 600\times v/\lambda_1=360\ (人次/h)$$

⑤ 预选牵引钢丝绳直径：$\phi=22$ mm。单位质量 $q_0=1.78$ kg/m，抗拉强度为 1 670

MPa,牵引钢丝绳钢丝破断拉力总和为 323 kN。

⑥ 驱动轮绳槽与牵引钢丝绳的摩擦系数:$\mu=0.25$。牵引钢丝绳与绳轮组的阻力系数 ω,动力运行时取 $\omega=0.02$,制动运行时取 $\omega=0.015$。

⑦ 牵引绳在驱动轮上的围包角:$\beta=180°$。

(3) 牵引钢丝绳张力的计算

① 最小点张力:

$$F_{min}=c\times q_0\times g=17\ 444\ (N)$$

② 各特征点张力的计算:

a. 当下放侧无人乘坐而上升侧满员时(动力运行状态),线路运行阻力为:

$$f_{上}=[q_0+(Q_1+Q_2)/\lambda_1]\times(\omega\cos\alpha+\sin\alpha)Lg$$
$$=[1.78+110/12]\times(0.02\cos 8.5°+\sin 8.5°)\times1\ 272\times9.8=22\ 869\ (N)$$

$$f_{下}=[q_0+Q_2/\lambda_1]\times(\omega\cos\alpha-\sin\alpha)Lg$$
$$=[1.78+15/12]\times(0.02\cos 8.5°-\sin 8.5°)\times1\ 272\times9.8=-4\ 836\ (N)$$

各特征点张力:

$$F_3=F_{min}=17\ 444\ (N)$$
$$F_4=1.01F_3=17\ 618\ (N)$$
$$F_1=F_4+f_{上}=40\ 487\ (N)$$
$$F_2=F_3-f_{下}=22\ 280\ (N)$$

b. 当下放侧满员乘坐而上升侧无人乘坐时(制动运行状态),线路运行阻力为:

$$f_{上}'=[q_0+Q_2/\lambda_1]\times(\omega\cos\alpha+\sin\alpha)Lg$$
$$=[1.78+15/12]\times(0.02\cos 8.5°+\sin 8.5°)\times1\ 272\times9.8=6\ 031\ (N)$$

$$f_{下}'=[q_0+(Q_1+Q_2)/\lambda_1]\times(\omega\cos\alpha-\sin\alpha)Lg$$
$$=[1.78+110/12]\times(0.02\cos 8.5°-\sin 8.5°)\times1\ 272\times9.8=-18\ 550\ (N)$$

各特征点张力:

$$F_3=F_{min}=17\ 444\ (N)$$
$$F_4=1.01F_3=17\ 618\ (N)$$
$$F'_1=F_4+f'_{上}=23\ 650\ (N)$$
$$F'_2=F_3-f'_{下}=35\ 994\ (N)$$

(4) 驱动轮防滑校验

牵引钢丝绳与驱动轮之间的摩擦系数取 $\mu=0.25$,围包角 $\beta=180°=\pi$ 弧度,则 $e^{\mu\beta}=2.19$。

① 动力运行状态,且 $F_1-F_2>0$,则有:

$$F_1/F_2=1.82<2.19$$

符合要求。

② 制动运行状态,且 $F_1-F_2<0$,则有:

$$F'_2/F'_1=1.52<2.19$$

符合要求。

(5) 牵引钢丝绳校核

$$F_k=m\times F_{max}$$

式中 F_{max}——最大张力点张力，$F_{max}=F_1=40.487$ kN，$F_k=323$ kN。

故有

$$m=F_k/F_{max}=8>6$$

因此选择直径 $\phi=22$ mm、抗拉强度为 1 670 MPa 的牵引钢丝绳，其钢丝破断拉力总和为 323 kN，符合要求。

(6) 驱动轮直径 D_1 和尾轮直径 D_2 与牵引钢丝绳型号的确定

① 确定 D_1 和 D_2：

$$D_1 \geqslant 60\phi=60\times 22=1\ 320\ (\text{mm})$$

$$D_2 \geqslant 60\phi=60\times 22=1\ 320\ (\text{mm})$$

最终选取驱动轮直径为 $D_1=1\ 400$ mm，尾轮直径为 $D_2=1\ 400$ mm。驱动轮直径 D_1 和尾轮直径 D_2 分别为牵引钢丝绳直径的 63.6 倍。

② 确定钢丝绳结构形式：

根据规定

$$D_1 \geqslant d\times 900$$

有

$$d \leqslant D_1/900=1\ 400/900=1.556\ (\text{mm})$$

由 $d=\phi/(3.08\times\tau)$ 得

$$\tau \geqslant 4.59$$

取 $\tau=5$，则牵引钢丝绳的型号选为 22NAT6×31WS+FC1670。

其最粗钢丝绳直径为：

$$d=22/(3.08\times 5)=1.428\ (\text{mm})$$

驱动轮直径与 d 的比值为 980，符合要求。

(7) 张紧行程

$$S=0.01L_{总}=12.72\ (\text{m})$$

取 $S=13$ m。

(8) 尾轮张紧力

$$F_{拉}=F_3+F_4=35\ 062\ (\text{N})$$

采用四滑轮八绳牵引尾轮，因此张紧重锤质量为：35 062/8=4 382 (N)，即 447 kg。

(9) 液压驱动总成选型

最大负载功率：

$$N_f=(F_1-F_2)v/1\ 000=21.8\ (\text{kW})$$

根据驱动轮直径 $D_1=1\ 400$ mm，因此最大负载转矩为：

$$M_f=(F_1-F_2)\times D_1/2=12\ 745\ (\text{N}\cdot\text{m})$$

要求减速器的额定输出转矩不小于最大负载转矩的 1.5 倍，即为 19 118 N·m。

要求减速器的额定机械功率大于或等于最大负载功率的 1.8 倍，即为 39.3 kW。

减速器的最大转速：

$$n_{max}=60v/k\pi D_1=16.7\ (\text{r/min})$$

式中 n_{max}——减速器的最大输出转速，r/min；

v——牵引钢丝绳最大运行速度，m/s；

D_1——驱动轮直径，m。

液压马达的最大转速为：

$$n_{max}=i\times n_{max}=1\ 052\ (r/min)$$

式中　n_{max}——液压马达的最大输出转速，r/min；

i——减速器速比。

因此选用减速器型号为：B309VHC-63-HX，速比为63，额定输出转矩为35 700 N·m，额定功率为57 kW，符合使用要求。

液压驱动总成的最大排量：

$$V_d=2\pi T_f/(\Delta p\eta_2)=4\ 449\ (mL/r)$$

式中　V_d——液压驱动总成最大排量，mL/r；

T_f——最大负载转矩，N·m；

Δp——液压马达的进口压力差(MPa)，本项目中取20 MPa(一般取值范围16～25 MPa)；

η_2——液压马达的机械效率，齿轮马达及柱塞马达取0.9。

液压马达所需排量：

$$V_M=V_d/i=70.6\ (mL/r)$$

根据对液压马达排量和压力的要求，选用马达的型号为：HMF75，其排量V为75 mL/r。

液压马达的最大工作流量：

$$q_{max}=V\times n_{Mmax}/1\ 000=78.9\ (L/min)$$

液压泵的最大工作流量：

$$q_{Pmax}=K_L\times q_{max}=86.82\ (L/min)$$

式中　K_L——考虑系统泄漏和容积效率下降的系数，一般为1.1～1.3，取$K_L=1.1$。

液压泵最大工作压力：

$$p_{max}=k(p+\Delta p')=28.13\ (MPa)$$

式中　p_{max}——液压泵最大工作压力，MPa；

p——液压马达最大工作压力，MPa；

k——系统压力备用系数，取$k=1.25$；

$\Delta p'$——液压泵的回油压力损失，对闭式回路$\Delta p'=2.5$ MPa。

液压泵最大工作排量：

$$V_P=q_{Pmax}/n=58.66\ (mL/r)$$

式中　n——驱动电动机转速，取1 480 r/min(液压驱动中电动机同步转速一般为1 500 r/min)。

选用进口液压泵，其型号为：HPV105，其排量为105 mL/r，最大工作压力可达45 MPa，满足使用要求。

驱动电动机功率：

$$N_e=p_n\times q_{Pmax}/60\eta_2=34.05\ (kW)$$

式中　N_e——驱动电动机功率，kW；

p_n——液压站额定工作压力(MPa)，$p_n=\Delta p=20$ MPa；

q_{Pmax}——液压泵的最大工作流量，L/min；

η_2——液压泵总效率,柱塞泵取 0.85。

选取电动机功率为 55 kW,转速为 1 480 r/min。

(10) 速度验算

驱动轮最大转速:

$$n_{轮}=\frac{V_P n \eta_{总}}{V i}=29.6\ (\mathrm{r/min})$$

系统总效率:

$$\eta_{总}=0.9$$

牵引钢丝绳运行最大速度:

$$v=\pi D_1 n_{轮} K/60=1.52\ (\mathrm{m/s})>1.2\ (\mathrm{m/s})$$

满足使用要求。

式中 D_1——驱动轮直径,m;

K——牵引钢丝绳的蠕动系数,取 $K=0.98$。

(11) 制动器选型:

① 高速端制动器:

最大负载转矩:

$$M_f=(F_1-F_2)\times D_1/2=12\ 745\ (\mathrm{N\cdot m})$$

则要求减速器高速端的制动力矩为:

$$\frac{M_f}{i}=202\ (\mathrm{N\cdot m})$$

选用电液鼓式制动器,型号为:BYWZ4B-300/50,最大制动力矩为 630 N·m,可调整制动器制动力矩为 400 N·m,为所需制动力矩的 1.98 倍,满足使用要求。

② 低速端轮边制动器:

负载牵引力 $F=F_1-F_2=18\ 207$ (N),选用液压盘式制动器,型号为:YQP50-C112 ,其制动力最大可达 50 kN,可调整制动器的制动力为 35 kN,为负载牵引力的 1.9 倍,满足使用要求。

4　架空乘人装置的安装与调试

安装架空乘人装置之前，应对相应的土建工程进行验收，只有当土建工程满足设计图纸要求时，才能进行架空乘人装置的安装。

安装施工前，应详细阅读配套的架空乘人装置安装使用说明书，熟悉安装施工图和安装要点，制订安装施工方案、安全保障措施和施工进度计划。

4.1　横梁的安装

4.1.1　横梁的安装方式

根据不同巷道条件确定横梁的安装方式。

4.1.1.1　托轮横梁的安装方式

(1) 托轮装置在井口或是带式输送机房时，安装横梁可利用立柱安装，如图 4-1 所示。

(2) 如果井筒为半圆弧形断面，巷帮为 U 形钢支护，托轮横梁可以利用支护梁安装，如图4-2所示。

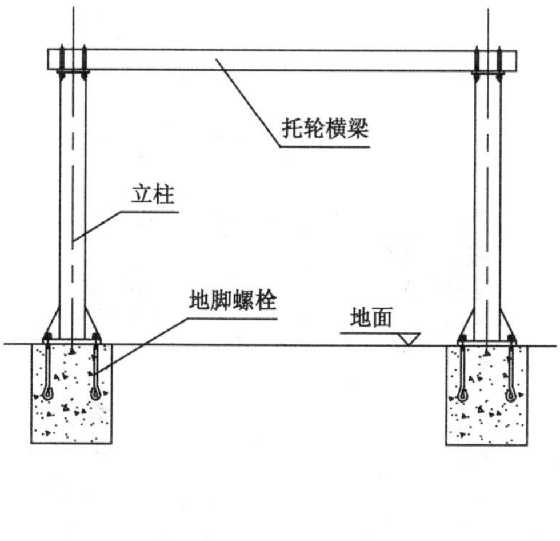

图 4-1　利用立柱安装

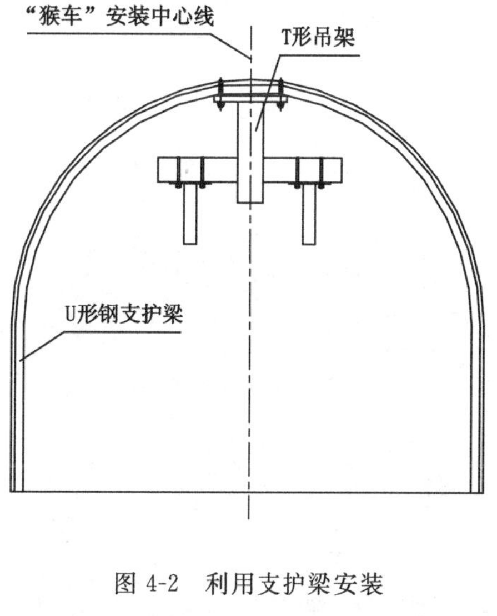

图 4-2　利用支护梁安装

(3) 如果托轮装置在井筒内，巷壁为稳定性岩层或是巷壁为锚喷混凝土结构，则横梁安装可采用贯通梁或打锚杆的方式安装。图 4-3 所示为双贯通梁安装方式，图 4-4 所示为双支座(也叫牛腿式)安装方式,图 4-5、图 4-6 所示为组合梁安装方式,图 4-7 所示为 U 形锚杆安装方式。

为使横梁不至于过长,可采用半节横梁,一端插入巷帮,另一端用锚杆与梁顶部连接,如图 4-8 所示。

井筒为半圆弧形断面,井壁两侧为煤层,顶部为岩石层,可采用 T 形吊架用锚杆直接打在梁顶部,如图 4-9 所示。

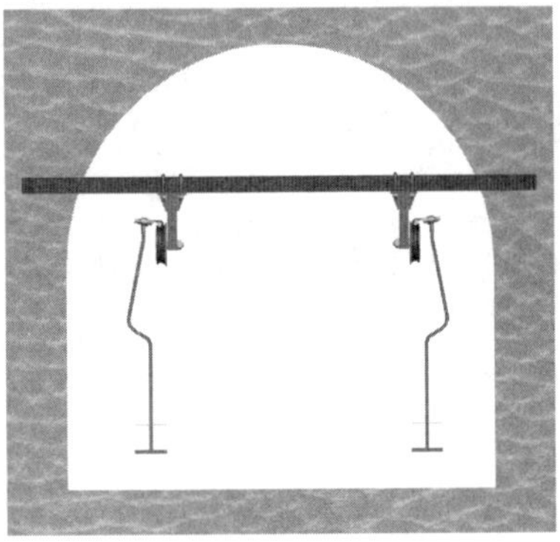

图 4-3　双贯通梁

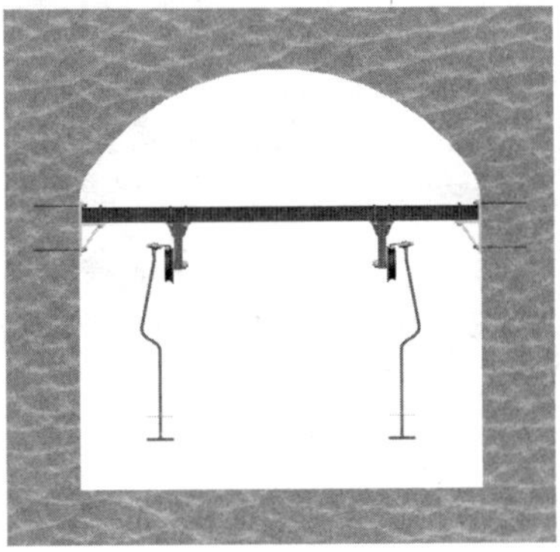

图 4-4　双支座

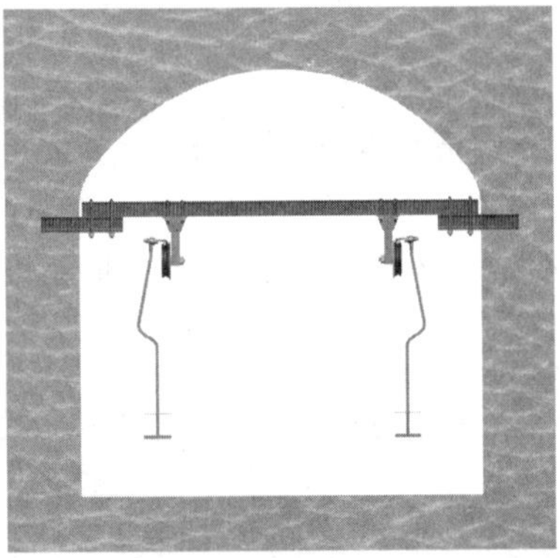

图 4-5　组合梁(双托梁)

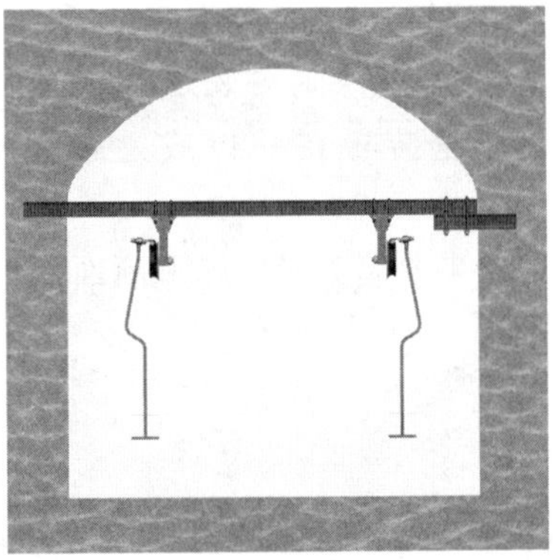

图 4-6　组合梁(半贯半托)

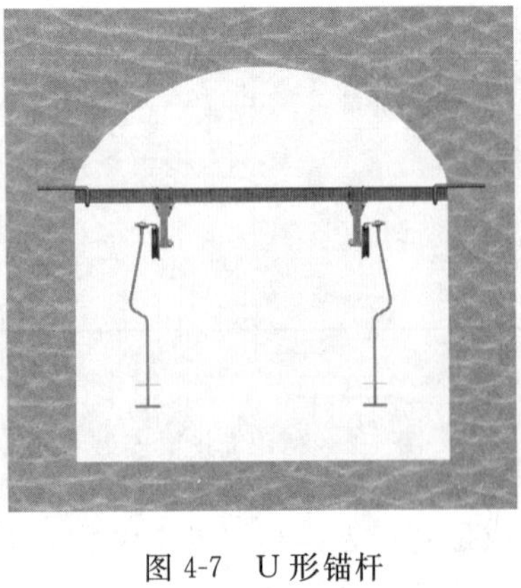

图 4-7　U 形锚杆

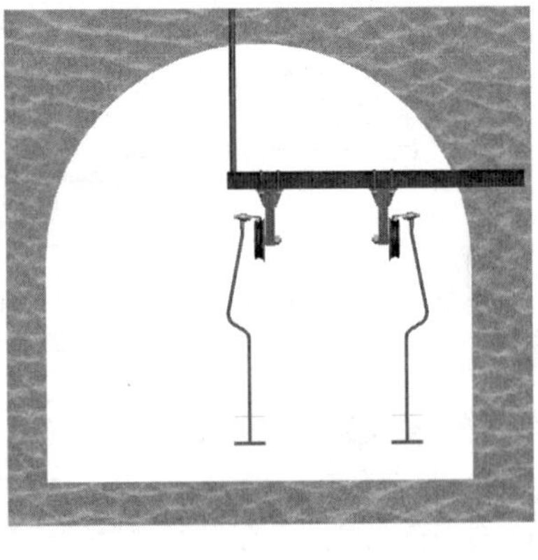

图 4-8　半挑挂顶

因此在安装横梁之前,需对巷道的地质结构进行分析,以选择相应的横梁安装方式。

根据现场具体情况也可以采用其他恰当的安装方式。不管采用哪种安装方式,只要保证横梁安装稳固、可靠即可。

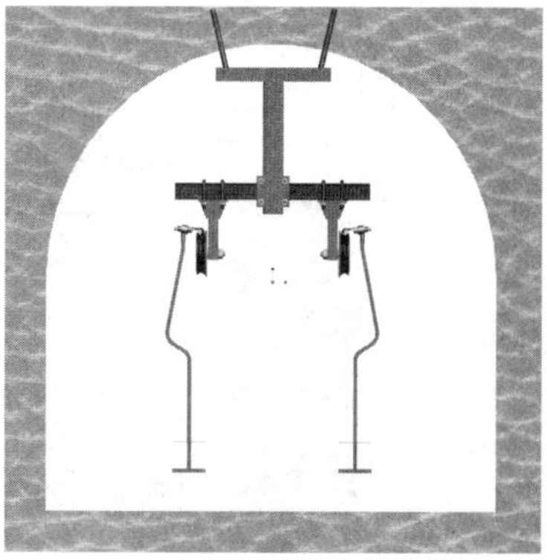

图 4-9　T 形吊架

4.1.1.2　驱动装置横梁的安装方式

根据矿井现场不同情况、不同地质条件,采取的横梁安装方式也不相同。

驱动装置在井口或是带式输送机房时,安装横梁可采用以下两种方式:一种是采用立立柱的方法,另一种是采用砌碹捣钢筋混凝土的方法,分别如图 4-10 和图 4-11 所示。

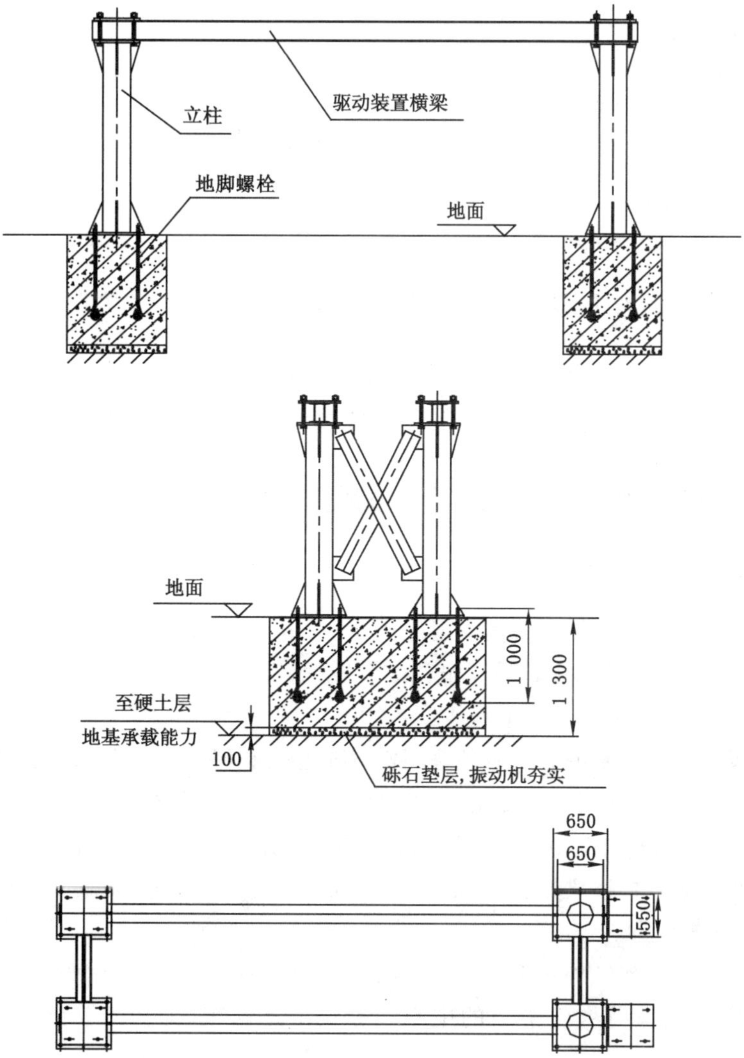

图 4-10　使用立立柱的方法安装驱动装置横梁

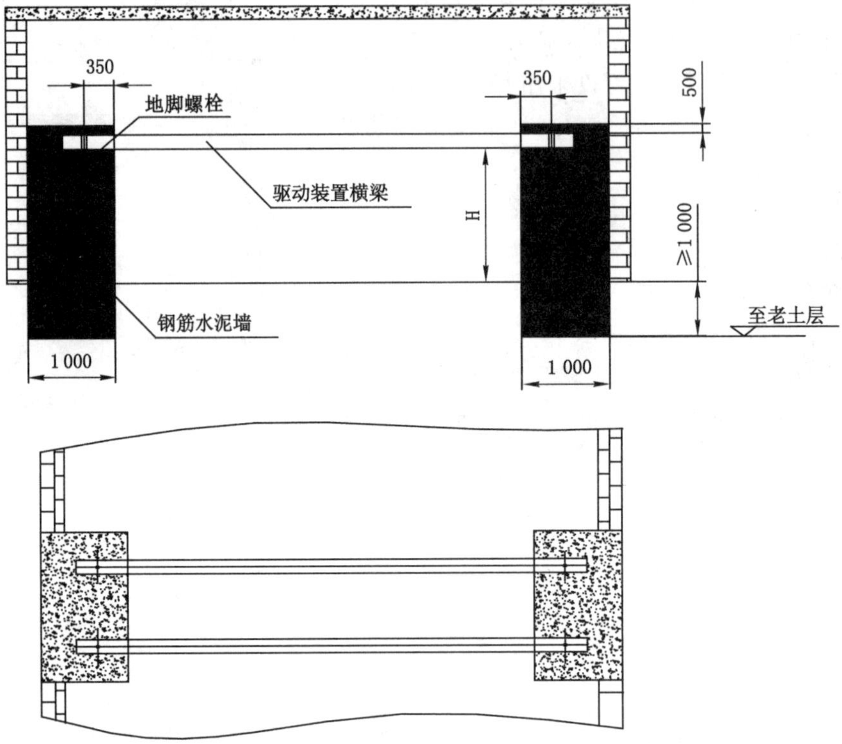

图 4-11　使用砌碹捣钢筋混凝土的方法安装驱动装置横梁

另外，如果驱动装置在井筒内，巷壁为稳定性岩层或是巷壁为锚喷混凝土结构，则横梁安装采用贯通梁。如果驱动装置在井筒内，巷壁为不稳定性岩层或是煤层，则横梁安装也可采用砌碹捣钢筋混凝土的方法。

驱动装置、张紧装置和变坡点双托轮横梁必须采用双贯通梁，不得采用其他安装方式。

4.1.2　横梁的安装步骤和安装要求

(1) 确定腰线：腰线一般为距离巷道底面 1～1.5 m 的直线，每段腰线的倾角应与该段巷道的坡度一致。腰线的作用是横梁定位的参照线，可以保证横梁在同一水平面内。

(2) 确定架空乘人装置安装中心线：

① 架空乘人装置安装中心线必须是驱动轮中心点和尾轮中心点的连线，离开此两点的连线而确定的架空乘人装置安装中心线(单侧收绳或有转弯时除外)，都是不正确的中心线。若按不正确的中心线安装架空乘人装置，将会导致牵引钢丝绳掉绳而无法正常运行。

② 在机头的第一根横梁处、机尾的最后一根横梁处及每个变坡点和弯道中点处，按设计高度各安装一根横梁。

(3) 用测量仪器(如红外线射线仪、经纬仪等)测定中心线，然后在各预埋横梁上做好中心线标记，并用细钢丝绳将各梁上的中心线标记点连起来，即为架空乘人装置的安装中心线。

(4) 以巷道腰线为基准线，根据设计高度和设计间距确定横梁的安装位置。

(5) 具体的安装方式需根据巷道实际情况确定，无论采用何种安装方式，必须保证横梁底面与巷道腰线平行，横梁的长度方向必须水平且与安装中心线垂直。

(6) 对于用锚杆固定的横梁，若巷道内能够焊接，则横梁与锚杆之间应焊牢。

(7) 机头、机尾横梁标高尺寸偏差不大于±10 mm。

(8) 托轮横梁标高尺寸偏差不大于±15 mm。

(9) 全部横梁在长度方向均需水平。

(10) 驱动装置横梁安装要求：驱动装置在任何情况下，两根横梁的底面必须平行于巷道底面(或腰线)，横梁的长度方向一定要在水平面内，且与安装中心线垂直。在水平巷安装时，两根横梁底面必须在同一水平面内；在斜巷安装时，两根横梁底面必须在与腰线平行的同一平面内。

(11) 变坡点托轮横梁的安装要求如图 4-12 和图 4-13 所示。

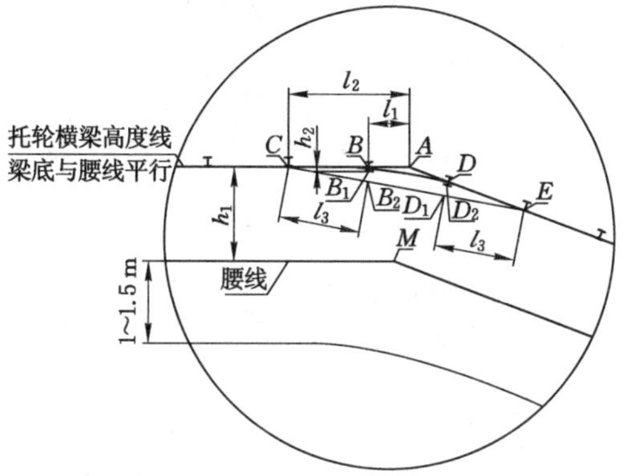

图 4-12　上变坡点托轮横梁安装

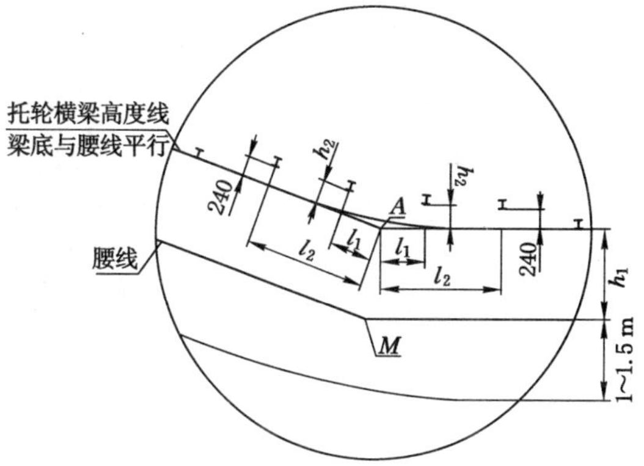

图 4-13　下变坡点托轮横梁安装

① 将平巷及斜巷的腰线和梁底高线延长，交于 A、M 两点。

② 以 A 点为基准，在直线上量出尺寸 l_1，定为 B 点，再量出尺寸 l_2，定为 C 点；同理找出 D、E 两点。

③ 连接 C、E 两点，分别以 C、E 两点为基准在 C、E 两点的连线上取长度 l_3，确定 B_2 及 D_2 两点。

④ 连接 B、B_2，在 B、B_2 连线上按 h_2 尺寸取点，定为 B_1 点，同理可取 D_1 点。以上 B_1、C、D_1、E 四点即为变坡点处横梁底部的安装高度及位置。

⑤ 变坡点处横梁安装方向的确定：C 点横梁底部与腰线平行，B_1 点横梁底部与 B、B_2 点的连线垂直，D_1、E 两点的横梁安装方法同上。

⑥ 下变坡点的安装方式同理可得。

4.2　驱动装置的安装

根据现场安装条件和用户对架空乘人装置的使用要求，驱动装置安装可分为架空安装和落地安装两种方式。安装前应校验横梁间及横梁的安装方式是否符合设计要求。

4.2.1 机械架空式驱动装置的安装

4.2.1.1 机械架空式单轮驱动装置的安装

机械架空式单轮驱动装置的安装如图 4-14 和图 4-15 所示。

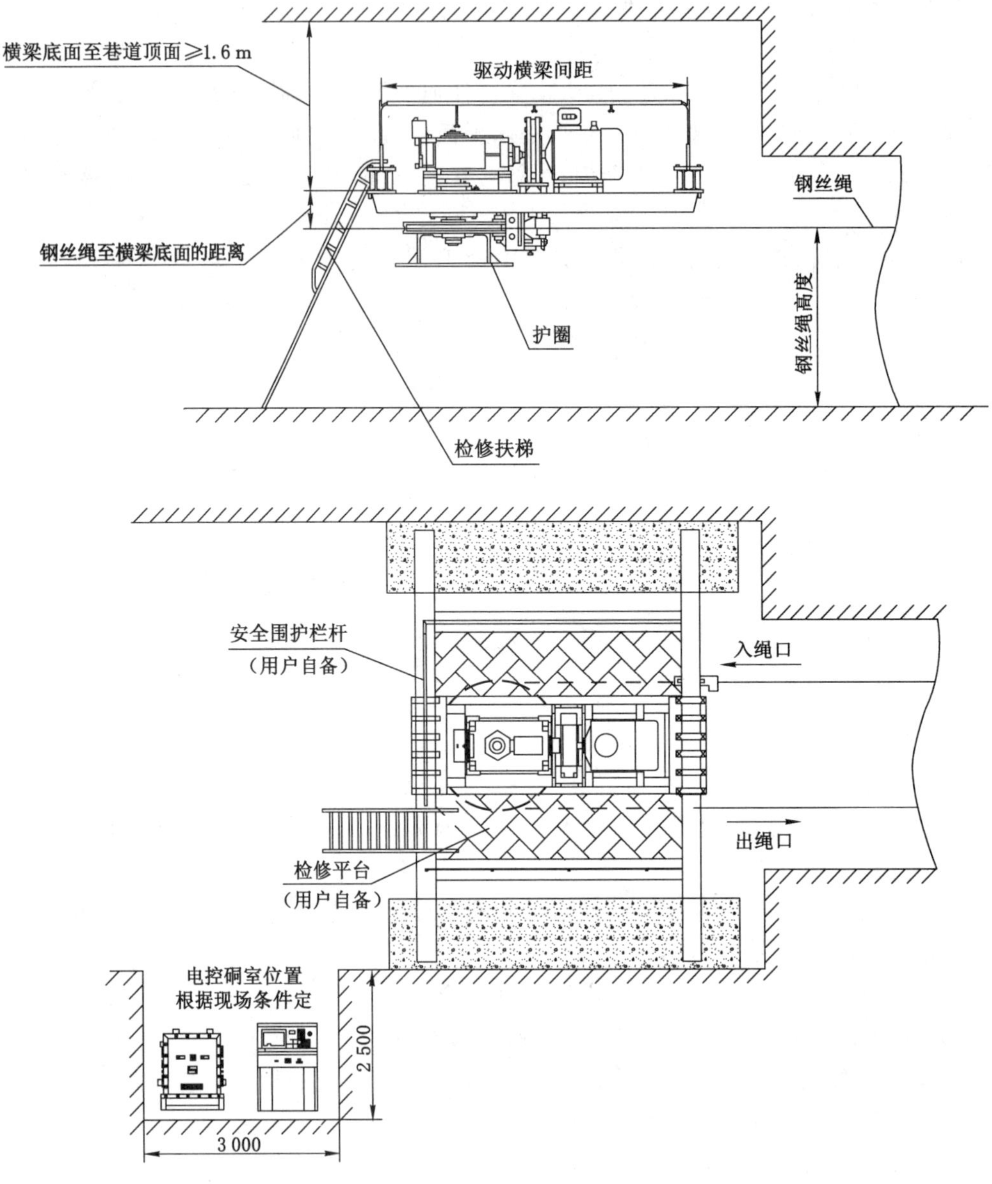

图 4-14 机械架空式单轮驱动装置的安装(在平巷安装)

(1) 安装前需保证横梁底面至巷道顶部有不小于 1.6 m 的空间,以便于吊装及后期维护的操作。

(2) 在安装好的驱动横梁的巷道顶上,安装两个 10 t 手拉葫芦,用于设备的吊装。

(3) 安装驱动装置机架,机架与驱动装置横梁采用高强度螺栓和压板连接,初装时螺栓不要拧得太紧,以便调整,机架安装要水平。若安装在斜巷上,则机架平面必须与巷道两侧

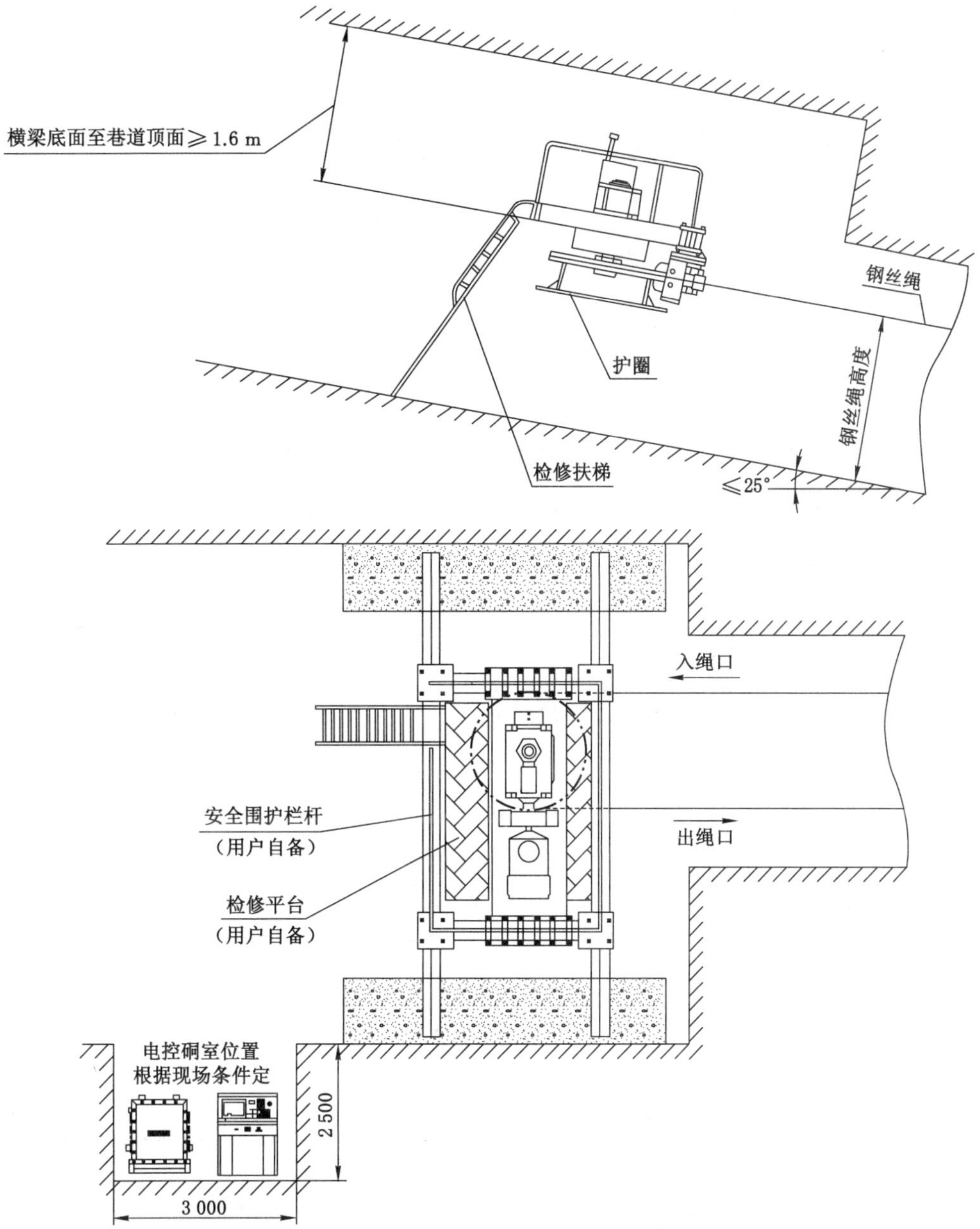

图 4-15 机械架空式单轮驱动装置的安装（在斜巷安装）

的腰线平行，电动机输出轴与减速器输入轴线必须与架空乘人装置的中心线垂直，且机架平面的倾斜角度不能超过 25°。因减速器的润滑方式为浸油润滑，当坡度大于 25°时，减速器内部齿轮不能得到良好的润滑，在运行过程中油温会升高，轮齿容易磨损，有可能造成飞车等事故的发生。平巷安装的驱动装置机架如图 4-16 所示。

（4）安装驱动轴组件。安装前应使两接触表面之间保持干净，不得有杂物；连接螺栓一定要拧紧，紧螺栓时不得按顺序依次操作，而要采用紧对角螺栓的方法，每个螺栓不得一次紧到位，确保每个螺栓受力均匀。如图 4-17 所示。

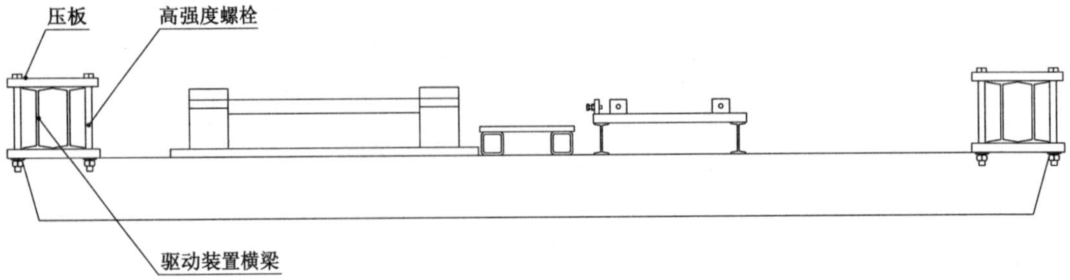

图 4-16　平巷安装的驱动装置机架

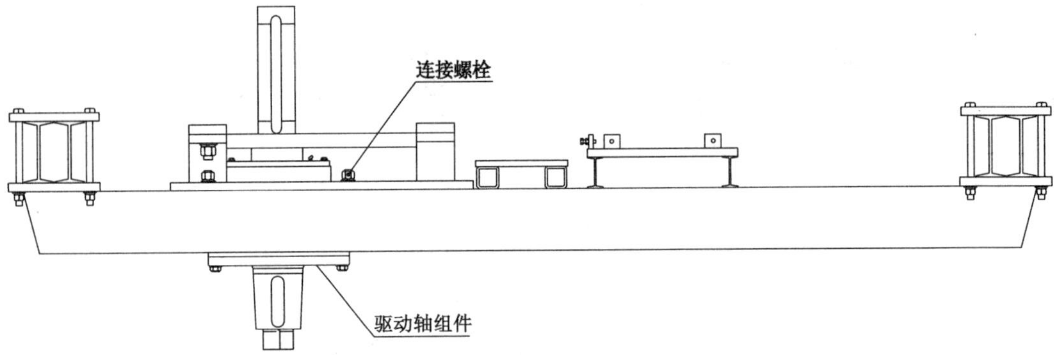

图 4-17　安装驱动轴组件

（5）调整驱动装置机架的位置。驱动轴组件安装好后，按照架空乘人装置安装中心的位置固定好驱动装置机架，架空乘人装置安装中心线一定要通过驱动轴的中心，单边收（扩）绳时，主轴中心会偏离安装中心线，根据设计偏离的距离 L 确定轴的位置。如图 4-18 所示。

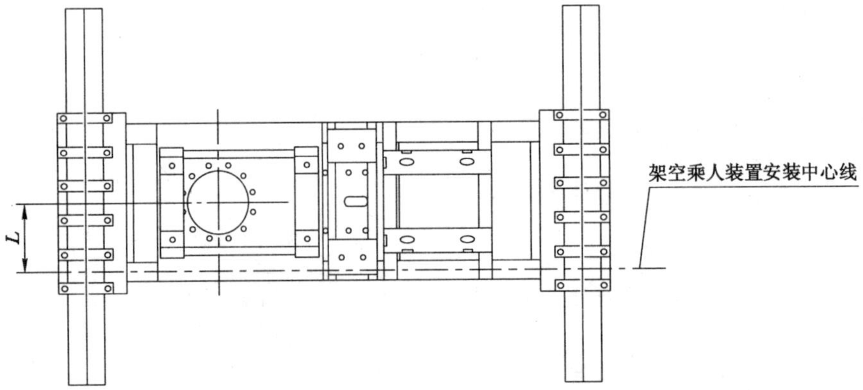

图 4-18　调整驱动装置机架的位置

（6）安装减速器。将减速器输出轴孔对准主轴慢慢插入，直到轴端与孔端板相遇，然后固定端板螺栓。最后将减速器用螺栓固定在减速器座垫上，螺栓应露出螺母 2～4 个螺距。如图 4-19 所示。

（7）安装工作制动器。调节工作制动器上的调节螺杆，使得制动闸瓦张开，将工作制动

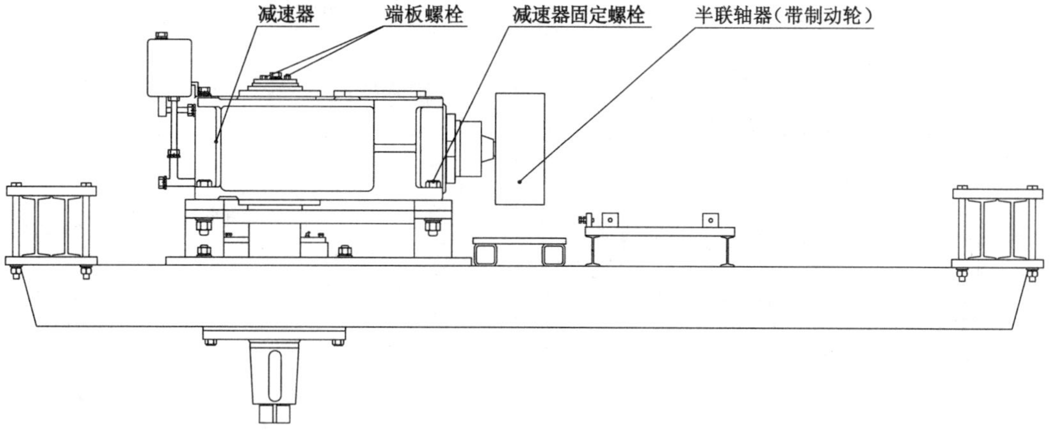

图 4-19　安装减速器

器套装在减速器输出轴端半联轴器的制动轮上，并用螺栓与制动器座垫连接，拧紧紧固螺栓。将工作制动器通电，调整调节螺杆及等退距调整螺栓，使制动闸瓦与制动轮贴合至最佳状态且周边间隙(≤0.8 mm)保持一致。最后固定等退距调整螺栓。制动状态最小接触面积应大于等于 60%，如图 4-20 所示。

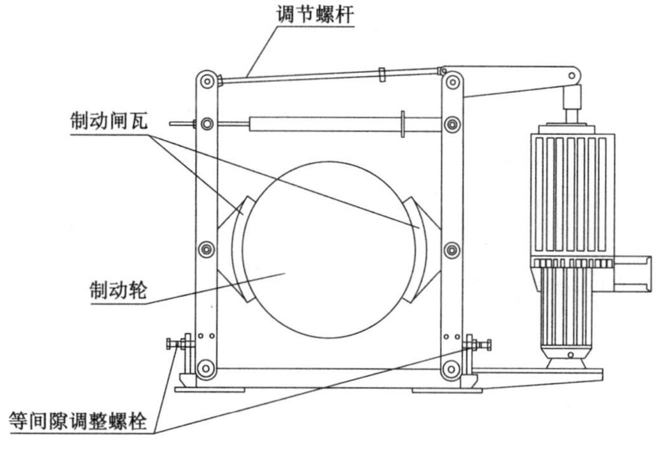

图 4-20　安装工作制动器

(8) 安装电动机。将电动机吊放在底架上的电动机座上，将柱销插入左、右两半联轴器的孔中(通常出厂前已将联轴器预装在电动机和减速器上)，柱销按一正一反的顺序间隔安装，并调整好间隙。若为梅花型弹性联轴器，则将梅花垫放入两半联轴器之间。弹性柱销联轴器前、后两半之间的端面间隙为 4 mm，梅花型弹性联轴器前、后两半之间的端面间隙为 0，如图 4-21 所示。

(9) 调整同轴度。调节电动机座垫上的调整螺栓(共 6 处)，使电动机输出轴与减速器输入轴的同轴度偏差小于等于 0.25 mm。用斜口刀尺检查两联轴器的最大外径处的上、下、左、右四个点，看是否漏光及漏光间隙大小，漏光处用塞尺检查，另外用钢尺分别测量出制动轮端面至电动机前端盖贴合面的上、下、左、右四个点的长度，其偏差小于等于 0.25 mm。

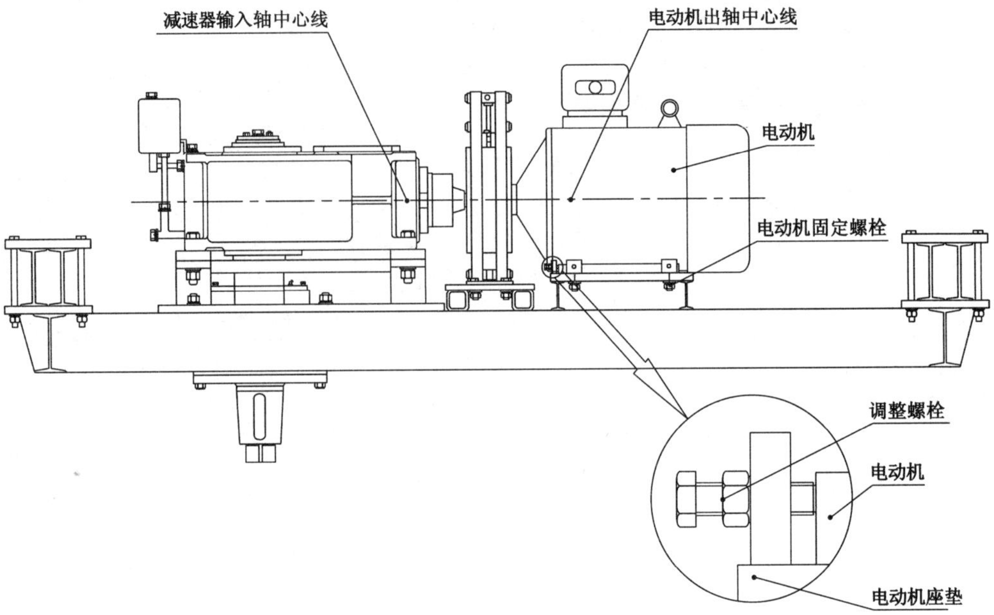

图 4-21 安装电动机

(10) 电动机试运转。电动机、联轴器和减速器安装好后，用手转动制动轮，再拧紧电动机固定螺栓，螺栓应露出螺母 2～4 个螺距。电动机应运转灵活，无阻滞现象。

(11) 安装驱动轮。用手动葫芦将驱动轮吊起，对准驱动轴及键槽后往上拉，一直到拉不动为止，使驱动轴与驱动轮孔紧密接触。往上拉驱动轮时，要保持驱动轮水平，驱动轮的水平度和垂直度误差小于等于 1/1 000，符合要求后，在驱动轮下方依次套上驱动轮垫圈、止退垫圈、圆螺母和锁紧螺母，并拧紧，将驱动轮固定。若在斜面上安装，则驱动轮表面必须与横梁底面所在平面平行。如图 4-22 所示。

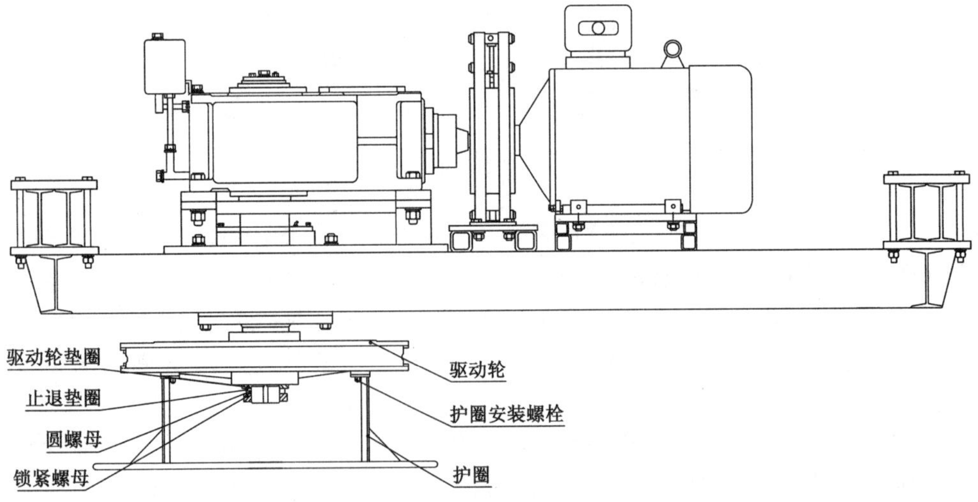

图 4-22 安装驱动轮和护圈

(12) 安装护圈。将护圈用螺栓固定在驱动轮下方(图 4-22),摩擦式可摘挂抱索器架空乘人装置无须安装护圈。

(13) 安装安全制动器。将安全制动器通入压力油(液压盘式制动器)或者通电(电力液压盘式制动器),使其打开;将制动器吊装在安装板下方,用螺栓连接起来,但不固定,调整制动器位置,使得制动器闸瓦与驱动轮制动面的有效接触面积不小于闸瓦面积的 85%,调整好后,将安装螺栓紧固;调节退距调整螺母和等退距调整螺栓,使得制动器闸瓦与驱动轮制动面之间的间距为 1.5～2 mm,且应仔细阅读随机附带的制动器安装使用说明书,调整好退距和弹簧长度等相关参数,上、下两处距离需相等,如图 4-23 所示。

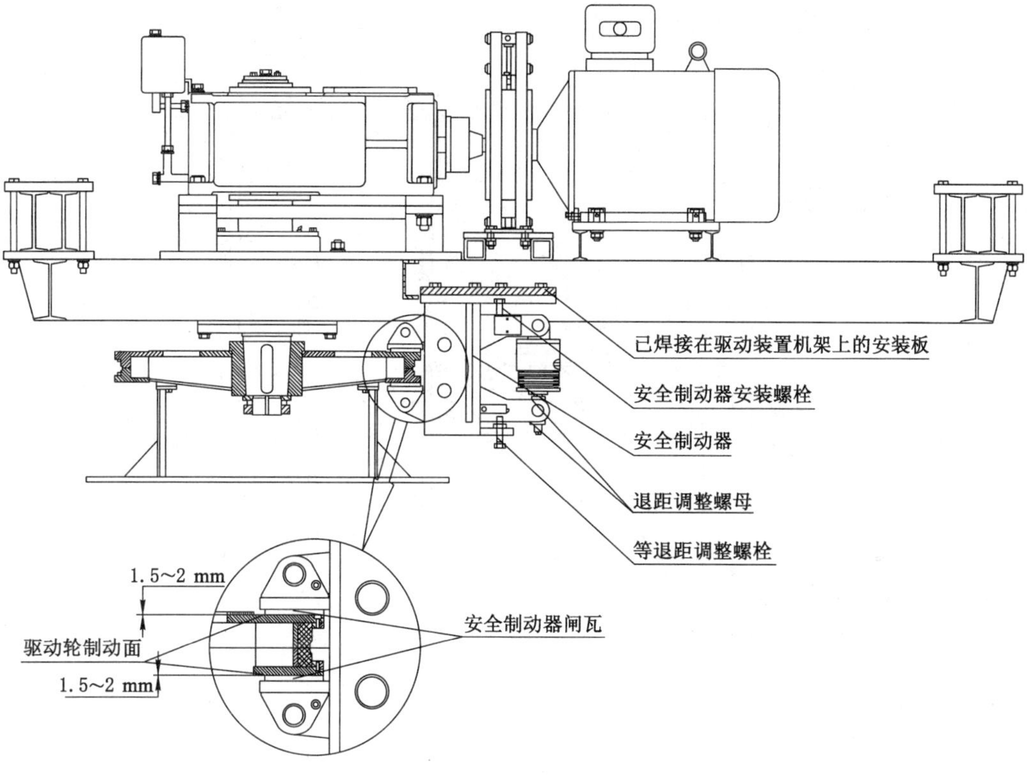

图 4-23　安装安全制动器

(14) 安装后的检验。① 驱动轮安装后是否符合要求:用水平尺(≥800 mm)在机架和驱动轮四周反复测量,如不符合要求,则在横梁与机架连接处采用垫钢板的方法垫平;② 电动机和减速器的连接轴同轴度是否符合要求;③ 各部位紧固螺栓是否拧紧等。

4.2.1.2　机械架空式双轮驱动装置的安装

机械架空式双轮驱动装置的安装如图 4-24 和图 4-25 所示。机械架空式双轮驱动装置除了增加了一套副轮的安装,其余部分的安装和调整与机械架空式单轮驱动装置一致。

如图 4-26 所示,将副轮组件吊装在副轮安装横梁下方,用压板和高强度螺栓与横梁连接,螺栓先不紧固;调整副轮组件位置及倾斜度,使副轮最高处的轮衬绳槽中心与主轮的上轮衬绳槽中心等高,副轮最低处的轮衬绳槽中心与主轮的下轮衬绳槽中心等高,相交夹角为 α。倾斜度由结构保证,但由于横梁安装高度可能存在差异,安装时可能需进行微调,微调可

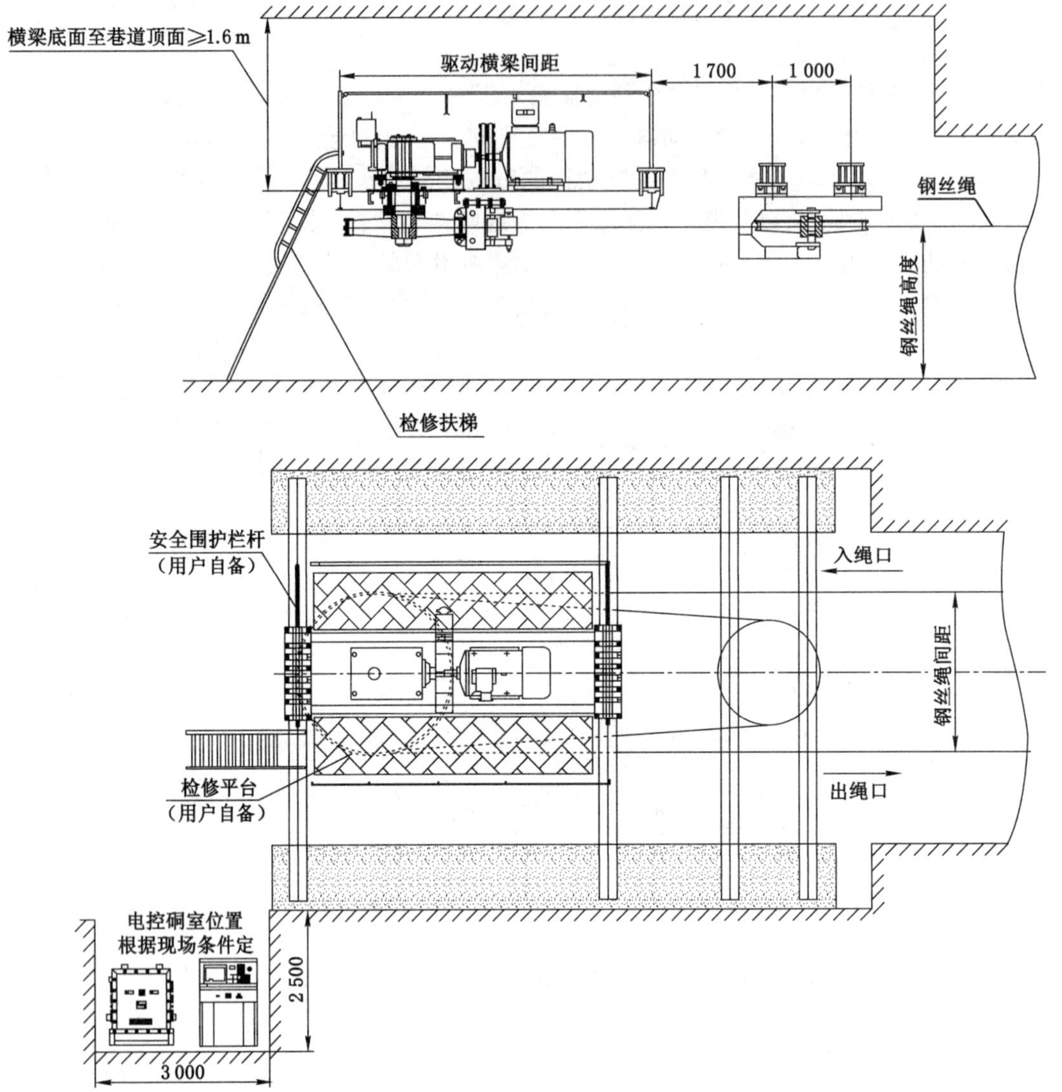

图 4-24　机械架空式双轮驱动装置安装（在平巷安装）

在副轮安装顶板和副轮安装横梁之间增加垫片来实现。调整好后，拧紧螺栓。

4.2.2　机械落地式驱动装置的安装

4.2.2.1　机械落地式单轮驱动装置的安装

机械落地式单轮驱动装置的安装如图 4-27 所示。

(1) 在巷道顶上，安装两个 10 t 手拉葫芦，用于设备的吊装。

(2) 安装驱动装置底座。首先找准安装中心线，然后再安装驱动装置底座，底座与混凝土基座用高强度地脚螺栓连接，初装时螺栓不要拧得太紧，以便调整，底座安装要水平，而且不宜安装在斜巷上。如图 4-28 所示。

(3) 安装减速器。将减速器安装在减速器座垫上，安装前应使两接触表面之间保持干

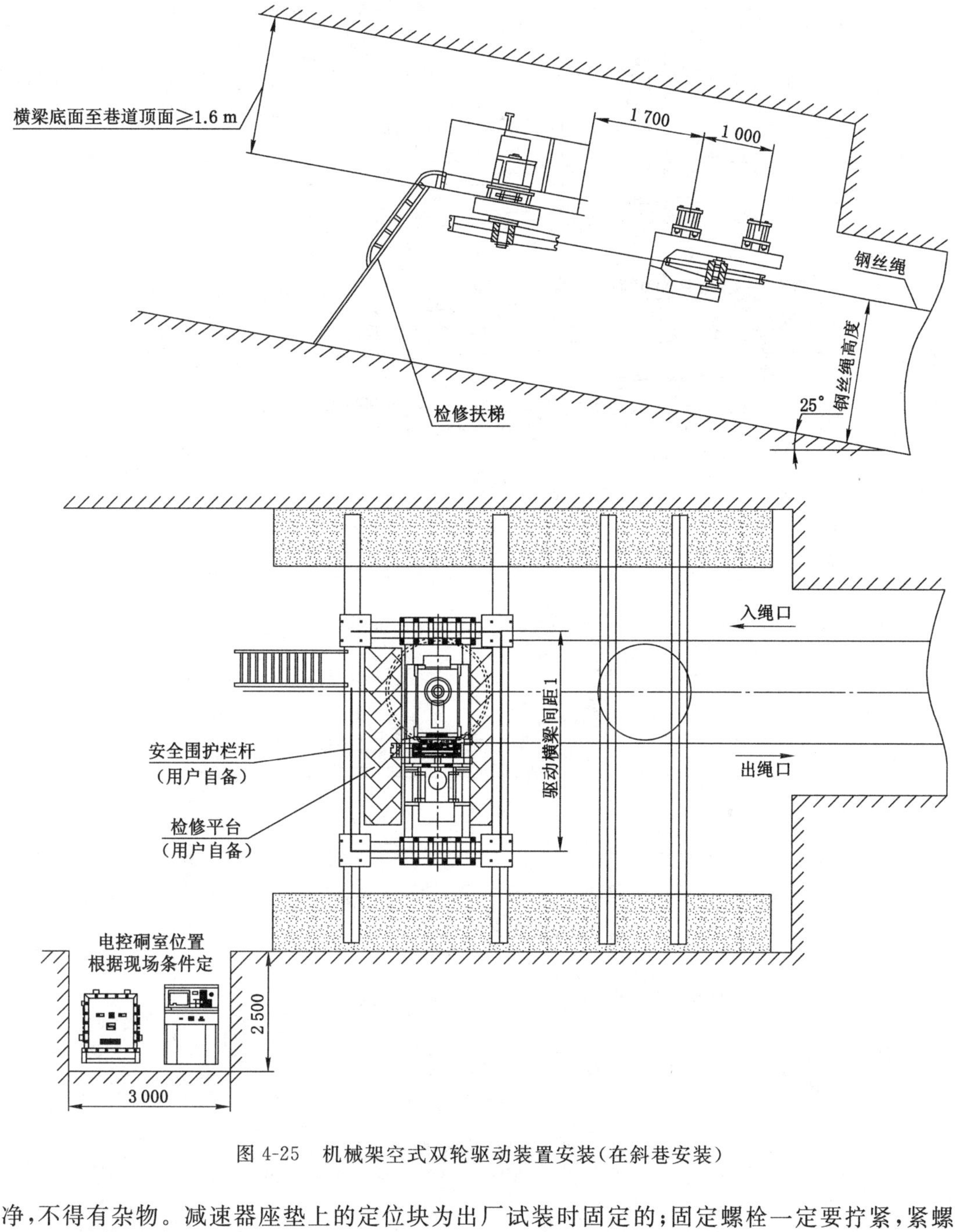

图 4-25　机械架空式双轮驱动装置安装(在斜巷安装)

净,不得有杂物。减速器座垫上的定位块为出厂试装时固定的;固定螺栓一定要拧紧,紧螺栓时不得按顺序依次操作,而要采用紧对角螺栓的方法,每个螺栓不得一次紧到位,确保每个螺栓受力均匀。螺栓应露出螺母 2～4 个螺距,如图 4-29 所示。

(4) 安装工作制动器。调节工作制动器上的调节螺杆,使得制动闸瓦张开,将工作制动器套装在减速器输出轴端半联轴器的制动轮上(出厂时已装在减速器轴上),并用螺栓与制动器座垫连接,拧紧紧固螺栓。将工作制动器通电,调整调节螺杆及等间隙调整螺栓,使制动闸瓦与制动轮贴合至最佳状态且周边间隙 (≤0.8 mm)保持一致。最后固定等间隙调整

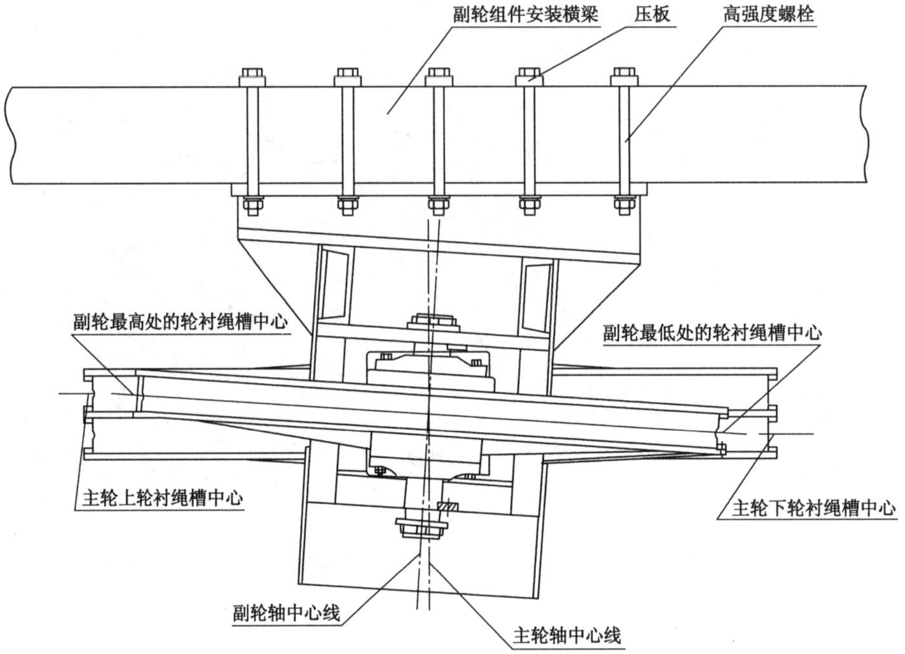

图 4-26　安装副轮组件

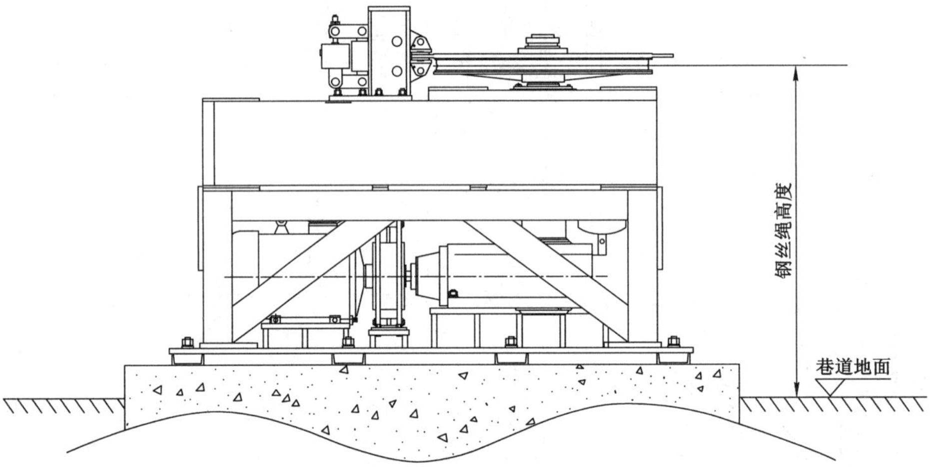

图 4-27　机械落地式单轮驱动装置的安装

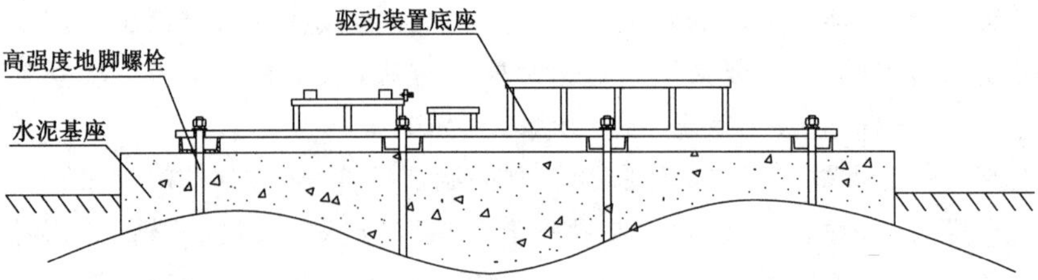

图 4-28　安装驱动装置底座

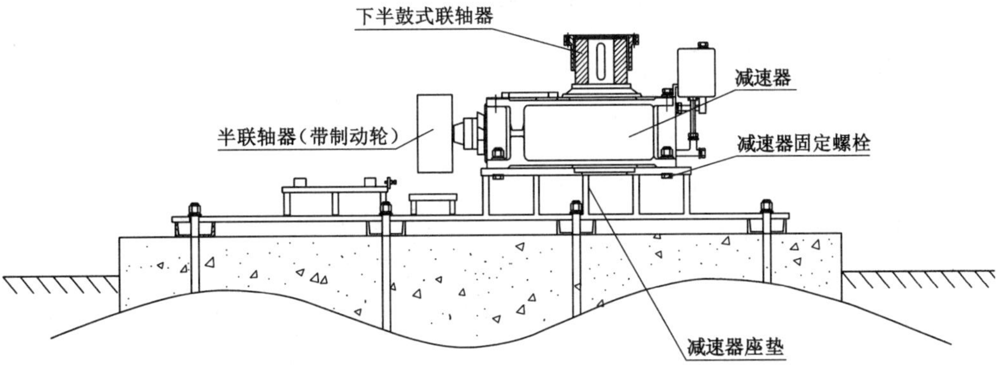

图 4-29 安装减速器

螺栓,制动状态最小接触面积应大于等于 60%,应仔细阅读随机附带的制动器安装使用说明书,调整好退距和弹簧长度等相关参数。如图 4-30 所示。

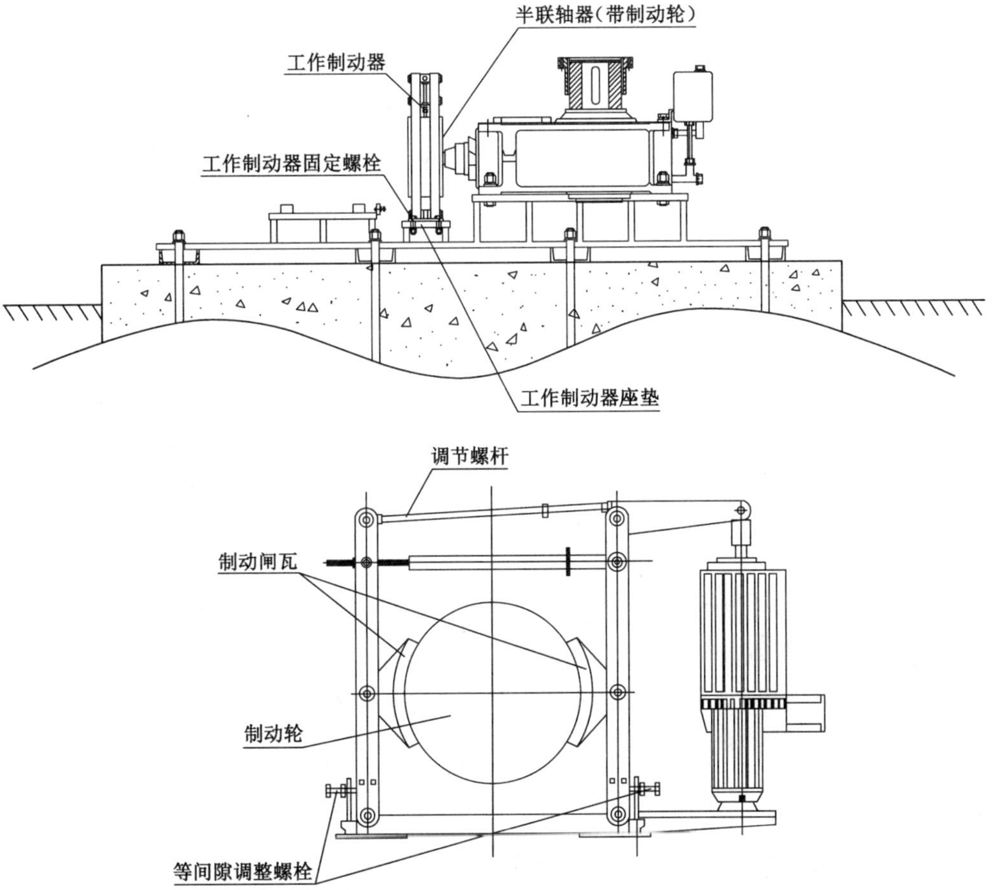

图 4-30 安装工作制动器

(5) 安装电动机。将电动机吊放在底架上的电动机座上,将柱销插入左、右两半联轴器的孔中(通常出厂前已将联轴器预装在电动机和减速机上),柱销按一正一反的顺序间隔安装,并调整好间隙。若为梅花型弹性联轴器,则将梅花垫放入两半联轴器之间。弹性柱销联轴器前、后两半之间的端面间隙为 4 mm,梅花型弹性联轴器前、后两半之间的端面间隙为 0,如图 4-31 所示。

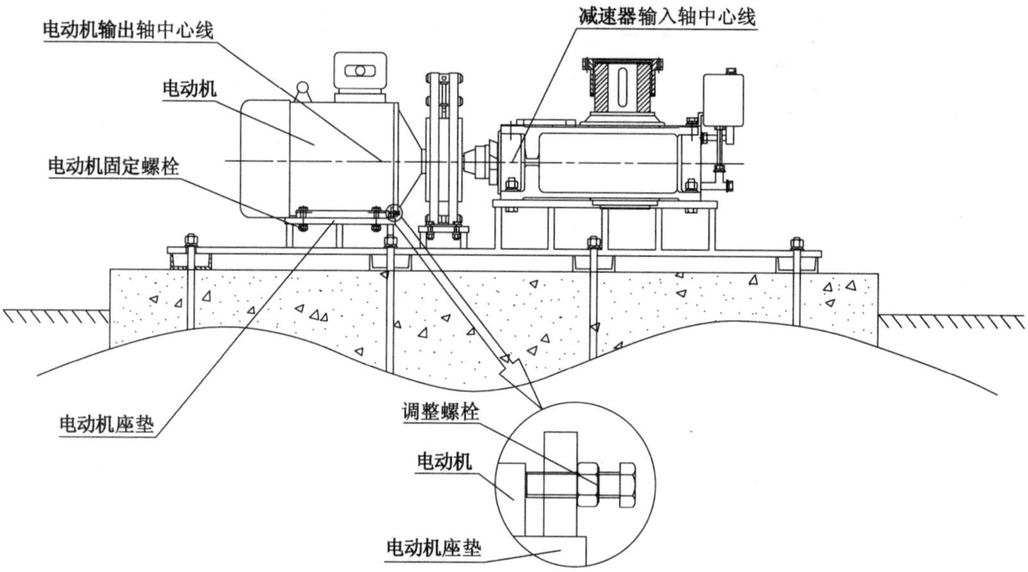

图 4-31　安装电动机

(6) 调节同轴度。将电动机用螺栓与电动机座垫连接起来,但不紧固,调节电动机座垫上的调整螺栓(共 6 处),调整电动机输出轴与减速器输入轴的同轴度偏差小于等于 0.25 mm。具体方法为:用斜口刀尺检查两联轴器的最大外径处的上、下、左、右四个点,看是否漏光及漏光间隙大小,漏光处用塞尺检查,另外用钢尺分别测量出制动轮端面至电动机前端盖贴合面的上、下、左、右四个点的长度,其偏差应小于等于 0.25 mm。

(7) 电动机和联轴器的安装符合要求后,将电动机紧固在电动机座垫上,螺栓应露出螺母 2～4 个螺距。

(8) 安装驱动装置机架。将落地驱动装置的上架和下架用螺栓连接好,整体机架用手拉葫芦吊起,并安放在驱动装置底座上,用螺栓与底座连接,但不紧固,如图 4-32 所示。

(9) 安装驱动轴组件。将驱动轴组件吊起并放置在机架上,用螺栓和机架紧固连接,调整机架,保证轴组件下端的上半联轴器与减速器输出轴上的下半联轴器的同轴度,将机架紧固在底座上,用螺栓将上、下半联轴器连接起来,螺栓的紧固采用紧对角螺栓的方法,保证每个螺栓受力均匀,如图 4-33 所示。

(10) 安装驱动轮。用手拉葫芦将驱动轮吊起,对准驱动轴和键槽后往下放,使驱动轴与驱动轮孔紧密接触。注意往下放驱动轮时,要保持驱动轮水平。驱动轮的水平度和垂直度误差应小于等于 1/1 000,符合要求后,在驱动轮上方依次套上驱动轮垫圈、止退垫圈、圆螺母和锁紧螺母,并拧紧,将驱动轮固定,如图 4-34 所示。

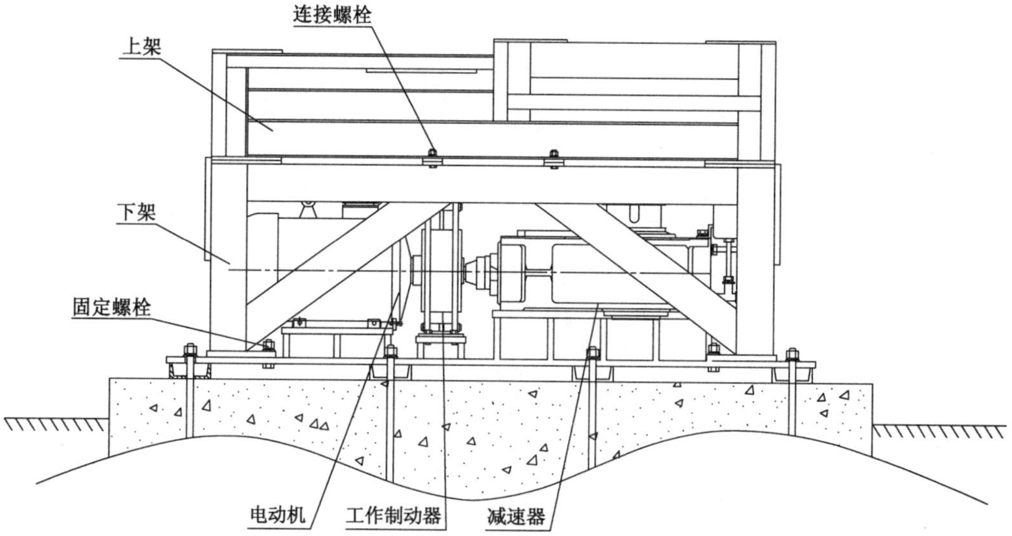

图 4-32　安装驱动装置机架

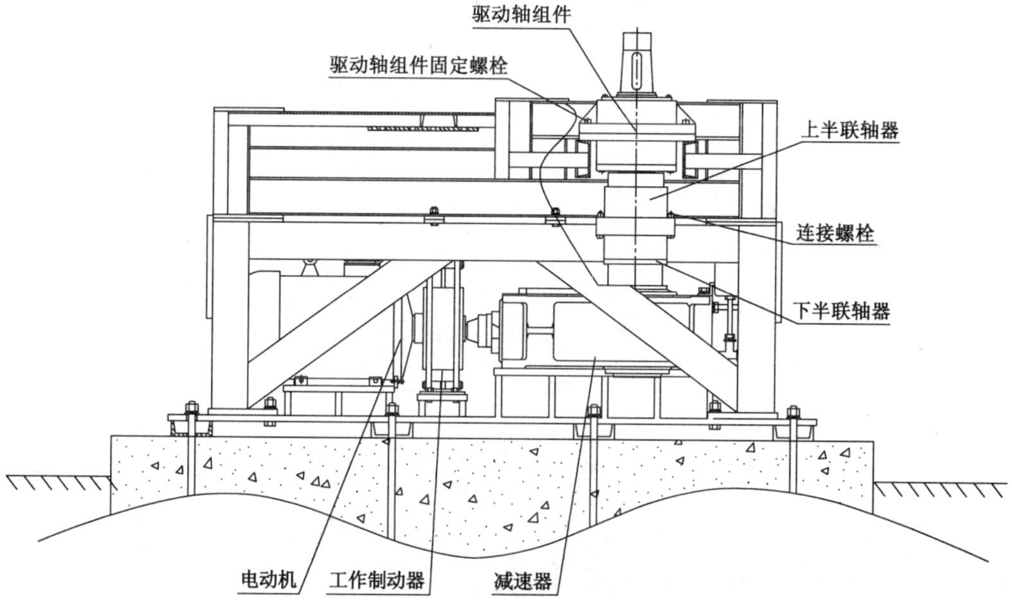

图 4-33　安装驱动轴组件

(11) 安装安全制动器。将安全制动器通入压力油(液压盘式制动器)或者通电(电力液压盘式制动器),使其打开;将制动器吊装在安装板下方,用螺栓连接起来,但不固定,调整制动器位置,使得制动器闸瓦与驱动轮制动面的有效接触面积不小于闸瓦面积的 85%,调整好后,安装螺栓紧固;调节退距调整螺母和等退距调整螺栓,使得制动器闸瓦与驱动轮制动面之间的间距为 1.5～2 mm,且上、下两处距离相等,如图 4-35 所示。

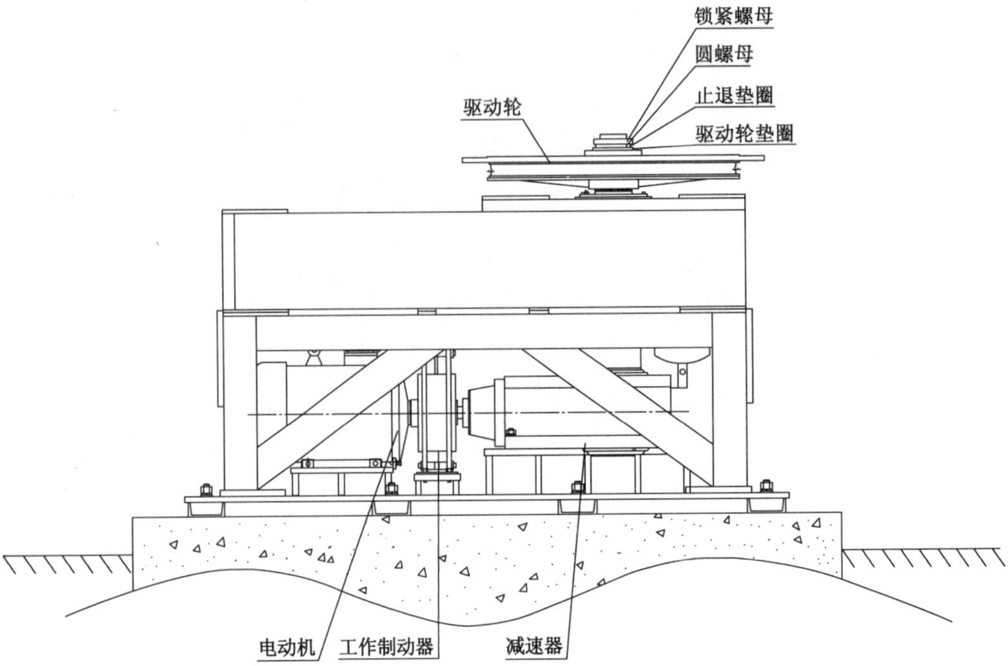

图 4-34　安装驱动轮

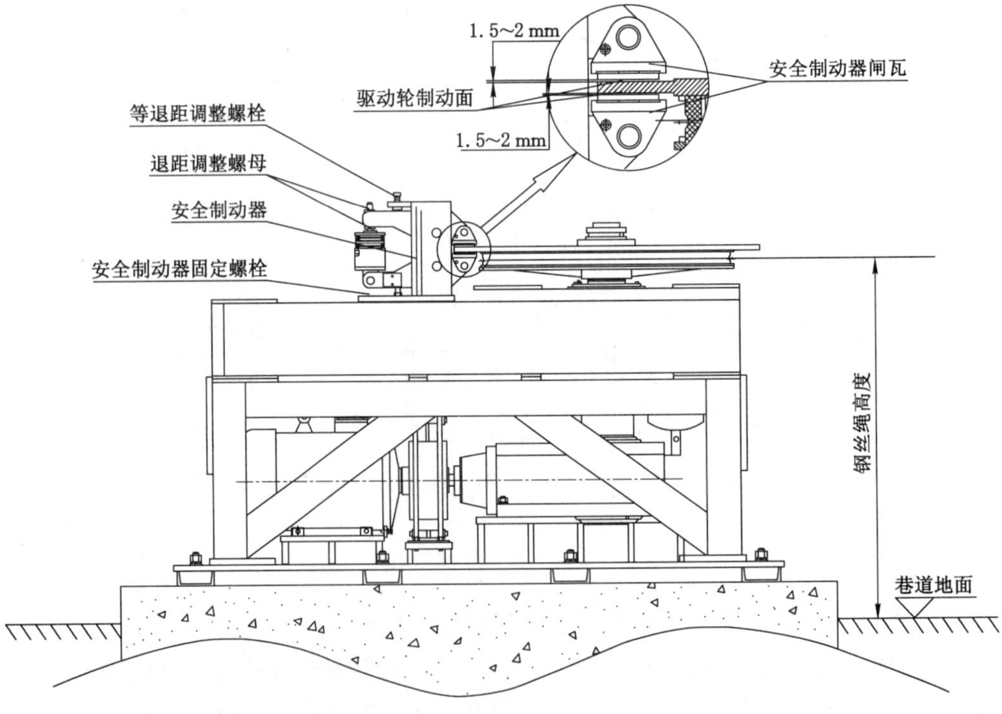

图 4-35　安装安全制动器

(12) 安装后的检验。① 驱动装置机架和驱动轮安装后是否符合要求:用水平尺(≥800

mm)在机架和驱动轮四周反复测量,如不符合要求,则在地基与机架连接处采用垫钢板的方法垫平;② 检查电动机和减速器的连接轴同轴度是否符合要求;③ 各部位紧固螺栓是否拧紧等。

4.2.2.2 机械落地式双轮驱动装置的安装

机械落地式双轮驱动装置的安装如图 4-36 所示。机械落地式双轮驱动装置除了增加了一套副轮的安装,其余驱动装置机架、减速器、制动器、电动机等的安装和调整与机械落地式单轮驱动装置一致。

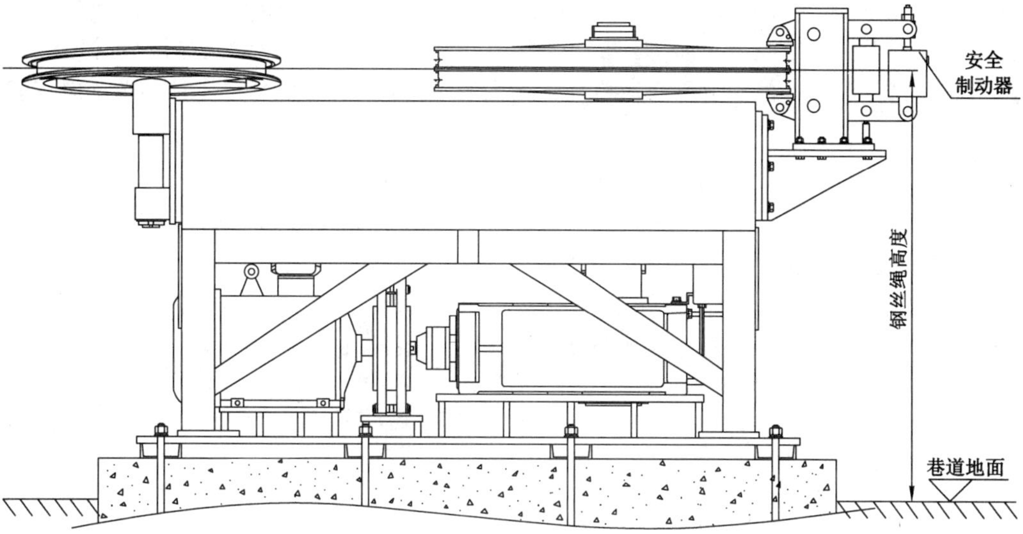

图 4-36 机械落地式双轮驱动装置的安装

如图 4-37 所示。将副轮组件吊起,使得副轮组件安装板贴在驱动装置机架另一端,用螺栓将副轮组件与驱动装置机架连接起来,但不紧固;调整副轮组件位置及倾斜度,使副轮

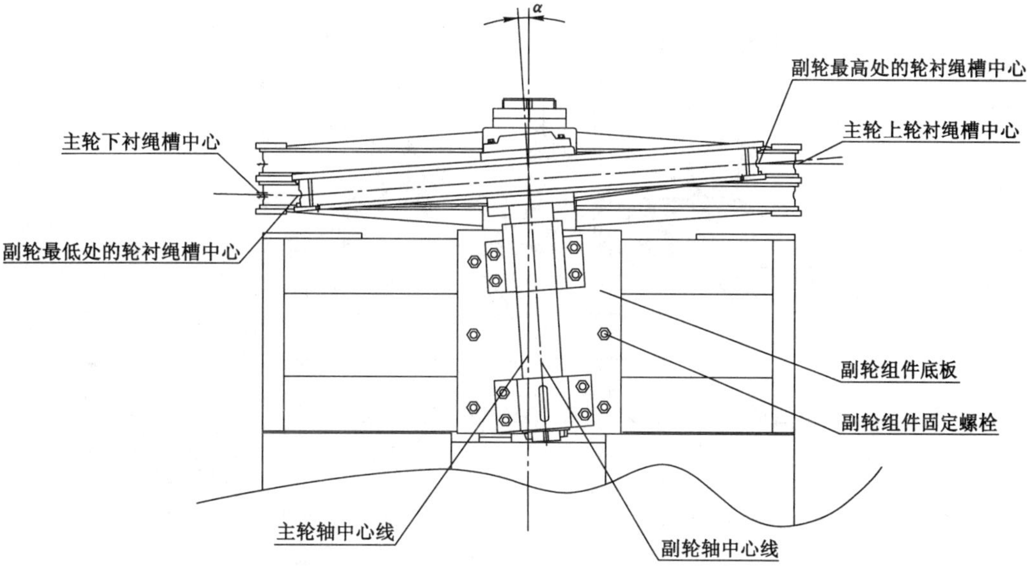

图 4-37 安装副轮组件

最高处的轮衬绳槽中心与主轮的上轮衬绳槽中心等高，副轮最低处的轮衬绳槽中心与主轮的下轮衬绳槽中心等高，相交夹角为 α。调整好后，拧紧螺栓。

4.2.3 液压架空式驱动装置的安装

4.2.3.1 液压架空式单轮驱动装置的安装

液压架空式单轮驱动装置的安装如图 4-38 和图 4-39 所示。液压站落地安装时，其安装位置需保证所需要的液压油管的长度不超过 10 m。在斜巷安装时，需保证液压站的安装底面水平，否则会导致油箱漏油，如图 4-40 和图 4-41 所示。液压驱动是靠液压马达带动减速器转动的高速方案，由于液压马达可任意方向安装，所以在斜巷上安装时不必考虑其安装方位。

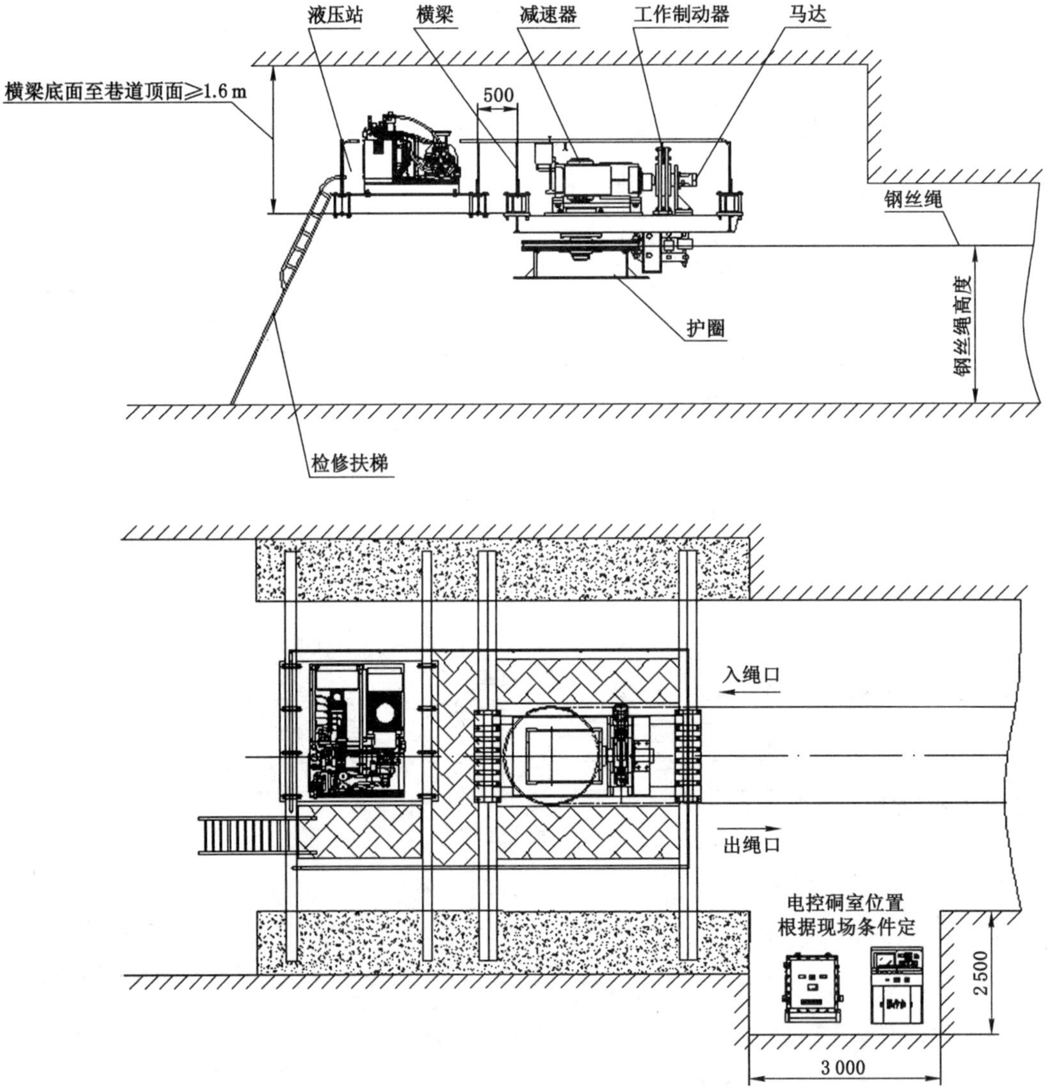

图 4-38 液压架空式单轮驱动装置的安装(液压站平巷架空安装)

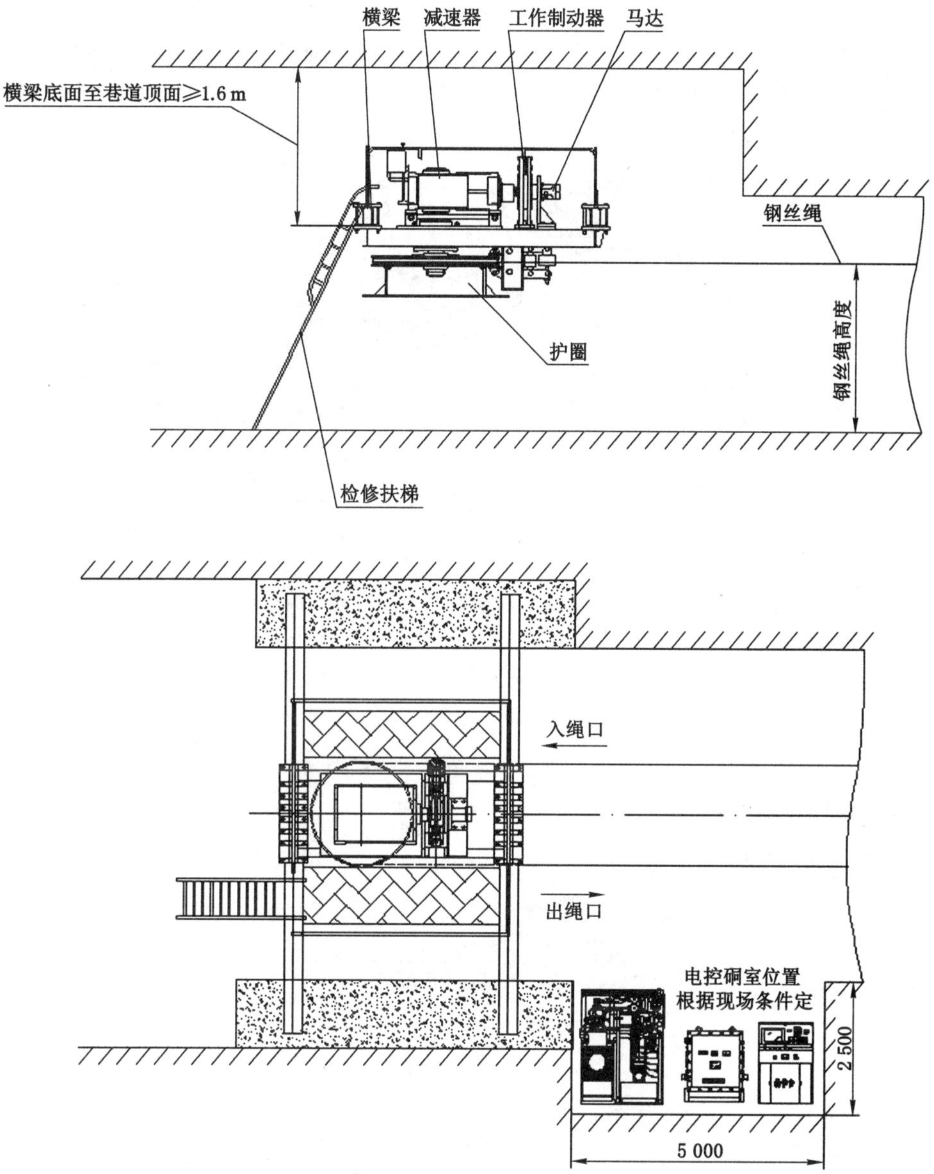

图 4-39 液压架空式单轮驱动装置的安装(液压站平巷落地安装)

液压架空式单轮驱动装置除了将机械架空式单轮驱动装置中的电动机换成液压马达外,其余配置与机械架空式单轮驱动装置一致。液压马达安装前,驱动机架、轴组件、减速器、工作制动器等的安装参照机械架空式单轮驱动装置的安装。

(1) 安装液压马达。先将马达与马达安装支座用螺栓紧固连接,把马达端半联轴器套在马达输出轴上,整体吊装在马达安装架固定板上,梅花型弹性联轴器的梅花垫放入两半联轴器之间。弹性联轴器前、后两半的端面之间的间隙为 0,如图 4-42 所示。

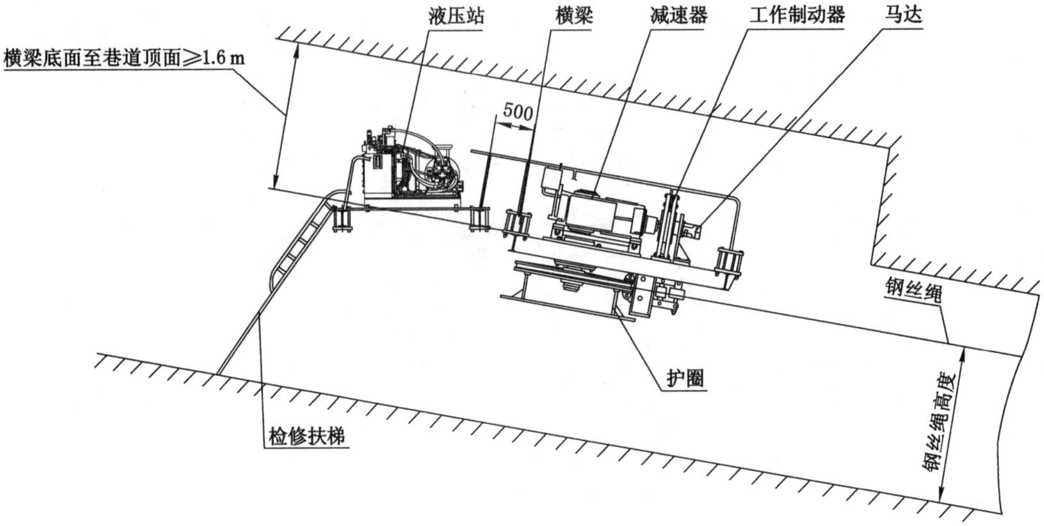

图 4-40　液压架空式单轮驱动装置的安装(液压站斜巷架空安装)

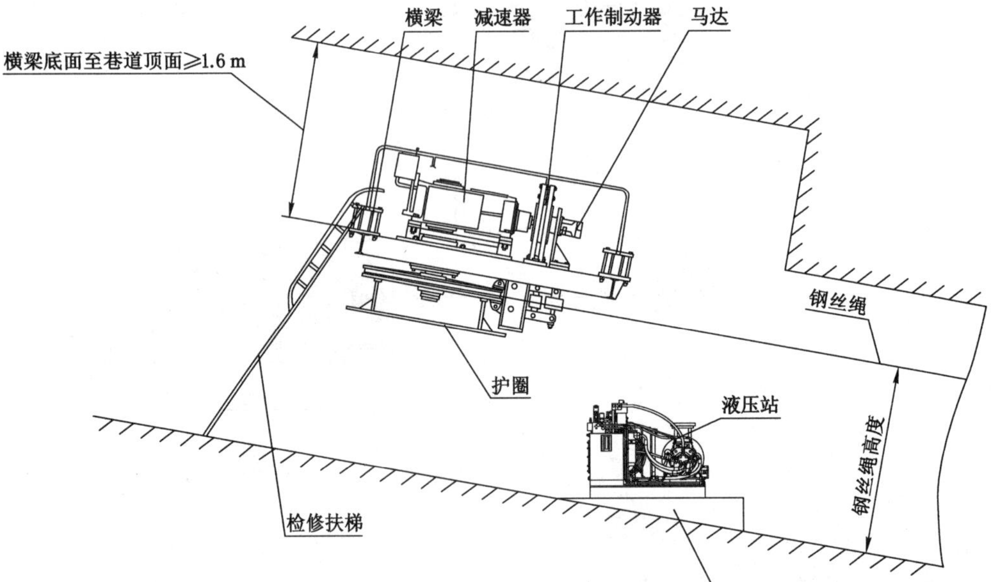

图 4-41　液压架空式单轮驱动装置的安装(液压站斜巷落地安装)

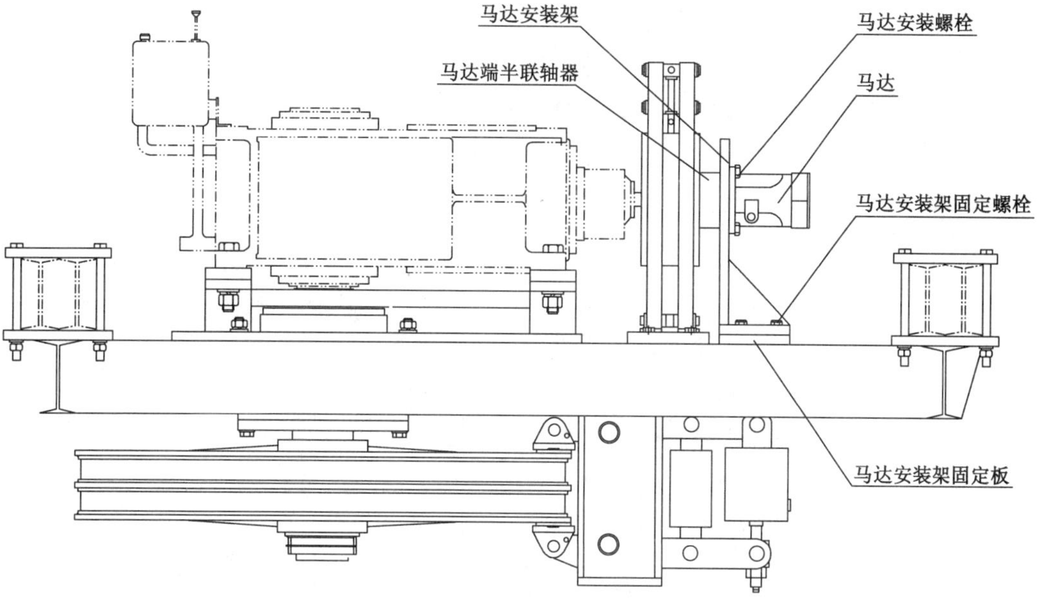

图 4-42 安装液压马达

(2) 调整同轴度。用螺栓将马达安装架固定在安装板上，先不紧固螺栓，调整安装架，保证马达输出轴与减速器输入轴的同轴度偏差应小于等于 0.25 mm。具体方法为：用斜口刀尺检查两联轴器的最大外径处的上、下、左、右四个点，看是否漏光及漏光间隙大小，漏光处用塞尺检查，另外用钢尺分别测量出制动轮端面至电动机前端盖贴合面的上、下、左、右四个点的长度，其偏差应小于等于 0.25 mm。

花键联轴器端面应靠紧马达输出花键轴上的定位台阶，如果马达输出花键轴上没有此定位台阶（如林德 HMF 型马达），则在联轴器上配有防止花键联轴器移向马达端面的定位装置。联轴器外侧的锁紧螺栓必须拧紧，确保花键联轴器夹紧马达轴。

(3) 马达和联轴器的位置调整好后，将马达安装架固定。

(4) 驱动轮、安全制动器等的安装同机械架空式单轮驱动装置的安装。

4.2.3.2 液压架空式双轮驱动装置的安装

液压架空式双轮驱动装置的具体安装如图 4-43 和图 4-44 所示。液压站的安装要求与液压架空式单轮驱动装置一致。

液压架空式双轮驱动装置除了增加了副轮组件的安装，其余驱动装置机架、减速器、制动器、液压马达等的安装和调整与液压架空式单轮驱动装置一致。副轮组件的安装参照机械机械架空式双轮驱动装置中副轮的安装。

4.2.4 液压落地式驱动装置的安装

4.2.4.1 液压落地式单轮驱动装置的安装

液压落地式单轮驱动装置的安装如图 4-45 所示。液压站落地安装的位置需保证所需要的液压油管的长度不超过 10 m。

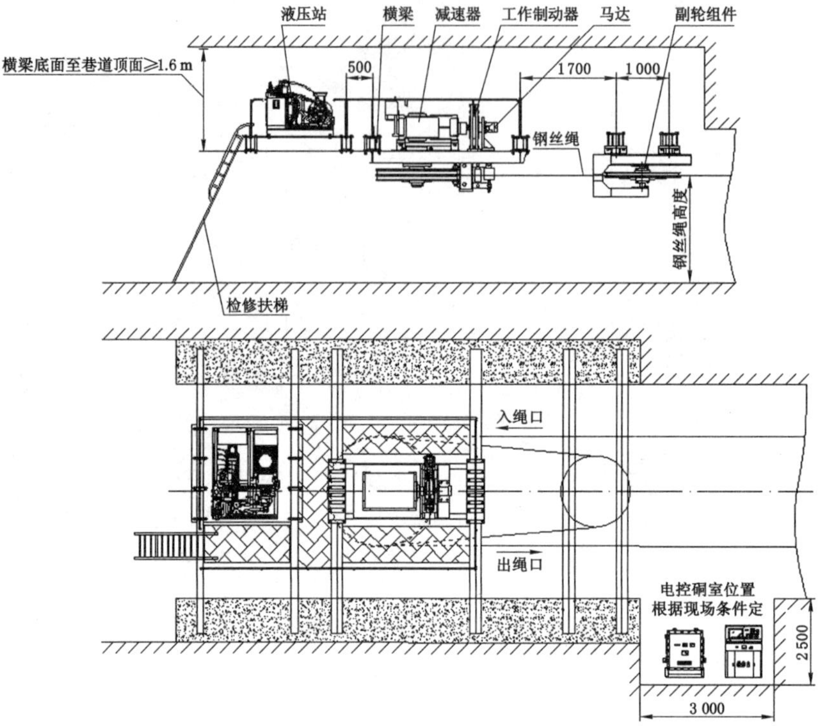

图 4-43 液压架空式双轮驱动装置的安装(液压站平巷架空安装)

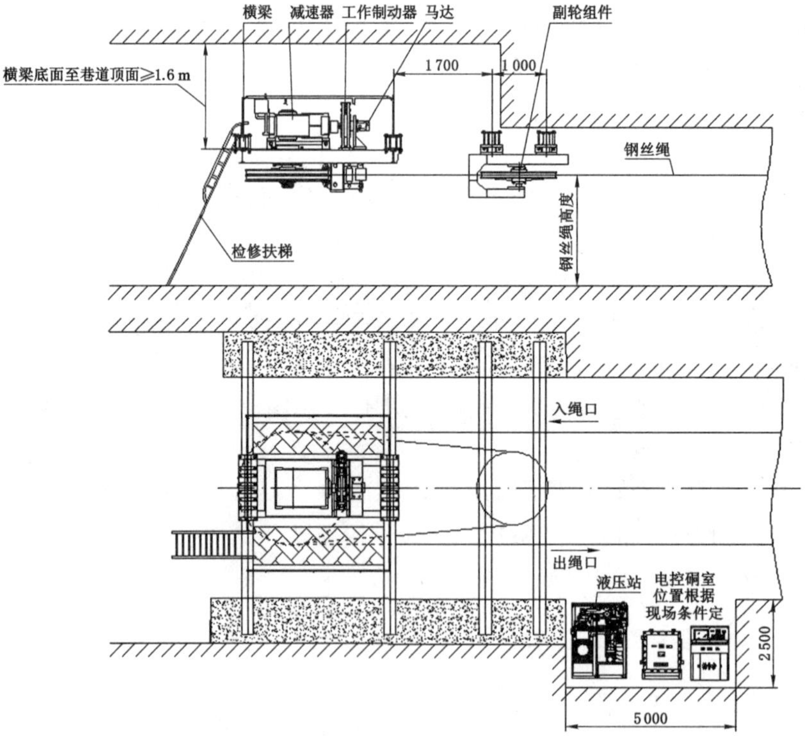

图 4-44 液压架空式双轮驱动装置的安装(液压站平巷落地安装)

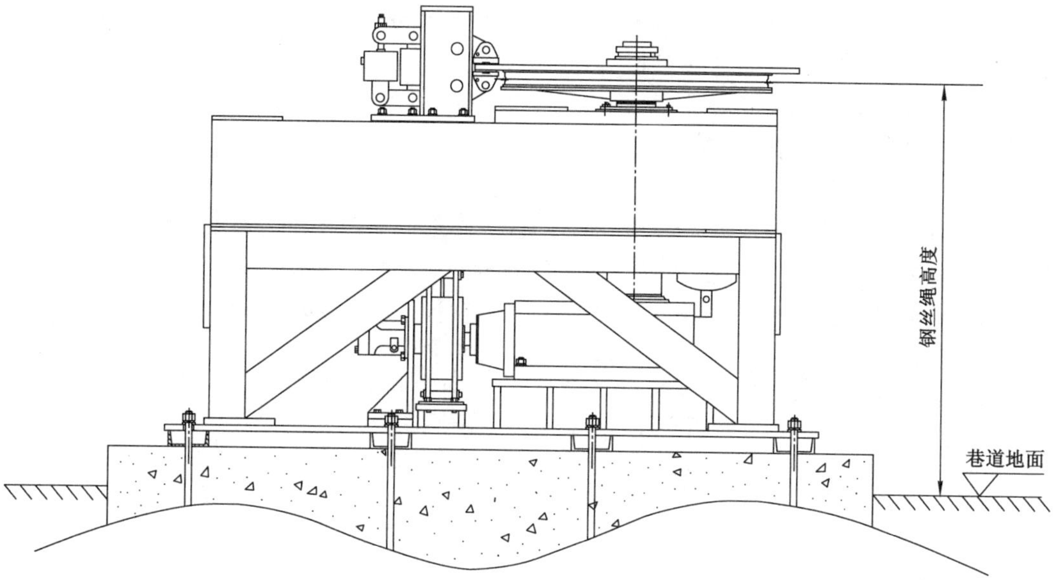

图 4-45　液压落地式单轮驱动装置的安装

液压落地式单轮驱动装置的安装除了将机械落地式单轮驱动装置中的电动机换成液压马达外，其余配置与机械落地式单轮驱动装置一致。液压落地式单轮驱动装置驱动机架、减速器、工作制动器等的安装参照机械落地式单轮驱动装置的安装。马达的安装参照液压架空式单轮驱动装置的安装。驱动轴组件、驱动轮、安全制动器等的安装同机械落地式单轮驱动装置的安装。

4.2.4.2　*液压落地式双轮驱动装置的安装*

液压落地式双轮驱动装置的安装如图 4-46 所示。

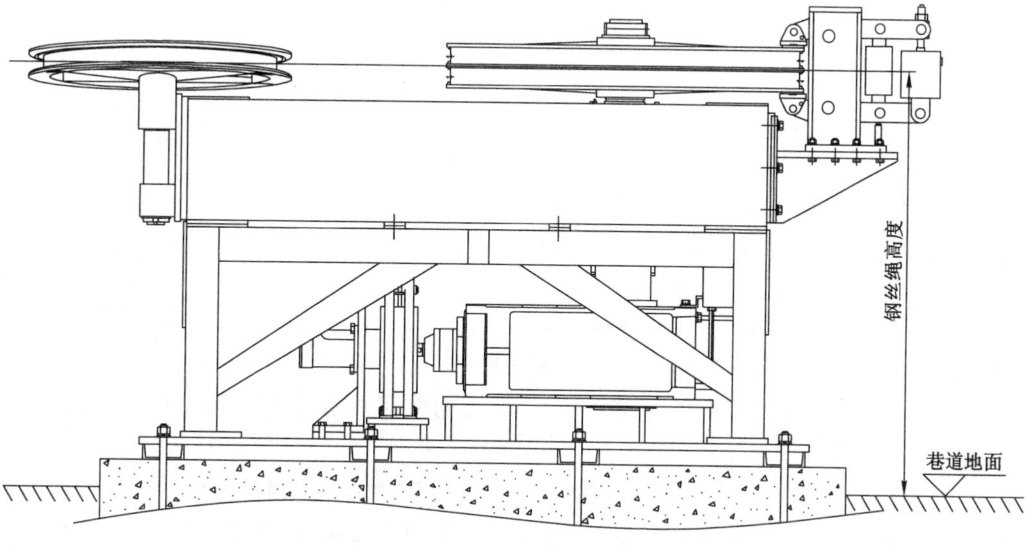

图 4-46　液压落地式双轮驱动装置的安装

液压落地式双轮驱动装置的安装除了增加了副轮组件的安装外，其余驱动装置机架、减速器、制动器、液压马达等的安装和调整与液压落地式单轮驱动装置一致。副轮组件的安装参考机械落地式双轮驱动装置的安装。

4.3 托(压)绳装置的安装

安装托(压)绳装置前应准备好相应的工具，先在地面上把托轮与吊架装配好，若使用的是固定抱索器，则还要将防过摆装置与托轮吊架装配好；也可以先将吊架安装在横梁上(不固定)，待装好托轮并调整好托(压)轮位置后再固定，如图 4-47 和图 4-48 所示。

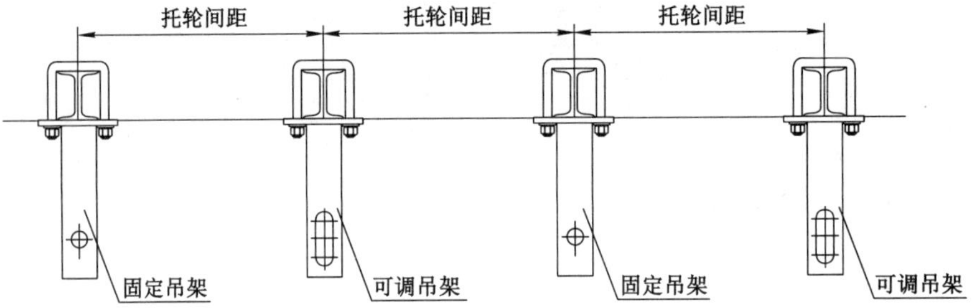

图 4-47　单托轮吊架(平巷)的安装

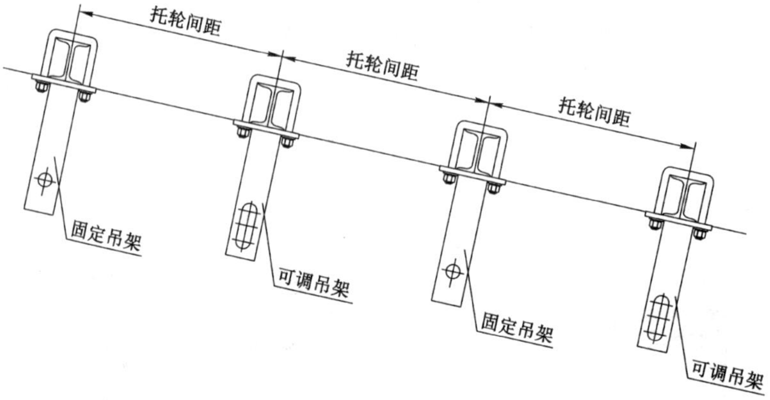

图 4-48　单托轮吊架(斜巷)的安装

4.3.1 单托轮组件的安装

与固定抱索器和卡钳式可摘挂抱索器配套使用的 G 形单托轮组件的安装如图 4-49 所示，与摩擦式可摘挂抱索器配套使用的 H 形单托轮组件的安装如图 4-50 所示。

(1) 如图 4-49 所示，G 形单托轮安装后，托轮端面与吊架间的间隙不能超过 8 mm，且托轮端面应在竖直平面内。

(2) 如图 4-50 所示，H 形单托轮安装后，托轮端面与吊架间的距离为 s，根据摩擦式可摘挂抱索器的宽度确定 s 值，确保抱索器经过时与吊架不发生干涉，且托轮端面应在竖直平面内。

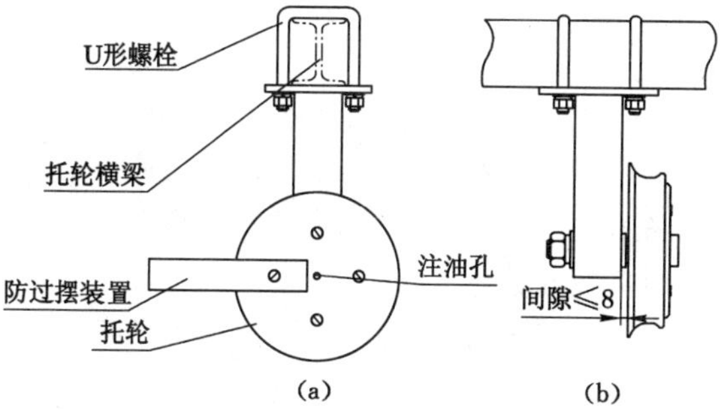

图 4-49　G 形单托轮组件的安装

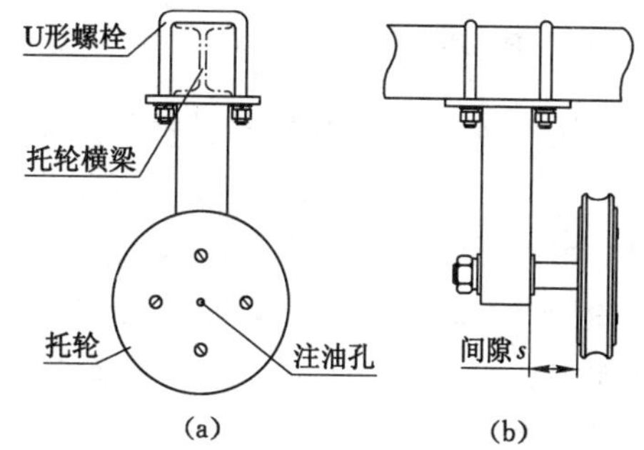

图 4-50　H 形单托轮组件的安装

(3) 调整吊架的位置，使得托轮的绳槽中心线到安装中心线的距离为设计牵引钢丝绳间距的一半，调整好后，拧紧 U 形螺栓，固定吊架位置，如图 4-51 所示。需要注意的是：吊椅防过摆装置的安装方向需根据牵引钢丝绳的运行方向来定，不得装反，如图 4-52 所示。

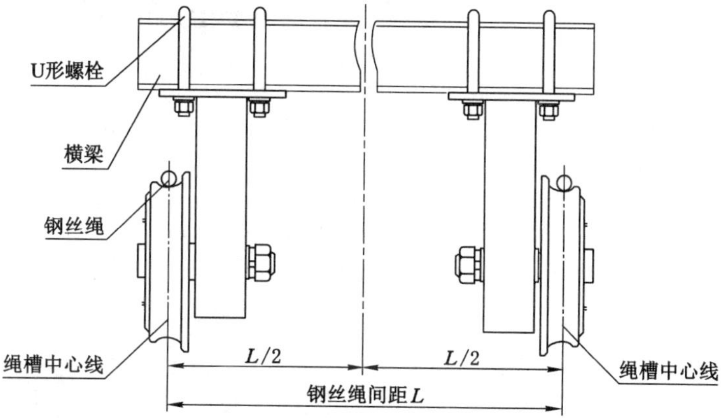

图 4-51　吊架位置的确定

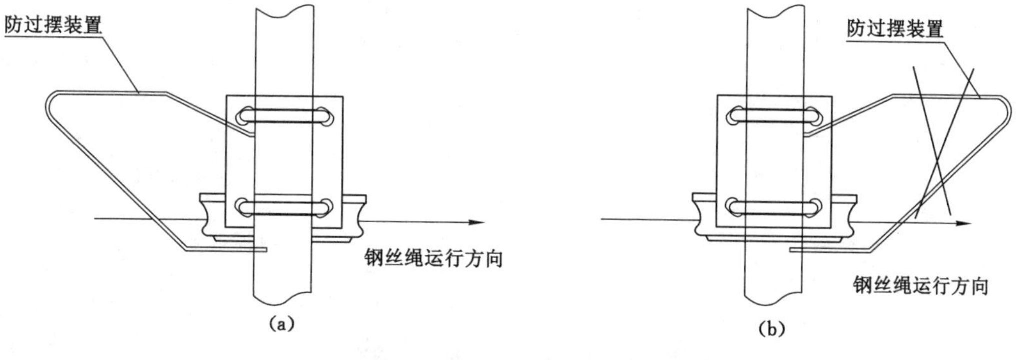

图 4-52　吊椅防过摆装置的安装

(a) 安装正确；(b) 安装错误

4.3.2 托(压)轮组件的安装

托(压)轮组件根据牵引钢丝绳的运行方向分两种安装方式:先托后压[图 4-53(a)、图 4-54(a)]和先压后托[图 4-53(b)、图 4-54(b)]。顺着牵引钢丝绳运行方向变坡点的前一组采用先压后托的安装方式,变坡点的后一组采用先托后压的安装方式,直线段采用先压后托的安装方式。具体的安装、调整和固定方法同单托轮组件的安装。但要注意压轮和托轮端面须在同一竖直平面内。安装托(压)轮、吊椅防过摆装置如图 4-55 所示,调整托(压)轮位置如图 4-56 所示。

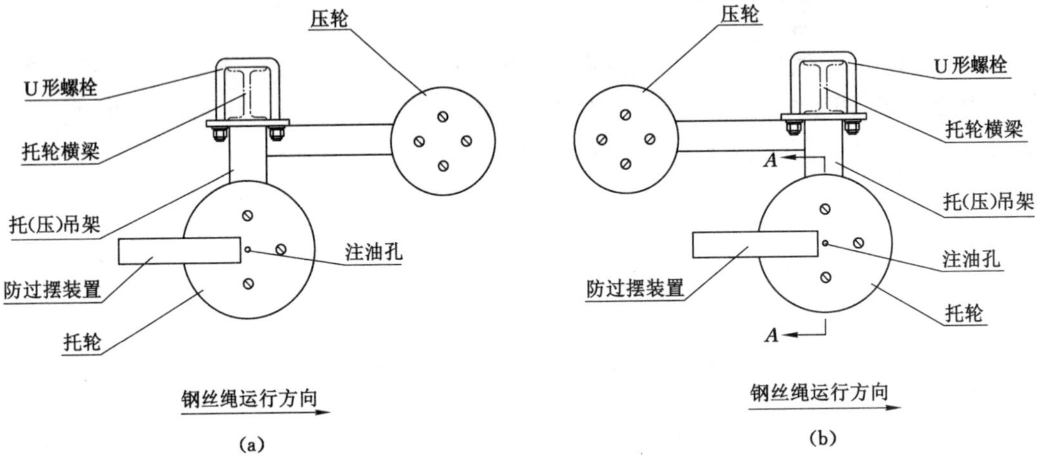

图 4-53　G 形托(压)轮组件的安装
(a) 先托后压;(b) 先压后托

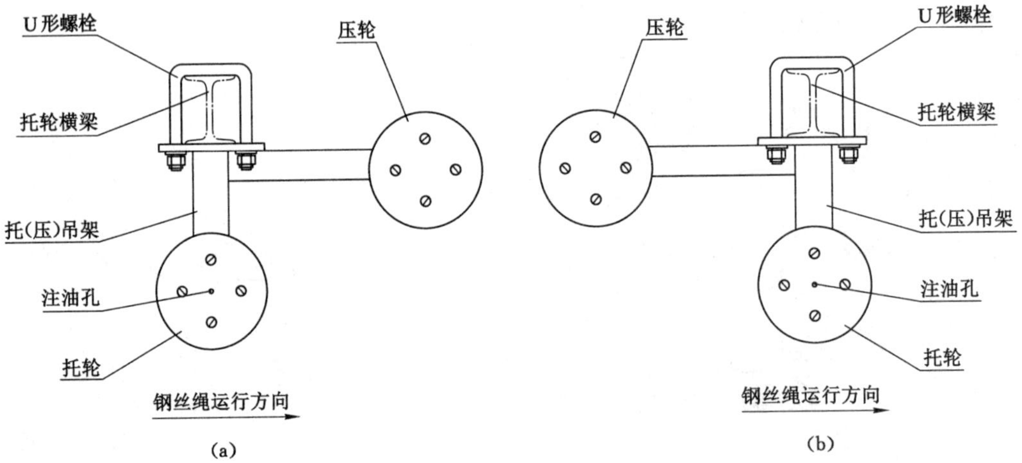

图 4-54　H 形托(压)轮组件的安装
(a) 先托后压;(b) 先压后托

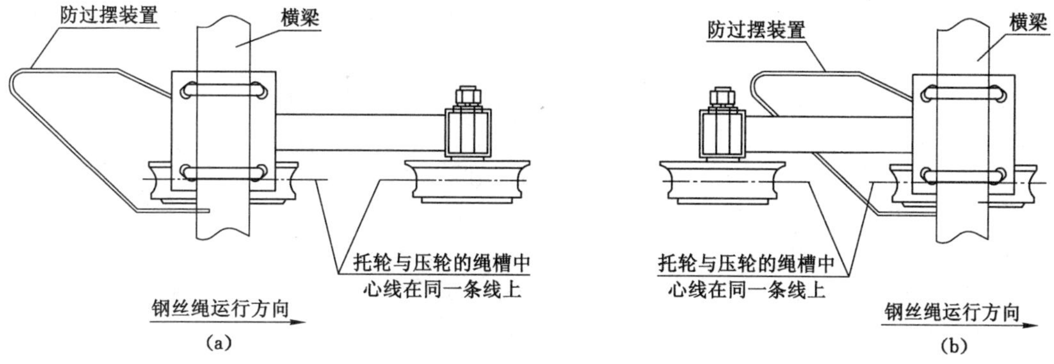

图 4-55　安装托(压)轮、防过摆装置

(a) 先托后压;(b) 先压后托

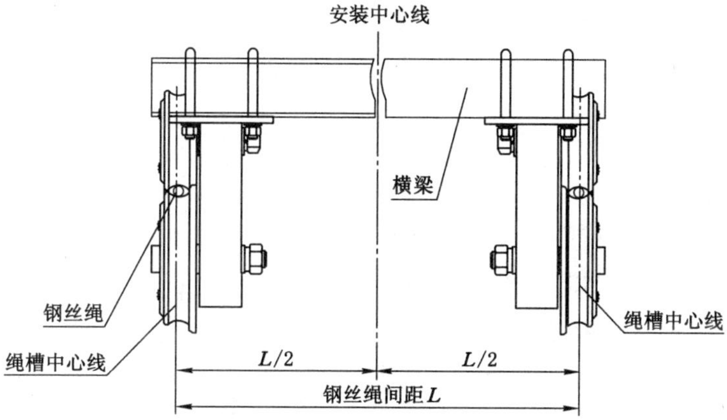

图 4-56　调整托(压)轮位置

4.3.3　双托(压)轮组件的安装

G 形双托(压)轮组件的安装如图 4-57 所示,H 形双托(压)轮组件的安装如图 4-58 所示。

(1) 用 U 形螺栓将双托轮吊架安装在托轮横梁上,U 形螺栓先不紧固。

(2) 双托轮中轴依次通过捕绳器、双托轮横梁、双托轮吊架中间孔,并用螺母等固定,双托轮横梁能灵活转动,无阻碍。将托轮安装在双托轮横梁,托轮端面在竖直平面内,两侧托轮的绳槽中心线必须在同一条线上。

(3) 通过移动双托轮吊架的位置,调整托轮的绳槽中心线到安装中心线的距离为设计牵引钢丝绳间距的一半,调整好后,拧紧 U 形螺栓,固定吊架位置,如图 4-59 所示。

4.3.4　全线托(压)轮位置调整

(1) 所有的托绳装置安装完后,对每处的托(压)绳轮位置进行一次检查,确保安装符合要求。全线托(压)轮的调整,应在安装好牵引钢丝绳后进行,调整后的要求:可调吊架上托轮和托(压)轮吊架上托轮、压轮的绳槽表面刚好接触牵引钢丝绳,不得向上托或者向下压牵引钢丝绳,导致牵引钢丝绳弯曲。

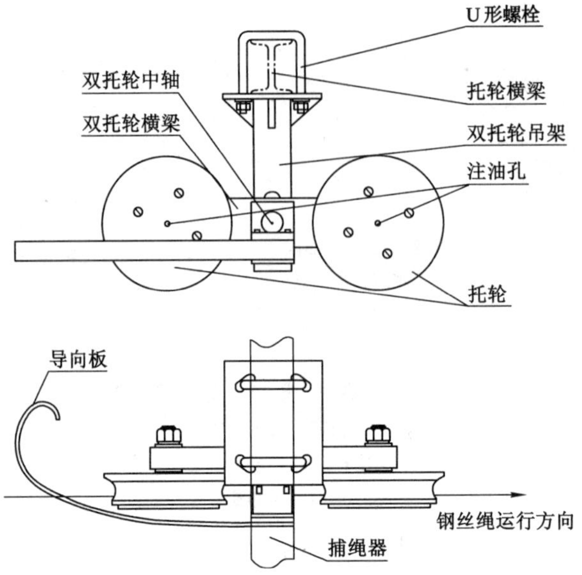

图 4-57　G 形双托(压)轮组件的安装

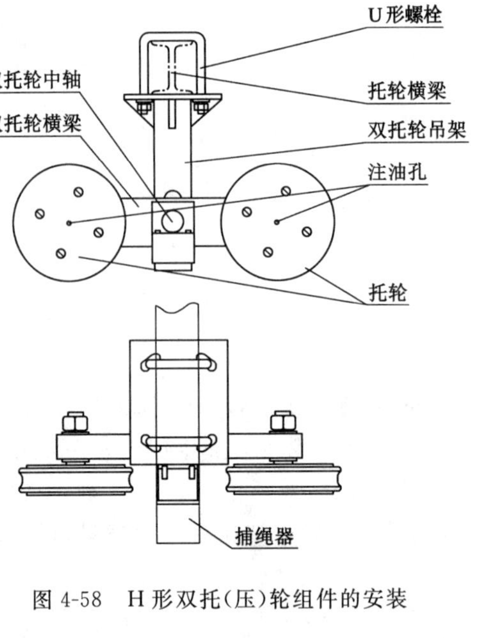

图 4-58　H 形双托(压)轮组件的安装

(2) 变坡点双托(压)轮组件托应使牵引钢丝绳在托轮上形成一条弧线,各托(压)轮受力尽可能均等。不得使牵引钢丝绳成折线,否则局部托(压)轮受力较大,轮衬容易磨损。变坡点双托轮正确与错误安装分别如图 4-60 和图 4-61 所示。

(3) 同侧的所有托绳轮和压绳轮的绳槽中心线应与牵引钢丝绳重合,托轮端面在同一竖直平面内,其偏差不应大于 2 mm。

(4) 安装后在同侧的所有托绳轮和压绳轮的轮槽顶面高差应不大于 2 mm。

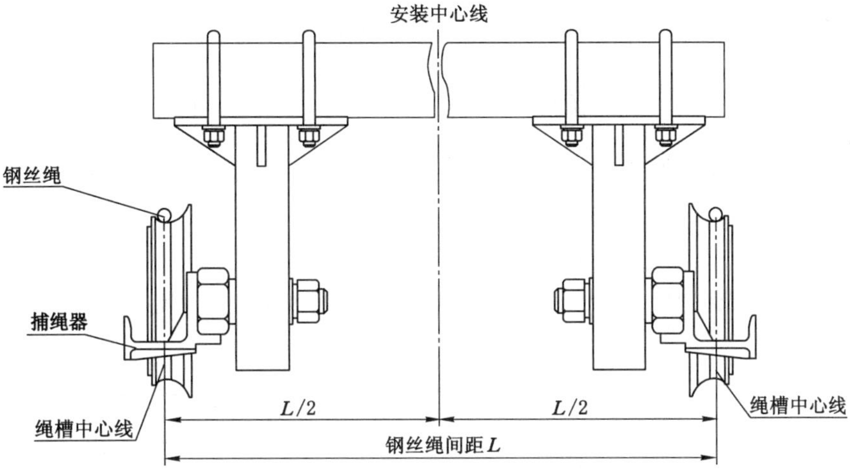

图 4-59 双托轮位置的确定

图 4-60 变坡点双托轮正确安装

图 4-61 变坡点双托轮错误安装

4.4 迂回轮装置的安装

为了适应负载变化而引起牵引钢丝绳长度的变化，以及在张紧力作用下牵引钢丝绳伸长等情况，将迂回轮安装在可滑动的导轨内。如图 4-62 所示。

(1) 安装导轨(图 4-63)。先确定迂回轮架上两对滚轮外端面的最大间距 L，然后将一根导轨用 U 形螺栓与导轨横梁连接，导轨上槽钢开口朝安装中心线方向，导轨内侧表面到安装中心线的距离等于滚轮间的最大间距的一半($L/2$)加上约 2 mm 的滑动间隙。取导轨在每根横梁处进行测量，均满足要求后，拧紧 U 形螺栓。另一根导轨安装在横梁上离中心线的距离远一点(两导轨内侧净宽需大于两对滚轮外端面的最大间距)，如图 4-64 所示，以

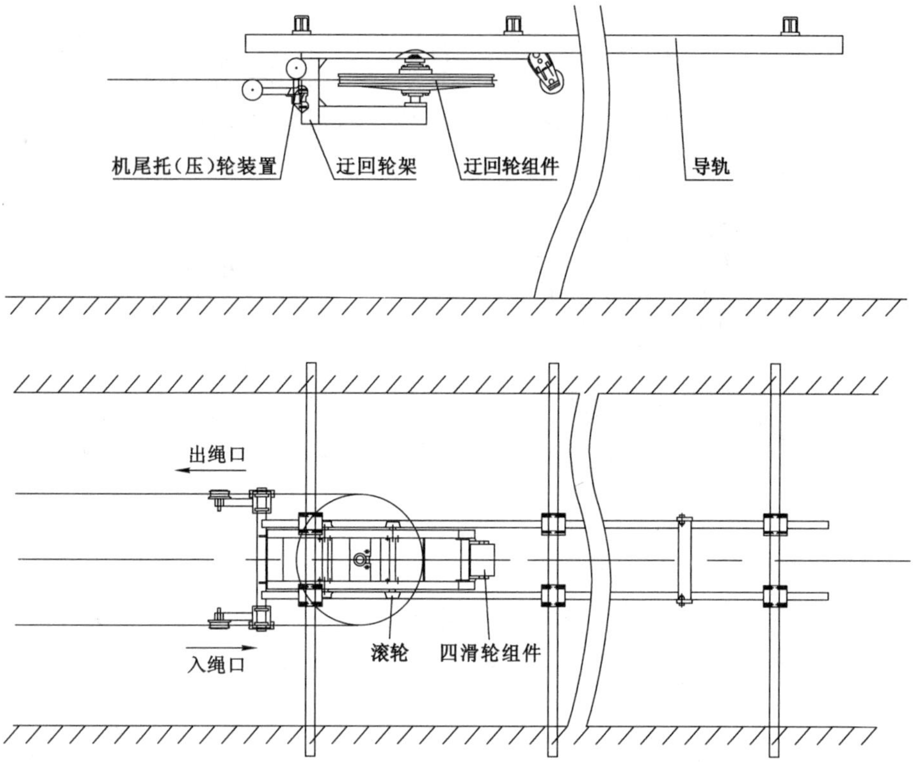

图 4-62　迂回轮装置的安装

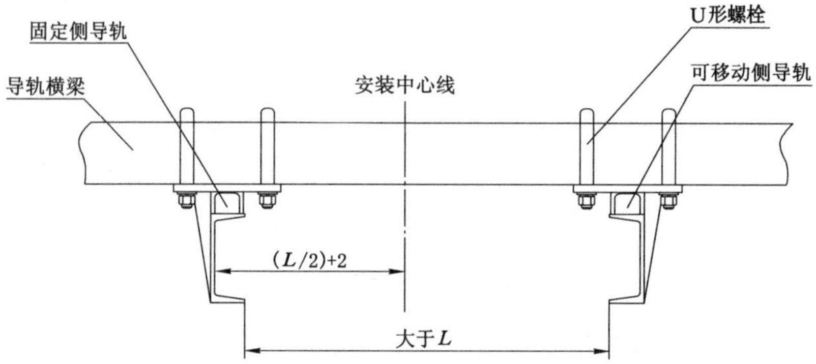

图 4-63　安装导轨

不妨碍吊装迂回轮下组件为准,且不固定。

(2) 在巷道顶上固定锚杆,并挂好吊装用的手拉葫芦(≥5 t)两个,吊起迂回轮组件,将滚轮放入固定侧导轨内,移动另一根未固定的导轨,使其内侧表面到另一根导轨内侧表面的距离为($L+4$)且各处均一致。调整好后,将导轨与导轨横梁连接固定,然后安装导轨间距固定装置,确保两根导轨平行且在运行过程中间距不会发生变化。安装好后,在中心位置顺着安装中心线方向将迂回轮组件反复从导轨的一端推移到另一端,确保滚轮在导轨内滚动自如,无卡阻现象。

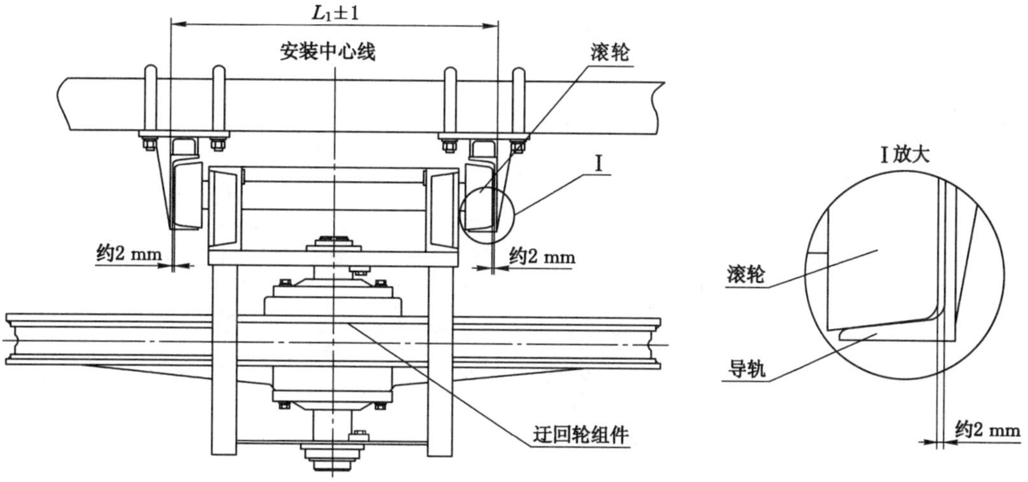

图 4-64 安装迂回轮组件

(3) 安装机尾托(压)轮装置(图 4-65)。将尾轮架托(压)轮横梁组件用螺栓与迂回轮架紧固连接。机尾托(压)轮组件中吊架和托(压)轮的安装及调整参照 4.3 节托(压)轮组件的安装。

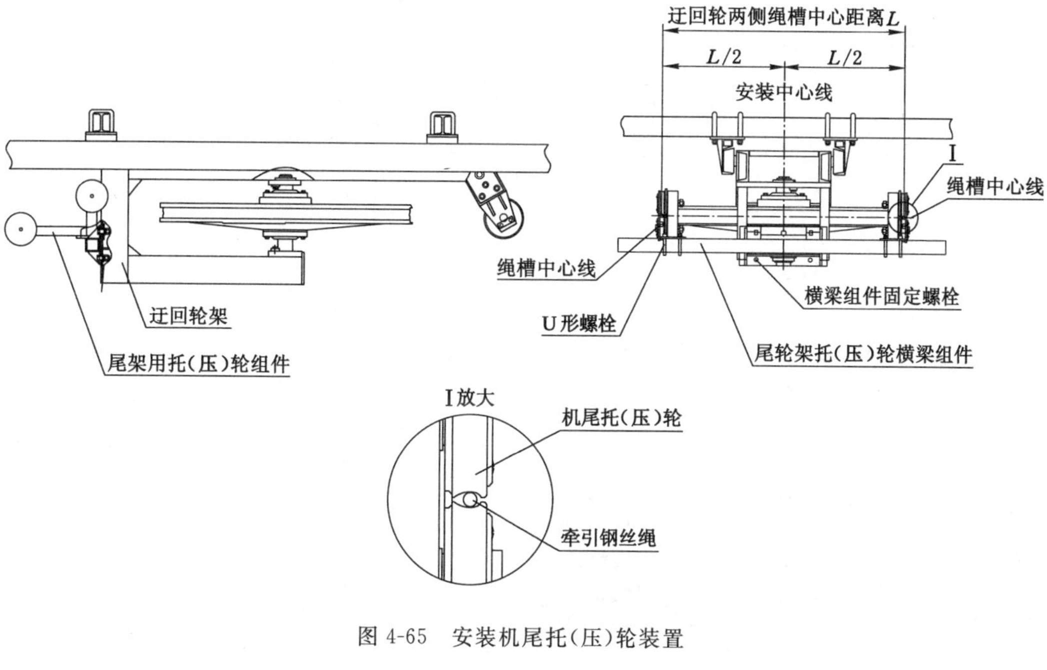

图 4-65 安装机尾托(压)轮装置

4.5 张紧装置的安装

张紧装置的主要作用是给牵引钢丝绳提供恒定的初张力,以确保牵引钢丝绳与驱动轮之间的摩擦力满足驱动力的要求,且同时能灵活调节张紧重锤的高度,如图 4-66 所示。

(1) 用压板、螺栓将三滑轮组和张紧绞车安装在横梁上,张紧绞车安装在不妨碍行人通

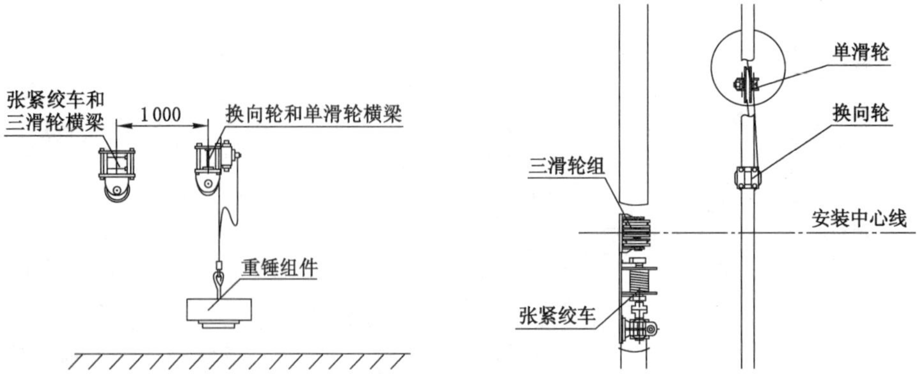

图 4-66　张紧装置的安装

行的一侧，如图 4-67 所示。先调整三滑轮组位置，使得三滑轮组中间滑轮的绳槽中心与安装中心重合，拧紧螺栓，将三滑轮组紧固在横梁上。然后调整张紧绞车位置，使其尽量靠近三滑轮组，但不与之干涉，调整好后拧紧螺栓。

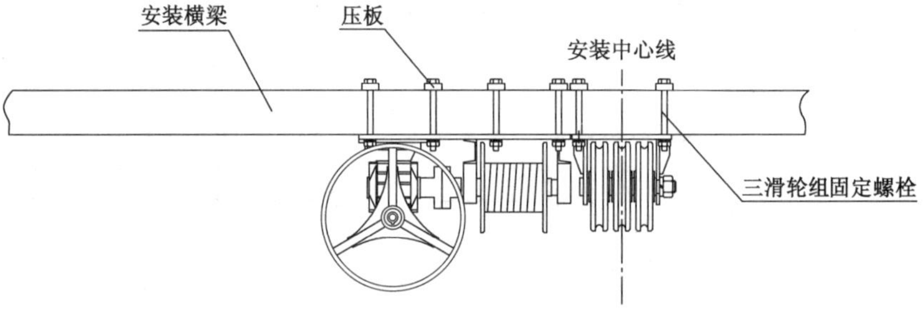

图 4-67　安装三滑轮组和张紧绞车

(2) 将换向轮安装在重锤横梁上，换向轮与张紧绞车在安装中心线的两侧且离中心线的距离相等。然后将单滑轮安装在靠近巷道壁或者重锤硐室内。如图 4-68 所示。

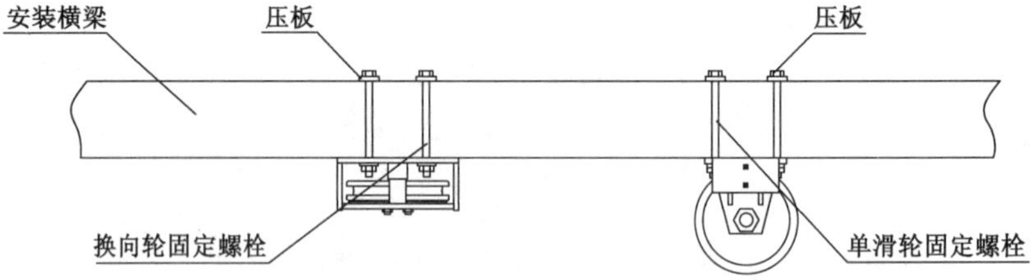

图 4-68　安装单滑轮和换向轮

(3) 将重锤组件放置在地面上，位于单滑轮的正下方，重锤组件上先不放重锤块，将张紧钢丝绳的一端用绳卡固定在重锤组件吊杆的上端，张紧钢丝绳的另一端依次穿过单滑轮、换向轮、迂回轮装置上的四滑轮及三滑轮，在穿过四滑轮和三滑轮时应从换向轮侧的滑轮依次通过。从四滑轮上最后一个滑轮穿出来的张紧钢丝绳绕在张紧绞车的钢丝绳卷筒上，张紧钢丝绳的端部穿过外侧卷筒侧板上的孔，用钢丝绳压板压紧钢丝绳，钢丝绳正常张紧后，张紧钢丝绳在卷筒上至少要缠绕三层。如图 4-69 所示。

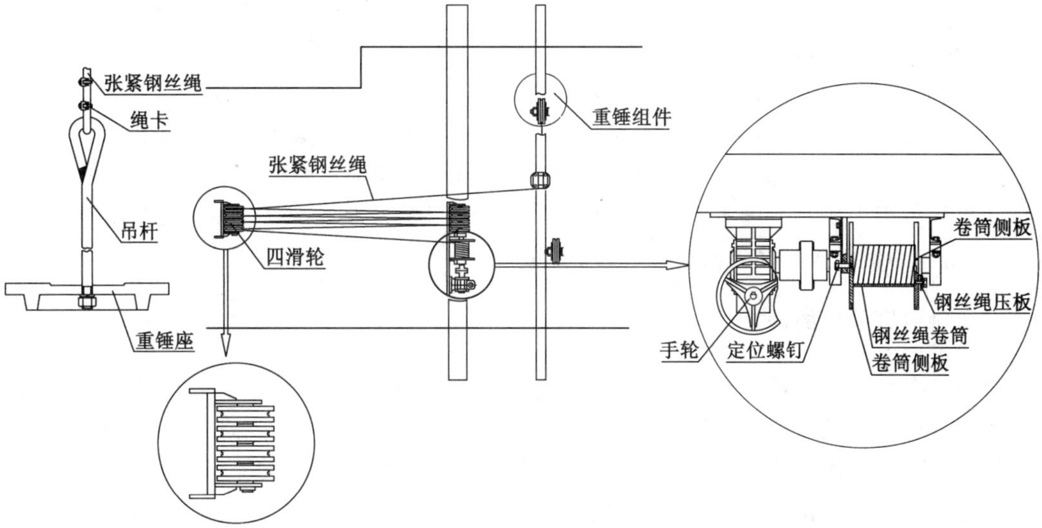

图 4-69 安装张紧钢丝绳和重锤组件

转动张紧绞车上的手轮，绷紧松弛的张紧钢丝绳，同时将重锤座提起至离地面不小于 200 mm 的地方。

(4) 重锤块的安装。重锤块的重量不能先按设计最大值安装，要逐步增加重量，视其钢丝绳张紧到最佳状态为止，其重锤块应交错排列组装，防止松动，当上、下调节重锤高度时，应防止重锤从重锤座上滑出伤人。重锤悬挂的高度应视其情况而定(但离地不能低于 200 mm)，线路长、坡度大时应考虑重锤组件有较大的行程，必要时可以在地面挖 1～2 m 的深坑。最后配置的重锤重量应根据牵引钢丝绳的张紧程度而定，以牵引钢丝绳负载时的最大挠度点的挠度为 100～150 mm 为准，以保证任何时候吊椅不擦地及牵引钢丝绳与驱动轮之间不打滑，如图 4-70 所示。重锤重量和位置调整好后，必须用定位螺栓将钢丝绳卷筒可靠地固定好。

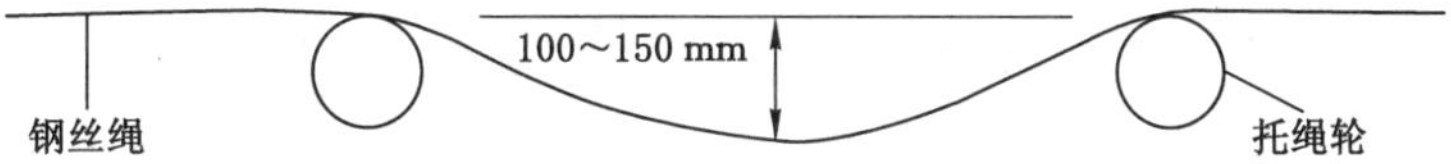

图 4-70 牵引钢丝绳挠度示意图

需要注意的是：牵引钢丝绳和重锤的安装可在安装完毕牵引钢丝绳后再进行。

4.6 牵引钢丝绳的安装

4.6.1 牵引钢丝绳的检验

牵引钢丝绳悬挂前应对其进行检验，必须经检验合格后才能使用。

4.6.2 牵引钢丝绳的放绳方法

放牵引钢丝绳时，必须保证不得让牵引钢丝绳发生扭曲变形，更不能让牵引钢丝绳呈螺旋状扭转，否则，牵引钢丝绳将会在运行时产生无法消除的自旋现象。

在放绳前，一定要对钢丝绳卷筒采取可靠的制动措施，并有专人把控。通常采用的放绳方法是：先将整卷牵引钢丝绳平放在能旋转的支架上，然后将绳头固定在上端机头处的横梁上，拉着牵引钢丝绳中部渐渐往下拉至机尾，整个过程必须通过牵引钢丝绳卷筒的旋转来放绳，在放绳过程中操作速度不能过快，操作人员必须听从安装技术人员的安排，防止因牵引钢丝绳自身的惯性快速往下滑，发生人身安全事故。

4.6.3 牵引钢丝绳的插接

4.6.3.1 牵引钢丝绳预张紧

牵引钢丝绳插接前必须将牵引钢丝绳预张紧，而后确定牵引钢丝绳实际所需长度。预张紧的方法是：将尾轮置于导轨的最前端，在机头处将牵引钢丝绳的一端固定，另一端用手拉葫芦固定，再用手拉葫芦收绳至张紧状态，然后确定牵引钢丝绳的实际需要长度，根据不变径接法(长接法)，确定插接长度(为牵引钢丝绳直径的 1 000～1 200 倍)，如图 4-71 所示。如不将牵引钢丝绳预张紧，可能会出现尾轮导轨长度不够的情况。

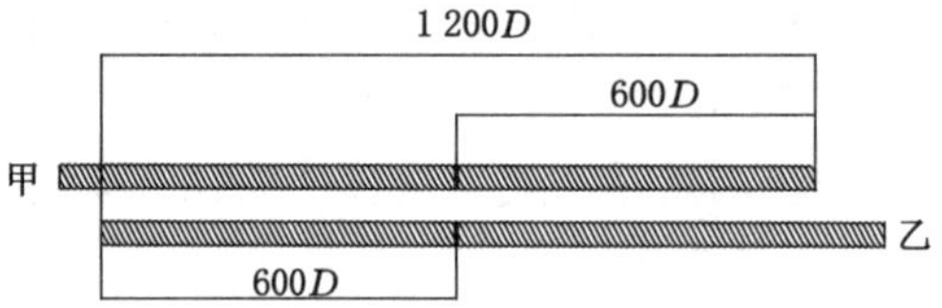

图 4-71　钢丝绳插接长度

如果受现场条件限制，导轨长度不够长时，可采用下述方法将牵引钢丝绳预张紧，使牵引钢丝绳在运行过程中基本不会再伸长或伸长量很小：接绳前将牵引钢丝绳的两端头分别用手拉葫芦张紧，手拉葫芦的张紧力不得超过牵引钢丝绳破断拉力的六分之一(因牵引钢丝绳的安全系数为 6)，则每次张紧时间为 20 h 以上，张紧天数在 2 天以上。注意固定牵引钢丝绳端头的绳卡不能太紧或太松，若太紧则容易损伤牵引钢丝绳，太松则卡不紧。

4.6.3.2 牵引钢丝绳的插接

牵引钢丝绳的实际长度确定后，按以下方法插接牵引钢丝绳：

(1) 如图 4-71 所示，将甲、乙两端各以距绳端 600D(D 为牵引钢丝绳直径)处用软铁丝扎住。

(2) 将两端接头部分的绳股分开，用麻线将各股的牵引钢丝绳头缠住，割掉麻芯，每端各錾掉 3 股，然后正对交叉。

(3) 将两头靠拢张紧，去掉事先捆扎的铁丝箍，以甲(乙)端留下的 3 股分别代替乙(甲)端被錾断的 3 股，注意各对应股的纹路(即捻向)不能弄错，甲(乙)端留下的 3 股分别向前捻进，同时乙(甲)端被錾断的 3 股分别向后退散。向前捻进时，必须用力将绳股压入股沟内，保持捻距不变，互相捻进的牵引钢丝绳长度称为摩擦长度，各钢丝股的摩擦长度须保持一致。

(4) 将后退和捻进的甲、乙两端各股索头留下 75D，多余的錾掉，如图 4-72 所示，共有 12 个股索头、6 处插接头。

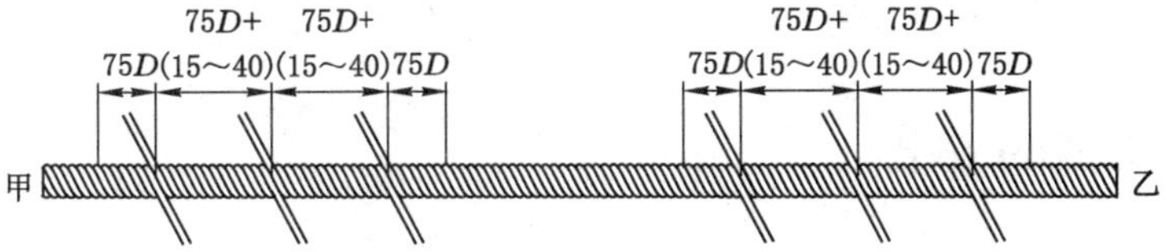

图 4-72　牵引钢丝绳的插接 1

(5) 在将各接头处的股索头插入牵引钢丝绳中心时，应将接头处将要插入牵引钢丝绳中的股索分别从牵引钢丝绳中穿过，让两股绳压住要插入绳芯中的股索，如图 4-73 所示的甲端第一个接头。

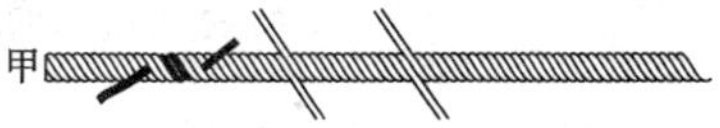

图 4-73　牵引钢丝绳的插接 2

(6) 将要插入牵引钢丝绳中的股索头调直，并将錾下的绳芯纤维缠于其上，以填补牵引钢丝绳中心缝隙，但缠上纤维后，其直径不能太粗，否则股索插入后会造成牵引钢丝绳股间缝隙过大，插头容易从缝隙中冒出来，缠上纤维后，股索直径可按下式计算：

$$\text{股索直径}=\text{牵引钢丝绳直径}(D)\times 0.36$$

对于直径 30 mm 以上的，上式中系数可取至 0.4 以上，具体直径参考值见表 4-1。具体数值可根据经验而定，股索缠纤维后，两端用电工胶带胶牢。

表 4-1　　**直径参考值**　　单位：mm

牵引钢丝绳直径	18	20	22	24	26	28
缠纤维后股索直径	6.5	7.2	8	8.8	9.6	10.5

(7) 将股索插入牵引钢丝绳中后，其端头与纤维芯或与另一插接头相对的股索端头之间必须要留有一定间距，以防止牵引钢丝绳运转伸长后，两相对的端头相碰，发生冒头现象，此间距大小可根据股索插入前调直的程度而定，一般留 15～40 mm。

(8) 用钢钎(钢钎大小宜与单股索大小相当)将股索头绞入牵引钢丝绳中时，钢钎的插法如图 4-74 所示。

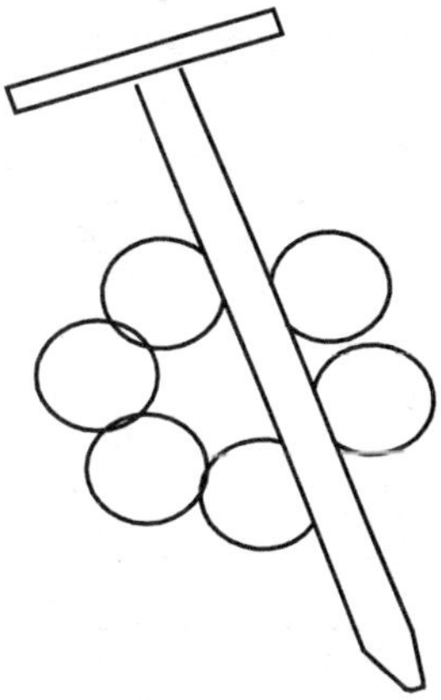

图 4-74　钢钎的插法

4.6.3.3　*牵引钢丝绳空载试运行*

牵引钢丝绳插接好后，为了加强接头的牢固程度以及消除自旋应力，应让牵引钢丝绳空载运行至少 72 h，在运行过程中，应逐步增加牵引钢丝绳的张紧力，具体方法如下：

(1) 重锤加至 100 kg 时，让牵引钢丝绳正、反方向各运行 2 h 以上。

(2) 重锤加至 150 kg 时，让牵引钢丝绳正、反方向各运行 2 h 以上。

(3) 重锤加到 200 kg 时，让牵引钢丝绳正、反方向各运行 2 h 以上。

(4) 依次逐步增加重锤,在 6～8 h 内,让牵引钢丝绳受拉力约 3～4 t,每加一次重锤,让牵引钢丝绳正、反方向各运行 2 h 以上。

(5) 当牵引钢丝绳内应力基本消除,自旋不是很明显时,让牵引钢丝绳正方向继续运行一段时间(保证空载累计运行 72 h)。

4.7 乘人装置的安装

乘人装置部分主要有抱索器和乘人吊具(蹬座、吊椅、吊厢等),安装之前应先将抱索器和乘人吊具装配好,再安装到牵引钢丝绳上。下面分别介绍固定抱索器、可摘挂抱索器和摩擦式可摘挂抱索器乘人装置的安装要求。

4.7.1 固定抱索器的安装

(1) 固定抱索器与吊具连接如图 4-75 所示。将固定抱索器上连杆插入吊具上的套管内,用连接螺栓紧固。

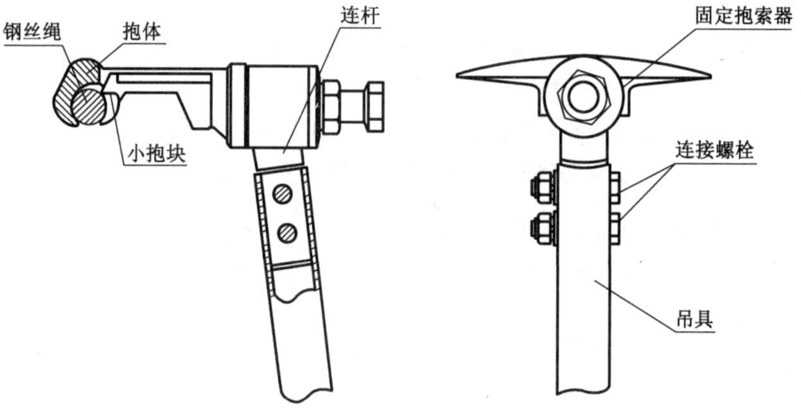

图 4-75 固定抱索器与吊具连接

(2) 固定抱索器与牵引钢丝绳连接时,必须使用专用扳手。根据线路坡度的大小,按表 4-2 所列的参考转矩值,将抱索器固定在牵引钢丝绳上。

表 4-2 固定抱索器参考转矩值

坡度/(°)	参考转矩值/N·m
≤15	15
15～20	17.5
20～25	22.5
25～30	30
35	37.5

抱索器锁紧在牵引钢丝绳上后,不允许产生任何情况下的滑动,抱索器的抗滑力不得小

于重车总载荷(1 100 N)在最大坡度时下滑力的 2 倍。

为延长牵引钢丝绳的使用寿命,应不定期地移动抱索器的夹紧位置(向运行方向移动),移动距离不得小于 400 mm。移动位置的间隔时间按以下公式计算:

$$\tau = 0.56\frac{L'}{v}$$

式中 τ——移动位置的间隔时间,h;

L'——线路斜长,m;

v——运行速度,m/s。

当线路长度大于 400 m 时,移动位置的间隔时间相应缩短至 200 h 左右。

全线安装固定乘人装置,应在牵引钢丝绳上空运行 72 h,牵引钢丝绳自旋基本消除后才能进行。

固定乘人装置安装必须遵循的安装程序是:从机头的下行侧和机尾的上行侧同时各安装 4 把架空乘人装置,间距为 1 m,先以慢速点动直至设计运行速度进行空载试运行,保证吊具不向内、外翻转,空载试运行时间为 4 h。然后以相同的运行方式,分别以 4 倍、2 倍和 1 倍的设计乘人装置间距全线安装乘人装置并进行试运行,每次间距的运行时间不少于 2 h,且每次保证吊具不向内、外翻转后,才进行下一个倍数的乘人装置安装。安装时,必须在停车状态下,上行侧和下行侧同时按倍数安装全部乘人装置。若是摩擦式可摘挂抱索器吊具,则只要牵引钢丝绳的自旋现象基本消除即可使用。

4.7.2 可摘挂抱索器的安装

(1) 卡钳式可摘挂抱索器的安装

卡钳式可摘挂抱索器与吊具连接如图 4-76 所示。将抱索器接头插入吊具上的套管内,抱索器与吊具的相对方向应使得定位杆在吊具座板的另一侧,插入后拧紧后端的螺母,上、

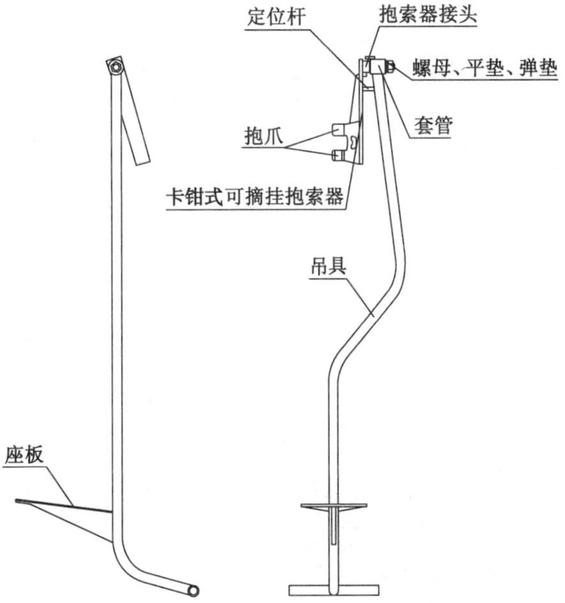

图 4-76 卡钳式可摘挂抱索器与吊具连接

下摆动抱索器应转动灵活。

乘坐架空乘人装置时，应举起吊具靠近牵引钢丝绳，使牵引钢丝绳在抱索器的两抱爪之间，如图 4-77 所示。放下吊具，使得上、下抱爪分别抱住牵引钢丝绳，在此过程中，乘人要握住吊具适当助跑，当抱索器抱住了牵引钢丝绳时，即刻坐上吊具，乘人坐上去后，在重力作用下，抱爪抱紧牵引钢丝绳，抱索器随牵引钢丝绳运行。

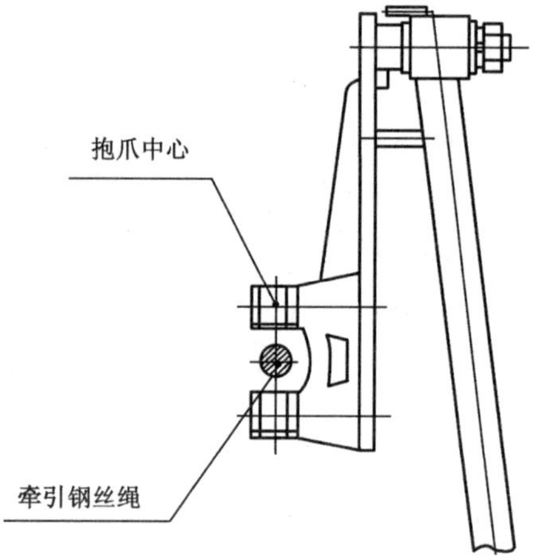

图 4-77　可摘挂抱索器与牵引钢丝绳连接

(2) 摩擦式可摘挂抱索器的安装

摩擦式可摘挂抱索器与吊具连接如图 4-78 所示。将抱索器接头插入吊具上的套管内，插入后拧紧后端的螺母。连接好后，抱索器应转动灵活。

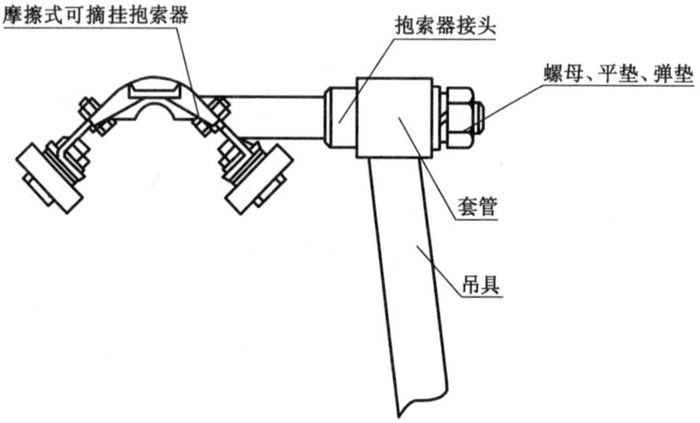

图 4-78　摩擦式可摘挂抱索器与吊具连接

摩擦式可摘挂抱索器乘人装置一般都装有静态上、下车装置，乘坐架空乘人装置时，应先将吊具挂在静态上车装置轨道上，当坐上去后，手拉放行拉杆，乘人器在重力作用下滑至牵引钢丝绳上并随牵引钢丝绳运行，如图 4-79 所示。

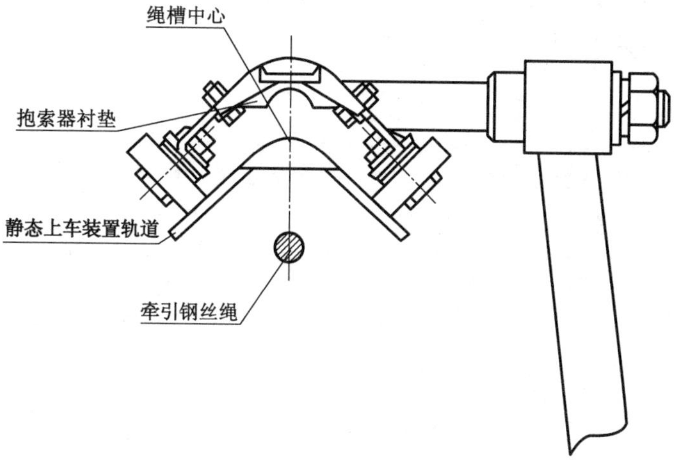

图 4-79　摩擦式可摘挂抱索器与牵引钢丝绳连接

4.8　安全保护装置的安装

4.8.1　机头、机尾越位保护装置的安装

越位保护装置安装在下车点之后，距离驱动轮和迂回轮不小于 5 m 的托轮横梁上。

(1) 摩擦式可摘挂抱索器和卡钳式可摘挂抱索器越位保护装置的安装如图 4-80 所示。先用螺栓将跑偏传感器固定在越位开关吊架上，再用 U 形螺栓安装在托轮横梁上。然后调整越位开关吊架的位置，使得在乘人装置经过时能碰到触杆，跑偏传感器动作，调整好后，拧紧 U 形螺栓。

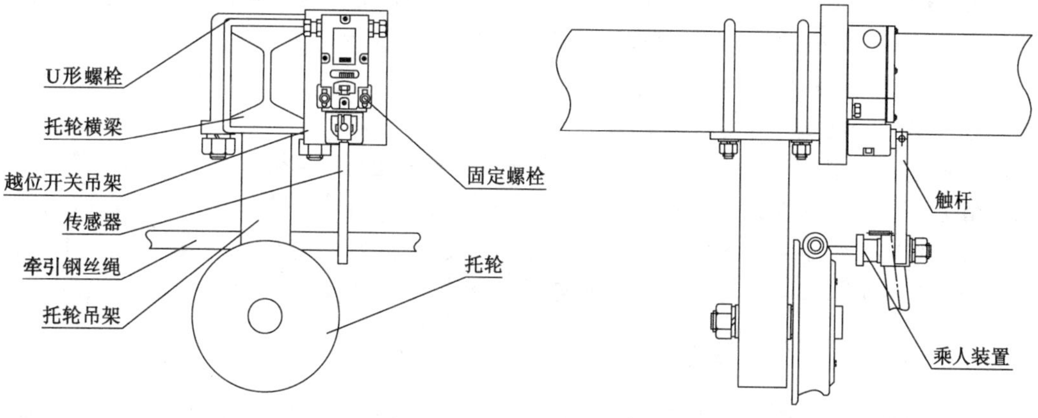

图 4-80　越位保护装置的安装(可摘挂抱索器和摩擦式可摘挂抱索器适用)

(2) 固定抱索器越位保护装置的安装如图 4-81 所示。先用螺栓将跑偏传感器固定在越位开关吊架上，再用 U 形螺栓安装在托轮横梁上，跑偏传感器离地面 1 m 左右，安装的位置在两托轮之间靠近下车点侧，且跑偏传感器的触杆朝外。调整越位开关吊架的位置，使得

乘人经过时,乘人身体部位能碰到触杆,跑偏传感器动作,同时需保证空吊具经过时不会碰到触杆,调整好后,拧紧U形螺栓。

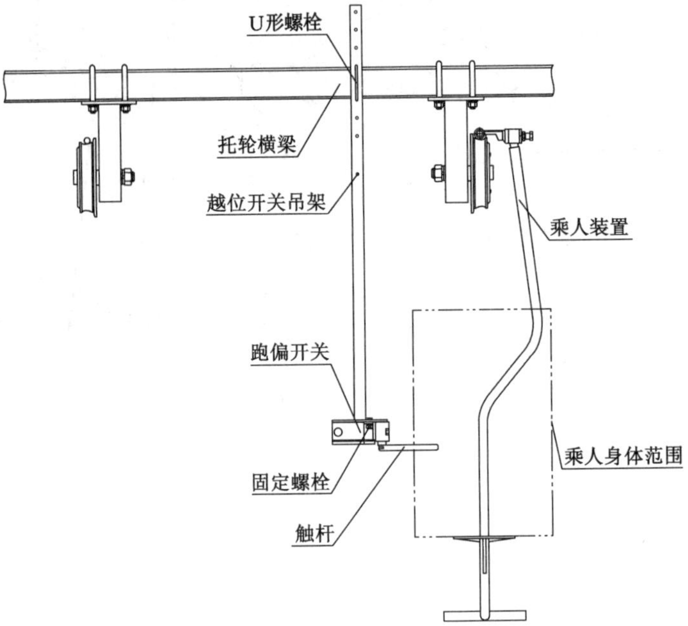

图 4-81 越位保护装置的安装(固定抱索器适用)

4.8.2 欠速、过速保护装置的安装

(1) 欠速、过速保护装置安装在离驱动轮最近的一根托轮横梁上。吊架和测速轮的安装与调整参照单托轮组件的安装与调整。传感器安装支架套在托轮轴上,安装在测速轮吊架的另一侧,转速传感器安装在支架上,调整传感器位置,使得其正对磁钢,且保证传感器能感应磁钢并有信号输出,调整好后固定传感器。欠速、过速保护装置的安装如图 4-82 所示。安装时,必须保证牵引钢丝绳与手动测速轮有效接触,牵引钢丝绳移动时,测速轮要相应转动,不能产生打滑现象,否则测速不精准。

(2) 欠速、过速保护的测试方法:在架空乘人装置未运行时,快速转动测速轮,使显示的速度值大于正常运行值的 20%或 30%,将这种状态保持几秒,电控装置应有“过速保护”的故障告警提示。启动电控装置,待速度稳定在正常运行值后,将转速传感器从支架上移开,使速度显示值为零,电控装置应有“欠速保护”的故障告警提示。

4.8.3 张紧力下降保护装置的安装

将保护开关用螺栓固定在重锤限位支架上,重锤限位支架安装在横梁上。第一个绳卡距单轮滑槽 200 mm 时,挡板必须触动保护开关,如图 4-83(a)所示;将拉绳的一端固定在保护开关的拉杆上,另一端固定在张紧钢丝绳的绳卡上,拉绳的长度为重锤离地 200 mm 时,拉绳能拉动保护开关的长度,如图 4-83(b)所示。

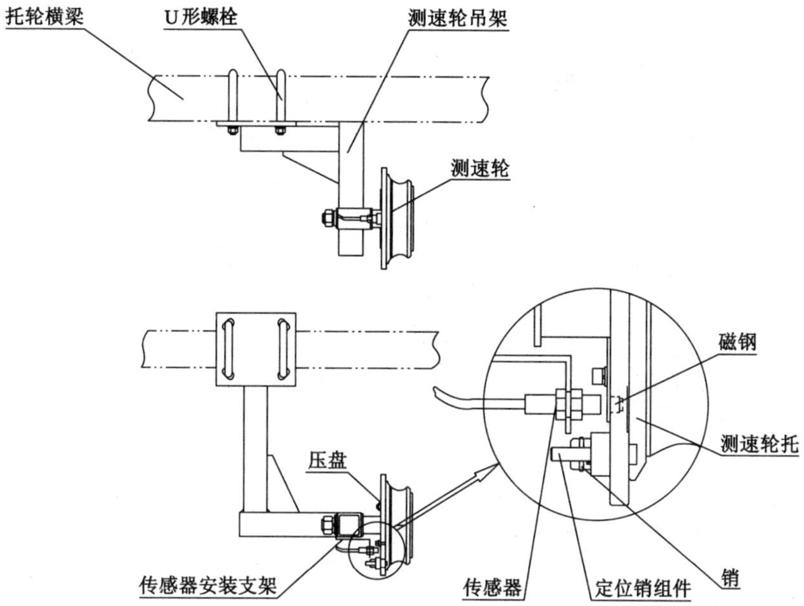

图 4-82　欠速、过速保护装置的安装

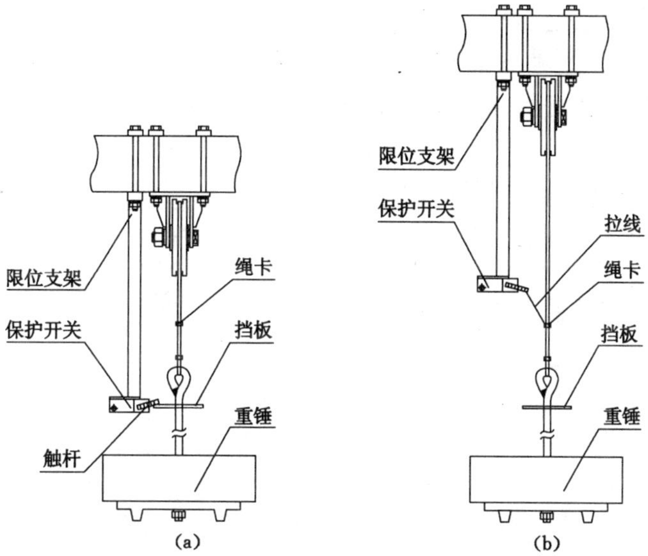

图 4-83　重锤张紧时张紧力下降保护装置的安装

(a) 上限位位置；(b) 下限位位置

4.8.4　沿线急停保护装置的安装

沿线急停保护装置安装在托轮横梁上，如图 4-84 所示。对于牵引钢丝绳间距小于等于 1 500 mm 的，在架空乘人装置中心线处安装一套急停保护装置；对于牵引钢丝绳间距大于 1 500 mm 或者架空乘人装置下方需要运输大件时，应安装两套急停保护装置，根据现场巷道条件分别安装在两侧牵引钢丝绳处。

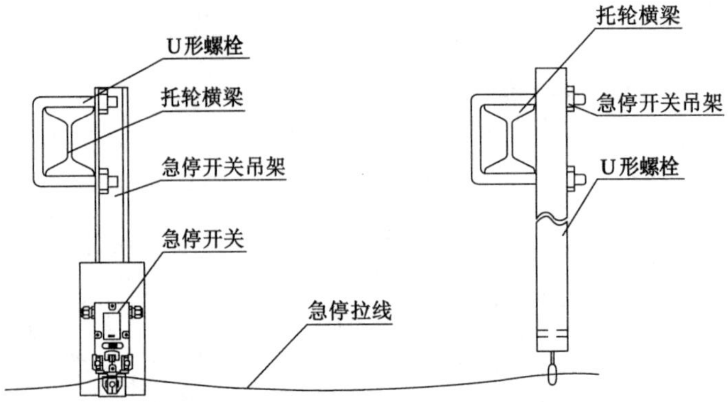

图 4-84　沿线急停保护装置的安装

安装时，用U形螺栓将急停开关吊架和急停拉线吊架安装在托轮横梁上，从机头开始，每隔 50 m 左右安装一组急停开关吊架，两开关吊架之间的托轮横梁上安装急停拉线吊架。只需安装一套沿线急停保护装置时，将吊架安装在安装中心线处，如图 4-85 所示。急停拉线的高度位置需保证两侧的乘坐人员在乘人装置上能拉到拉线。安装两套沿线急停保护装置时，将吊架安装在托轮内侧（图 4-86）或者托轮外侧（图 4-87），拉线的位置需保证乘坐人员在乘人装置上能拉到拉线，但不能影响乘人经过。沿线所有的急停开关吊架和急停拉线吊架均应在一条直线上，否则会导致拉动急停拉线时沿线阻力大而无法顺利拉动急停开关，开关无动作而不能保护停车，或者开关动作后无法顺利复位，故障解除后不能顺利开车。

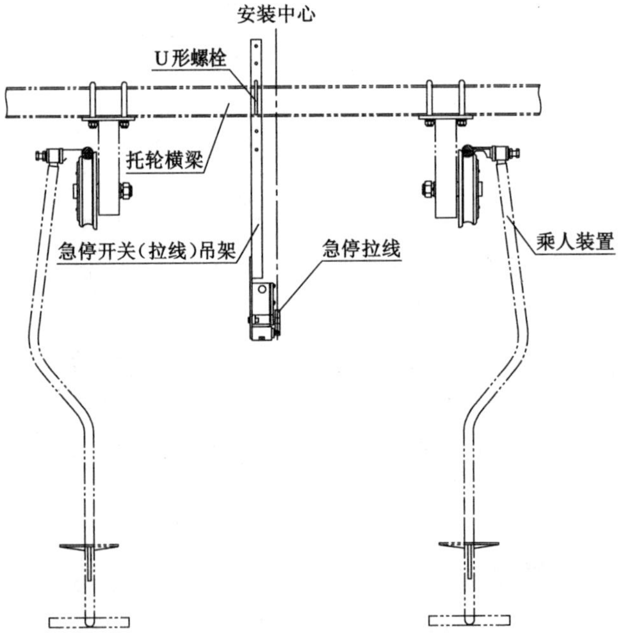

图 4-85　安装一套急停保护装置

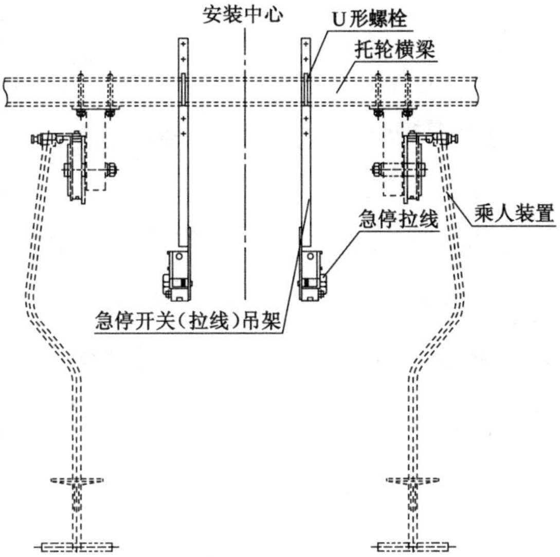

图 4-86 安装两套急停保护装置(托轮内侧)

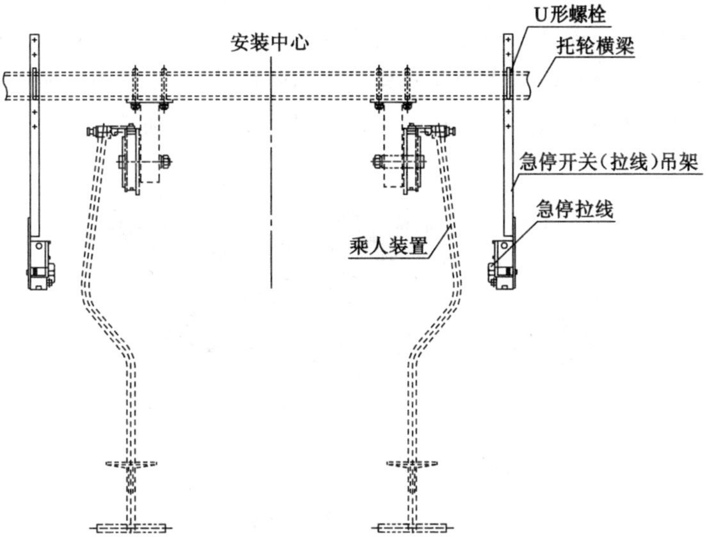

图 4-87 安装两套急停保护装置(托轮外侧)

4.8.5 变坡点防掉绳保护装置的安装

变坡点掉绳急停保护装置(图 4-88 和图 4-89)安装在变坡点双托轮组件的捕绳器上。传感器的感应面正对磁钢,调整传感器的位置,使得其感应不到磁钢。牵引钢丝绳掉落在捕绳器上时,传感器应能感应磁钢并有信号输出,否则在发生掉绳现象时会因传感器感应不到信号,系统无法自动保护停车。

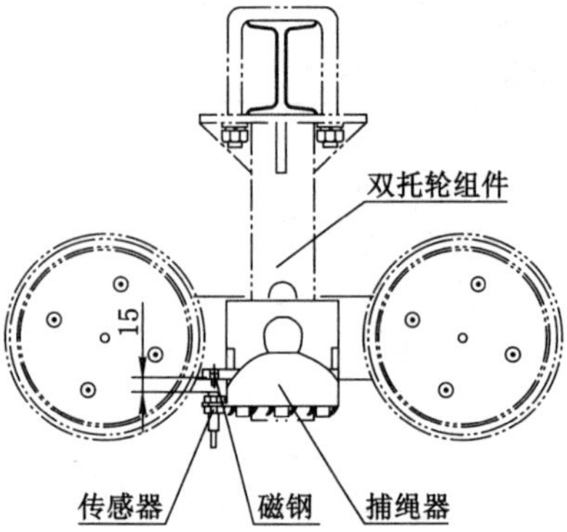

图 4-88　上变坡点掉绳急停保护装置

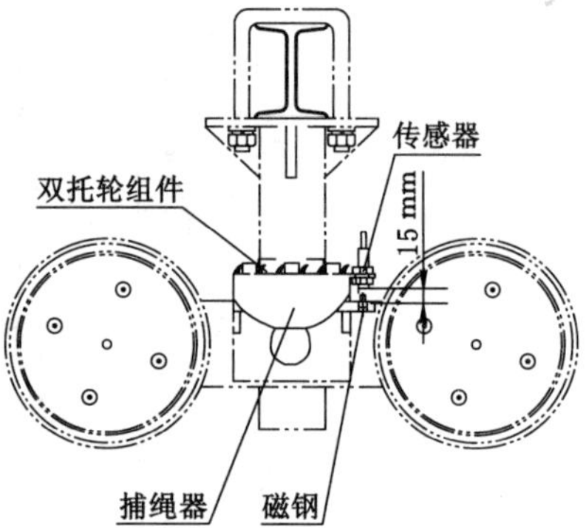

图 4-89　下变坡点掉绳急停保护装置

4.8.6　断轴保护的安装

断轴保护由挂盘、Z 形钩、断轴保护检测装置、螺栓组成。挂盘用螺栓固定在轴承座下端，Z 形钩用螺栓固定在驱动轮上（Z 形钩的数量为 6 或 8 个），且 Z 形钩与挂盘之间存在一定的间隙（不影响驱动轮正常运转），而断轴保护检测装置的安装位置视驱动装置的具体结构确定，但必须保证断轴保护检测装置中的检测轮与驱动轮紧挨着。当驱动轮正常运行时，断轴保护检测装置采集信号；当主轴断裂导致驱动轮掉落时，Z 形钩随着驱动轮掉落而挂在挂盘上，阻止其继续下落。此时，断轴保护检测装置采集不到信号，系统自动停车。如图 4-90所示。

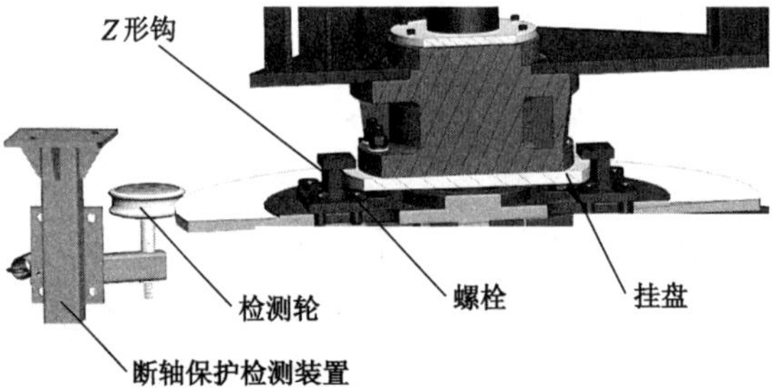

图 4-90　断轴保护的安装

4.8.7　防脱绳保护的安装

防脱绳保护的结构在前面章节有详细介绍（详见 2.2.8.7），将防脱绳保护支架安装到单托轮吊架上并固定，停车传感器安装到防脱绳保护支架上，调节好停车传感器的位置（保证钢丝绳从托轮上掉落时能触动停车传感器上的触杆动作）。安装时需注意：防脱绳保护支架中捕绳部分的方向与钢丝绳运行方向一致。如图 4-91 所示。

4.8.8　打滑保护

打滑保护的原理在前面章节有详细介绍（详见 2.2.8.8），将驱动轮测速检测装置安装

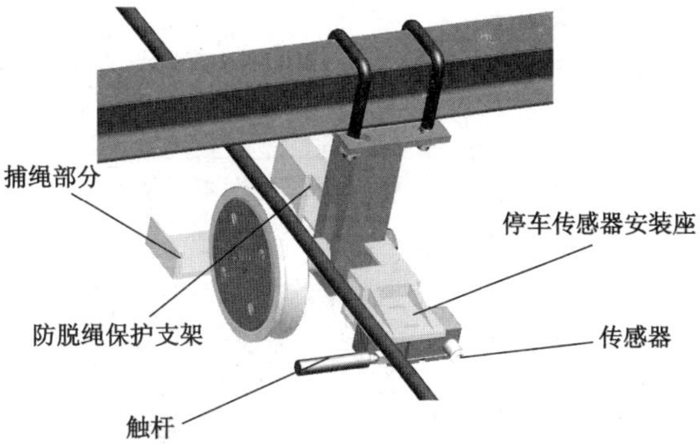

图 4-91　防脱绳保护的安装

在驱动轮旁,如图 4-92 所示。牵引钢丝绳测速装置的安装详见 4.8.2。

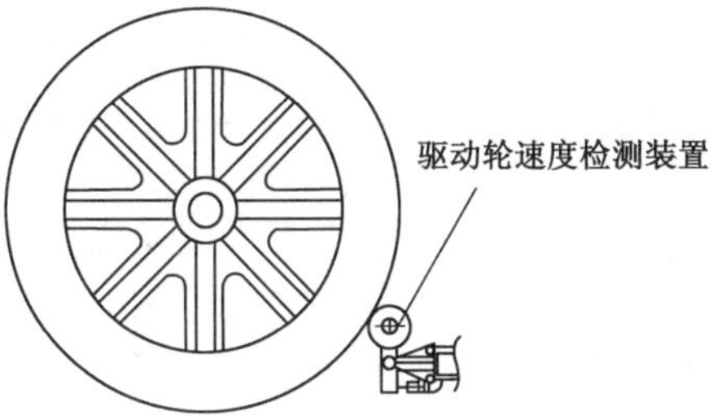

图 4-92　打滑保护的安装

4.8.9　乘人间距控制保护装置的安装

乘人间距控制保护装置安装在上车点前方距上车点的距离为设计乘人间距的位置,如图 4-93 和图 4-94 所示。

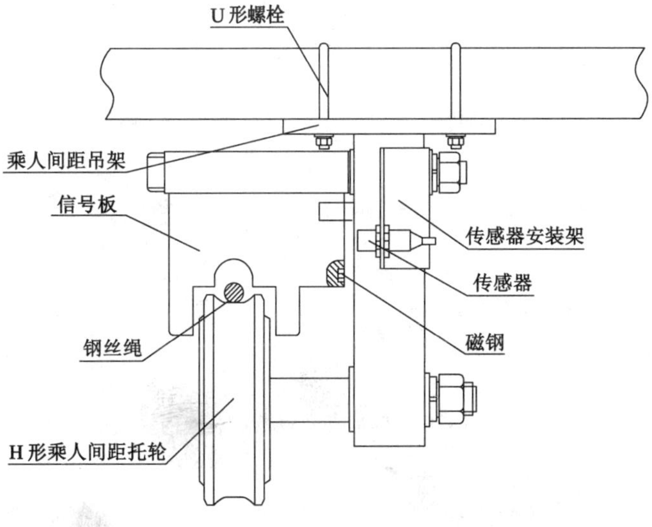

图 4-93　乘人间距控制保护装置的安装(摩擦式可摘挂抱索器用)

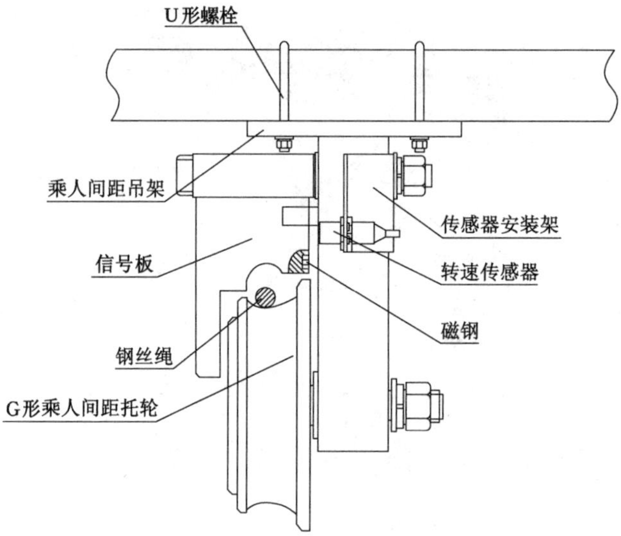

图 4-94　乘人间距控制保护装置的安装(卡钳式可摘挂抱索器用)

信号板安装在乘人间距吊架上端托轮侧,传感器安装架安装在吊架另一侧,沿牵引钢丝绳的运行方向在信号板前方,安装好后拧紧螺母固定。信号传感器安装在传感器安装架上后,调整位置,使得被抱索器撞开的信号板上的磁钢能在转动到某一角度的时候正对传感器,此时传感器应能感应磁钢信号。

4.8.10　吊椅防过摆保护装置的安装

详见 4.3 节中的内容。

4.8.11　减速器油温超限保护装置的安装

减速器油温超限保护装置的安装如图 4-95 所示。温度传感器接头组件(内含温度传感器探头)直接安装在减速器油温检测口,温度传感器用螺钉固定在温度传感器固定组件上,固定好后,整体用压板和螺栓安装在驱动装置横梁上。

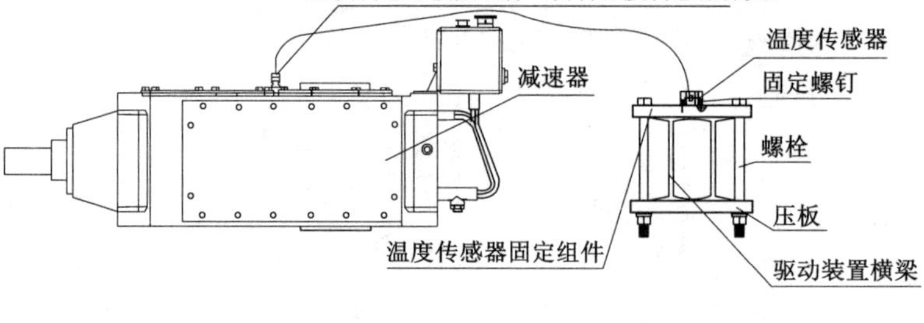

图 4-95　减速器油温超限保护装置的安装

4.8.12　液压油箱温度超限保护

电控控制，无须安装。

4.8.13　驱动油压超压保护

电控控制，无须安装。

4.8.14　系统防静电保护

将防静电块(铸铁块)安装在驱动轮和迂回轮的轮衬中间。

4.8.15　尾轮极限位置保护装置的安装

尾轮极限位置保护装置的安装如图 4-96 所示。将跑偏传感器与安装支架用螺栓连接起来，触杆朝支架槽口侧。将安装支架从外侧安装在迂回轮导轨上，在距离迂回轮导轨末端 0.5 m 处，用定位螺栓将其固定在导轨上。迂回轮装置移动到此处时，保护开关动作，系统自动保护停车。

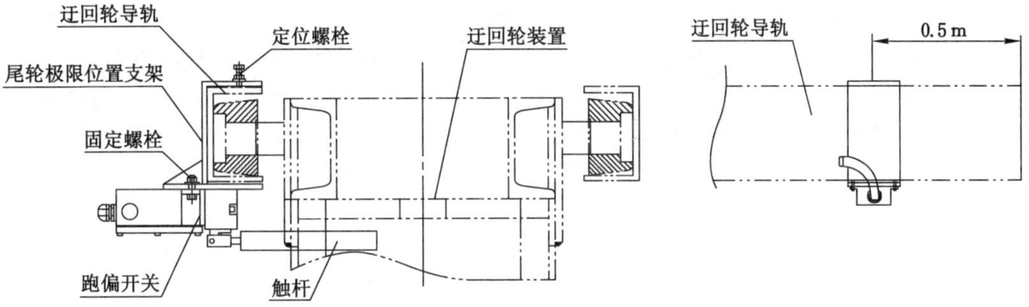

图 4-96　尾轮极限位置保护装置的安装

4.8.16　机头、机尾入绳口安全防护装置的安装

机头入绳口安全防护装置(图 4-97)安装在驱动装置机架入绳侧的安装板上，用螺栓与安装板连接，螺栓先不拧紧，调整防护装置的位置，使得牵引钢丝绳能从槽口中间通过，且固定抱索器经过时不会碰到防护装置，调整好后，拧紧螺栓。

机尾入绳口安全防护装置(图 4-98)安装在迂回轮架入绳侧，用 U 形螺栓与迂回轮连接，螺栓先不拧紧，调整防护装置的位置，使得牵引钢丝绳能从槽口中间通过，迂回轮转动时不会碰到防护装置，同时固定抱索器经过时也不会碰到该装置，调整好后，拧紧螺栓。

4.8.17　制动器动作失效保护装置的安装

(1) 高速端制动器动作失效保护装置安装在制动器的推动器上，如图 4-99 所示。其工作原理详见 2.2.8.17。

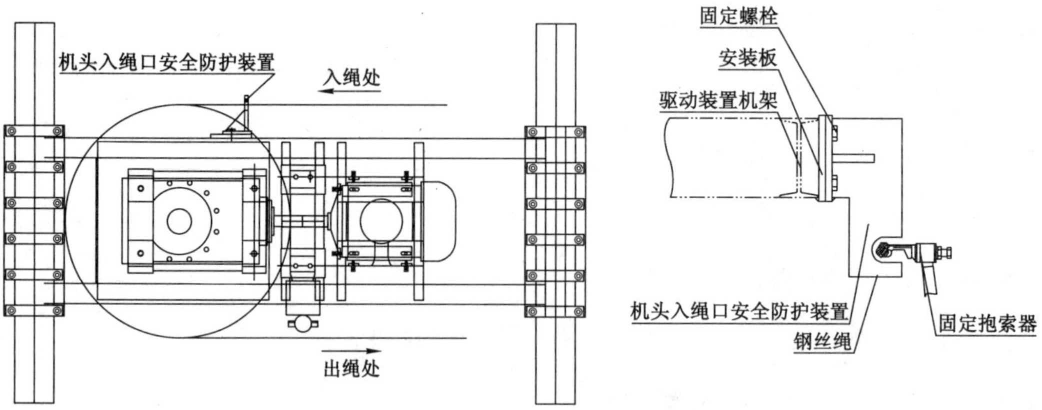

图 4-97　机头入绳口安全防护装置的安装

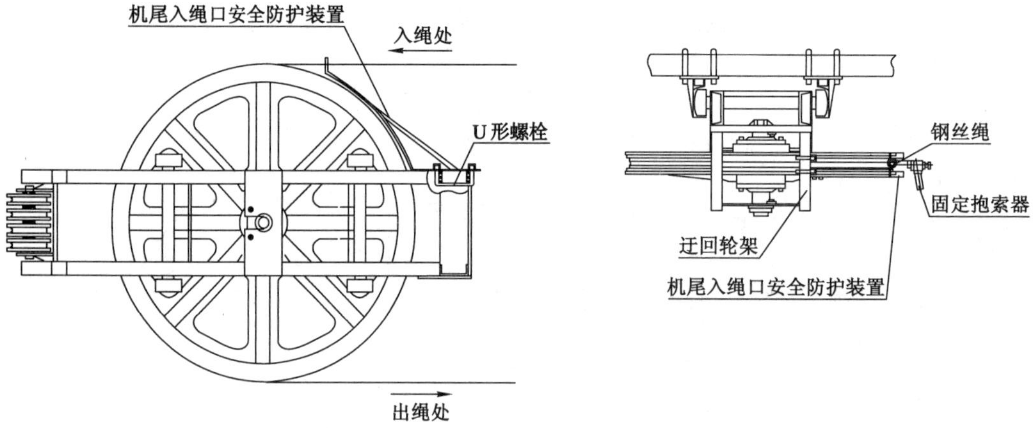

图 4-98　机尾入绳口安全防护装置的安装

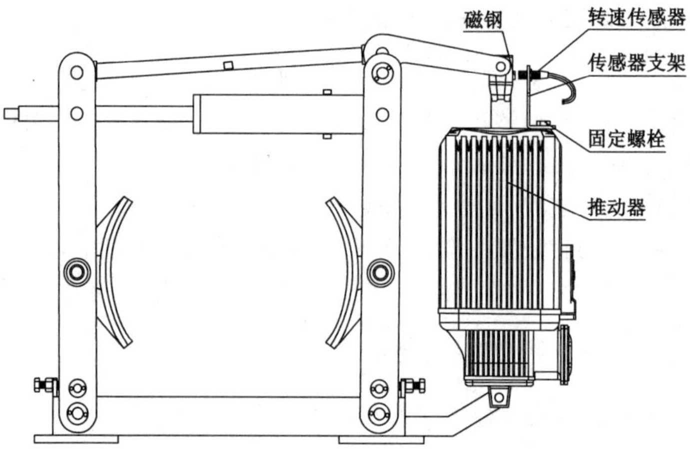

图 4-99　制动器动作失效保护装置的安装

(2) 低速端制动器动作失效保护装置安装在制动器的制动臂上,制动器的下制动臂上安装磁钢。传感器支架用螺栓固定在制动器的上制动臂上。信号传感器安装在支架上,调整传感器位置,使得其感应面正对磁钢,调整好后,将传感器固定。制动器松闸时,磁钢离开传感器感应区域,传感器无输出信号;制动器在制动状态时,传感器感应磁钢并输出信号。电力液压块式制动器动作失效保护装置的安装如图 4-100 所示,液压盘式制动器动作失效保护装置的安装如图 4-101 所示。

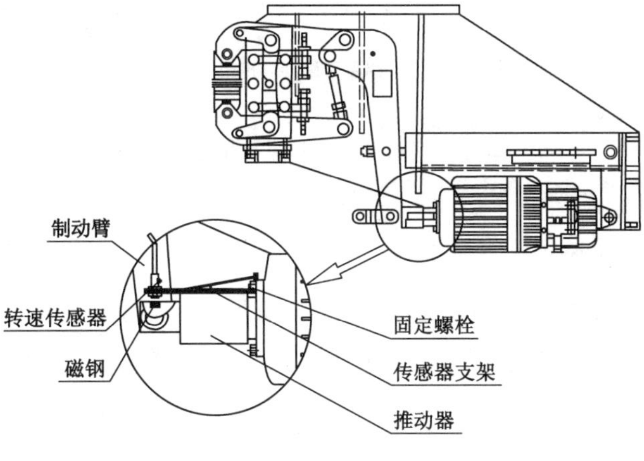

图 4-100 电力液压块式制动器动作失效保护装置的安装

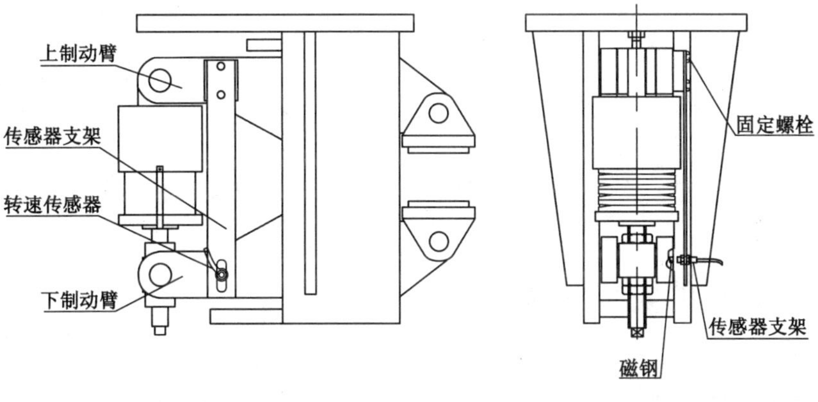

图 4-101 液压盘式制动器动作失效保护装置的安装

4.8.18 电动机温度超限保护装置的安装

电动机温度超限保护装置的安装如图 4-102 所示。将温度传感器探头直接贴附在电动机外壳上,贴附前应清洁附面。温度传感器用螺钉固定在温度传感器固定组件上,固定好后整体用压板和螺栓安装在驱动装置横梁上。

4.8.19 主电动机电压、电流超限保护

电控控制,无须安装。

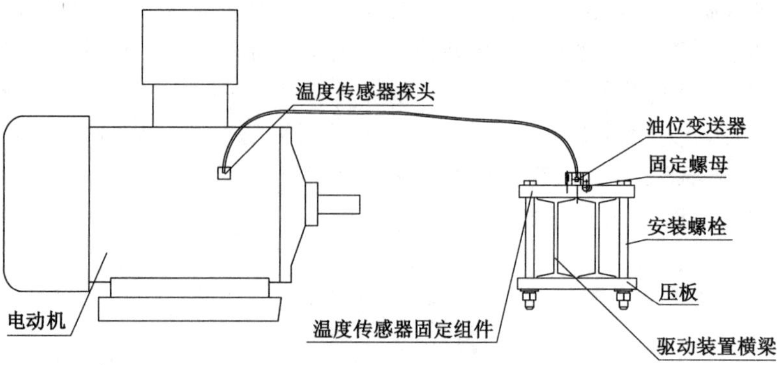

图 4-102　电动机温度超限保护装置的安装

4.8.20　减速器油位过低保护装置安装

减速器油位过低保护装置的安装如图 4-103 所示。将油位传感器接头组件安装在减速器放油口处，油位变送器用螺母固定在油位变送器固定组件上。

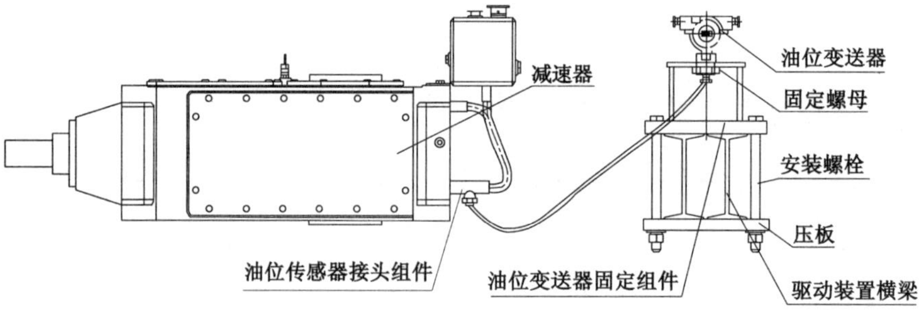

图 4-103　减速器油位过低保护装置的安装

4.9　电控装置的安装与调试

4.9.1　电控装置的安装

4.9.1.1　电控装置安装前的注意事项

(1) 检查自备清单及发货清单，核实电气配件是否齐全。

(2) 检查电气产品在运输途中是否有损伤，开箱检查内部零配件是否完整无损。如有损伤，必须通知设备生产厂家，重新调试，无故障后才可安装。

(3) 检查磁力启动器的型号、规格、参数和功能是否与设计图相符，内部线圈电压选择是否与供电电网电压相符，是否具有有效的安全标志许用证、防爆证和生产许可证。

(4) 详细查看电气安装图、接线图及各种主要电控装置电气原理图。

(5) 对相关安装技术人员进行培训，包括如何识别电气接线图，如何进行电控装置的操作，了解电控装置的具体功能、作用等。

4.9.1.2　设备安装

(1) 电控装置的安装必须在机械部分安装完毕后才能进行。

(2) 根据现场情况确定电控装置和动力供电设备的安装位置，所有设备的接地点都必须与接地极相连。

(3) 电控装置的安装处要防水、防潮且无腐蚀性气体，主控部分(PLC 控制箱、操作台)应安装在驱动装置附近，以保证值守人员在架空乘人装置操作过程中实时观察驱动装置运行情况。

(4) 电控装置和零部件的使用环境相对湿度不大于 95%(+25 ℃)。当湿度超过限值时，应对电气设备和元件进行特殊处理，如加外箱隔离潮湿，并在箱内放置足够量的干燥剂，且一周至少更换一次干燥剂。

(5) 根据现场情况和电气安装图确定各电气保护支架的安装位置，再固定电气设备。

(6) 保护接地。所有带电设备的外壳必须根据《煤矿安全规程》的要求有效接地。

4.9.1.3　设备接线

(1) 各类检测或保护传感器的安装和调整应视现场情况而定。

(2) 根据电气设备接线图，在布线之前将信号电缆里的每根信号线对应接线图进行编号标识，防止错接、反接。

(3) 所有接线操作必须符合《煤矿安全规程》，且由矿方专业电气安装人员严格依据电气安装图、接线图操作。注意必须先接负载或控制线路，最后接供电线路。

4.9.2　电控装置的调试

(1) 安装调试时，必须由生产厂家技术员现场指导，用户不得自行调试或改变配置。

(2) 电控装置的操作人员必须经过相关专业技术培训，否则不能从事架空乘人装置的操作管理工作。

(3) 空载启动运行，检查制动器、减速器、电动机等驱动设备运转的响声是否正常，各种安全保护及信号报警系统是否安全可靠。

(4) 启动运行前先发打点和喊话预警信号，确认架空乘人装置巷道沿线无人施工作业和无其他障碍时，方可开车。

(5) 接收到开车命令后，按照正常启动顺序启动设备，电控装置发出开车预警，提醒准备乘坐的人员，待乘人装置运行平稳后方可乘坐。

(6) 电控功能调试：

① 电控装置基本操控按钮(旋钮)功能见表 4-3。

表 4-3　　电控装置基本操控按钮(旋钮)功能

按钮(旋钮)标识	按钮(旋钮)功能作用
运行/调试	"运行"为设备正常运行的选择；"调试"为设备参数设置的选择
连续/间断/检修	"连续"适用于运量大、长时间的运行方式；"间断"适用于零星人员、短时间的运行方式；"检修"适用于设备需要检修时的运行方式
急停禁启	控制设备紧急停车或禁止启动

续表 4-3

按钮(旋钮)标识	按钮(旋钮)功能作用
开车预警	开车前的预警和语音提示
启动	启动设备运行及启动前的语音告警
停止	正常停车控制
故障复位	解除安全保护的停车闭锁
打点	全巷道打点信号提示
通话	按下才能对讲、喊话

② 根据当前架空乘人装置运行状况,电控装置有三种运行方式可供选择:连续运行方式、间断运行方式和检修运行方式。

a. 连续运行方式:启动运行时,按先"开车预警"后"启动"的启动流程来操作,在驱动电动机(或液压马达)运行前,应有预警音提示告知巷道内的人员——"设备即将启动,注意安全"。在按下"启动"延时几秒后,低速闸先打开,松开对驱动轮的制动,驱动电动机(或液压马达)运行的同时松开高速闸,设备开始正常运行。按下"停止"按钮或有故障输出时,驱动电动机断电的同时高速闸制动,低速闸延时制动。

b. 间断运行方式:设备启动后,"间断剩余时间"开始倒计时,倒计时为 0 时系统停车。

c. 检修运行方式:按住"启动"按钮,设备在无预警提示的情况下直接启动运行,松开则停止运行。

③ 空载启动设备运行或任意触发安全保护,电控装置立即停车闭锁并告警提示,不能再次启动。在复位安全保护后,按"故障复位"按钮,消除故障报警并复位停车闭锁,设备则可以再次启动。

④ 按下"急停禁启"按钮,电控装置发出"急停禁启按下"的告警提示,设备无法启动。按"故障复位"可停止告警提示但仍无法启动设备。复位"急停禁启",设备可再次启动。

⑤ 按"打点"按钮,架空乘人装置机头、机尾发出打点提示音,按"通话"按钮可清晰对讲。

⑥ 监控显示:

a. 设备空载运行,操作台监控界面应有运行速度、减速器温度、运行方式等设备的运行数据及运行状态的显示。

b. 逐一触发安全保护,监控界面应有对应的安全保护项目显示及报警提示。

⑦ 触发下车点检测信号,应有声光提示乘坐者到站下车。

4.10 架空乘人装置的调试

4.10.1 开机调试前的检查事项

(1) 检查电气控制系统接线是否有误。

(2) 检查驱动装置,确认减速器已按要求加注了润滑油。

(3) 检查确认托绳轮、压绳轮的位置是否正确。

(4) 将牵引钢丝绳挂上驱动轮后张紧牵引钢丝绳，牵引钢丝绳的张紧程度以牵引钢丝绳负载时的最大挠度约为 150 mm 时较合适。

(5) 确认张紧重锤高度已调整好，张紧绞车卷绳筒定位螺钉已固定好。

(6) 确认张紧绞车中的减速器已加注了润滑油。

(7) 确认全线路上无影响开机运行的障碍物。

4.10.2 开机调试

4.10.2.1 驱动装置试运行

牵引钢丝绳未安装前，打开工作(高速端)制动器和安全(低速端轮边)制动器，人工盘动驱动轮数圈，无异常情况后再通电启动驱动装置，观察其运转情况。确认驱动装置运行时无明显震动，无异响，减速器温升及壳体表面温度正常。

4.10.2.2 空载试运行

在确认电动机、制动器、减速器、驱动轮、中间托(压)绳轮、悬挂的牵引钢丝绳、迂回轮、尾部张紧机构、电控装置等安装无误且能正常使用，钢丝绳自旋不是很明显，各种安全保护安装齐全有效，即可进行空载试运行。

4.10.2.3 重载试运行

重载试运行时，采取安装沙袋的方法模拟乘坐人员的有效载荷，重载试运行载荷按设计值的 1/2、2/3 和额定有效载荷分级进行。

4.10.3 液压驱动装置的调试

4.10.3.1 调试前的准备

(1) 确认所有连接管道安装正确无误，各个管接头内已配密封圈，管接头螺母已拧紧。

(2) 已按要求加注了合格的液压油(L-HM68 抗磨液压油)。为确保油质，选用塑料小桶装，初次注油量约 140～200 L(含调试前给泵注入的油及马达、管道、液压缸内的存油量)，油箱中油位应在油标中位刻度以上。

(3) 确认减速器内已加满齿轮油(VG220 或 VG320)，应加油至减速器副油箱上油标刻度一半处。

(4) 给主液压泵和马达壳体内注满液压油。

(5) 确认电气接线正确无误。

(6) 双液压泵液压站，调试单台液压泵时，另一台不需工作，自动切换油路块上的两电磁阀不需通电；如果两台泵同时工作，则两电磁阀通电。

4.10.3.2 空载系统调试

(1) 按“电机启动”按钮启动电动机，观察电动机的旋转方向，应与液压泵的旋转方向一致(不许反向旋转)。

(2) 观察补油压力应为正常值(力士乐和萨澳液压泵为 2.5 MPa 左右，林德液压泵为 2.3 MPa 左右)。

(3) 打开液压泵顶部螺堵(因壳体有压力，故不能将螺堵全部旋出，只旋松能排气即可)进行排气。

(4) 检查液压站内各管路接头处不得有渗漏油点。

(5) 开机数分钟后,打开油箱顶部的观察孔,看油面是否有气泡冒出。如有气泡,则说明系统内进入了空气,这时需检查吸油管路的密封性。

(6) 手动接通制动器电磁阀,电磁阀的动作应灵敏可靠,将制动器的开启压力调整到要求的范围之内,高速端制动器开启压力为 2 MPa 左右。液压盘式制动器的开启压力为 8 MPa。不同制动器的开启压力会有所不同。

(7) 按"开车预警"按钮后再按"启动"按钮,观察泵控压力的变化,当马达开始转动时,记下此时的泵控压力值,依据此压力来设定制动器开启的时刻(制动器开启时对应的泵控压力可以偏低一点)。

(8) 当泵控压力达到最大值(力士乐液压泵为 1.8 MPa,林德液压泵为 1.6 MPa)时,马达旋转速度应达到最大。

(9) 调整安全阀,如图 4-104 所示。先将安全阀的开启压力调至最大,牵引钢丝绳以设计的最大速度运行,再调整安全阀的开启压力至牵引钢丝绳运行速度(或泵控压力)开始降低时为止,然后再回调一圈。

(10) 调整压力控制器,如图 4-105 所示。先将压力控制器的控制压力调至最大,牵引钢丝绳以设计的最大速度运行,再调整控制压力,使牵引钢丝绳停止运行(电动机停止运转)时,记下此时的压力值,实际调定的停机压力值略高于此数值,调整方法详见压力控制器的使用说明书。

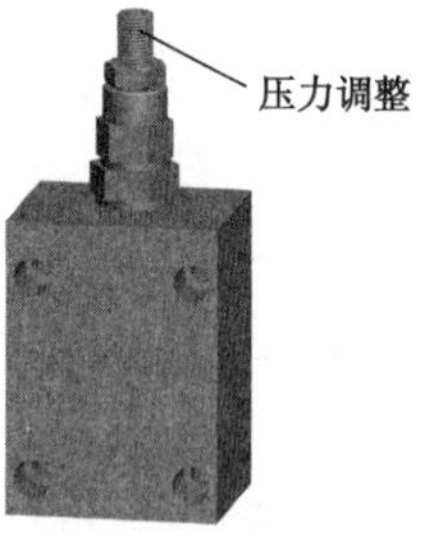

图 4-104　安全阀调整示意图

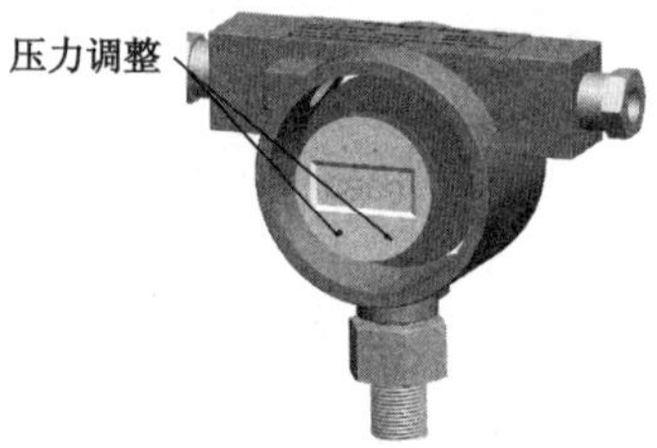

图 4-105　压力控制器调整示意图

(11) 改变液压泵油流的输出方向,让马达反向旋转,观察上述所设参数是否有较大变化。

4.10.3.3　整机试运行

(1) 空载试运行

在确认液压系统、驱动轮、中间托(压)绳轮、牵引钢丝绳、迂回轮、尾部张紧机构、电控装置等安装无误且能正常使用,在消除了牵引钢丝绳内应力后,各种安全保护安装齐全有效,即可进行空载试运行。空载试运行时,应沿线检查是否有掉绳现象,如有掉绳现象应及时进行调整。

若是固定抱索乘人器,则必须按照固定乘人器安装必须遵循的安装程序中规定的方法安装乘人器。

(2) 负载试运行

空载调试完毕后,应让系统至少空载运行 72 h,且在运行过程中注意参数值的变化,待液压系统基本稳定以后,再全线路采用模拟负载进行负载试运行,观察系统的运行情况。

① 观察驱动压力的变化。驱动压力应随负载的变化而变化，负载增大时驱动压力升高。使用高速马达时，允许长期连续工作时的驱动压力为 25 MPa。

② 观察速度是否稳定。牵引钢丝绳的运行速度通过自动控制系统自动调节，速度应恒定在设定的数值。

③ 观察油温是否在允许的温度范围内。油温会随负载的增大而有所升高，但最高温度应在允许的范围内，油箱温度一般在 60 ℃以下，且最高不得超过 70 ℃。

④ 观察液压泵、马达和减速器的声音是否正常。负载增大时，液压泵、马达和减速器的声音会相应增大，但声音应是平稳变化的，靠近操作台操作人员头部位置的噪声值不得超过 85 dB。

5 架空乘人装置的日常维护与保养

架空乘人装置运行一段时间后，各机械连接部分可能会出现松动（特别是新安装的部件）及易损部件磨损严重等现象，因此需要定期对相关部位及相关部件进行检查，发现问题及时处理，对磨损到位的易损件及时更换。每天对易松动部位和易损件进行一次检查，每三个月进行一次全面检查和维修。

5.1 基础及钢架结构

（1）混凝土基础牢固可靠，未出现开裂现象。

（2）钢架结构无扭曲变形，螺栓紧固有效。

5.2 减速器

（1）定期检查减速器齿轮磨损情况，若发现减速器齿轮磨损严重应停止使用，并及时更换。

（2）定期检查减速器的通气器是否畅通，若不畅通，则需将通气器中孔内杂质清理干净，使减速器副油箱内气压与大气压保持一致，否则运行过程中减速器内油温的升高会加快密封圈的老化。

（3）减速器正常运行时，应从油位观察窗看到油位在规定的上、下限范围内，否则应停机更换润滑油（不是添加油），且油位必须在规定的范围内，严禁缺油运行，详见相应减速器的操作维护使用说明书中的规定。

（4）减速器换油要求。在设备初运转 50 h 后换新油一次；长期连续工作的，每隔 2～3 个月换油一次；每天工作时间不超过 8 h 的，可隔 4～6 个月换油一次，每次加油至油标上、下刻线之间。润滑油牌号应符合减速器使用说明书中的规定。

（5）减速器运行时，温升不超过 35 ℃，外壳温度不超过 75 ℃，油温按不同形式的减速器说明书中的规定执行。若运行过程中出现油温突然升高的异常现象，应立即停车检查，并排除故障。

5.3 驱动轮及轴组件

（1）驱动轮轮缘、轮辐条及焊缝无裂纹、变形，键无松动，紧固螺母无松动。

（2）驱动轮转动灵活，无异常晃动和异常声响。

(3) 定期给轴承座中的轴承加注润滑油：要求注油型号为2#钙基润滑脂，加脂量为轴承内容积的三分之二，每运行1个月注油一次；每运行2 500 h(约半年)至少检查一次，若发现润滑脂变质，应及时更换。

(4) 每天开机前检查驱动轮上、下制动面上有无灰尘、油污，若有则需擦拭干净，否则会降低制动器的制动力。

(5) 定期检查驱动轮衬块的磨损情况：当磨损了三分之二时，需更换轮衬，否则会降低摩擦系数，导致牵引钢丝绳在驱动轮上打滑，造成飞车等事故。

(6) 每天开机前检查驱动轮衬块上有无油污等，若有则需擦拭干净，否则同样会降低摩擦系数，导致牵引钢丝绳在驱动轮上打滑，造成飞车等事故。

5.4 制动器

(1) 制动闸杠杆系统动作灵敏可靠，销轴不松晃，不缺油；制动闸瓦表面无油迹，液压系统不漏油。

(2) 工作(高速端)制动器在松闸状态下，闸瓦间隙不大于0.8 mm；制动时，闸瓦与制动轮紧密接触，有效接触面积不小于设计值的60%。

(3) 每天开机前检查工作制动器闸瓦表面是否有油，若有则需擦拭干净，油渍严重时，应及时更换闸瓦，否则会严重影响制动力；检查制动器闸瓦有无断裂现象，磨损余厚不小于3 mm，制动闸瓦表面沟痕深度不大于1.5 mm，沟宽总计不超过闸轮有效宽度的10%，否则需更换闸瓦。

(4) 安全(低速端)制动器在松闸状态下，制动闸瓦与制动盘之间的间隙(即制动退矩)符合制动器说明书要求(1.5～2 mm)，制动时闸瓦与制动盘紧密接触，有效接触面积不小于设计值的85%。

(5) 定期检查安全制动器闸瓦表面是否有油，若有则需擦拭干净，油渍严重时，应及时更换闸瓦，否则会严重影响制动力；检查制动器闸瓦的磨损情况，当磨损余厚只剩原厚度的三分之一时，必须更换。

(6) 定期对制动器进行检查，核查弹簧的工作长度是否与说明书中的要求长度一致，确保工作(高速端)制动器和安全(低速端)制动器制动的有效性，检查内容详见制动器的安装使用说明书。

5.5 托(压)轮装置

(1) 所有的托(压)轮应转动灵活、平稳、不晃动；端盖平面在竖直平面内，不歪斜；牵引钢丝绳在轮衬的绳槽中心。

(2) 轮衬紧密贴合在托轮体上，无脱离现象，轮衬磨损余厚不小于原厚度的三分之一，否则需及时更换。

(3) 托轮吊架安装稳固，无弯曲变形及位置偏移等现象。

(4) 各部件连接螺栓紧固有效，焊缝无开裂现象。

(5) 定期清洗托轮轴承，将原油清除并换上新油；根据使用情况定期加注润滑油，加油时可用油枪压注钙基润滑脂。

(6) 定期检查端盖紧固螺栓或压板螺栓是否松动，如有松动应及时紧固。

5.6 迂回轮及张紧装置

5.6.1 迂回轮组件

(1) 每天开机前检查迂回轮衬块上有无油污等，若有则需擦拭干净。

(2) 定期检查驱动轮衬块的磨损情况：当轮衬磨损了三分之二时需更换，否则衬块将断裂，跌落而损坏轮体。

(3) 迂回轮轮缘、辐条无裂纹、变形，轴不松动，紧固螺母无松动。

(4) 迂回轮转动灵活，无异常晃动和异常响声。

(5) 定期给迂回轮轮芯中的轴承加注润滑油：要求注油型号为 2# 钙基润滑脂，加脂量为轴承内容积的三分之二，每运行 1 个月注油一次；每运行 2 500 h(约半年)至少检查一次，若发现润滑脂变质，应及时更换。

5.6.2 张紧装置

(1) 能够随时灵活调节运载牵引钢丝绳在运行过程中的张力，活动部位转动灵活，不卡轮轴、不歪斜。每天开机前检查张紧绞车钢丝绳卷筒上的止动螺栓是否插牢，若此止动螺栓未插牢，钢丝卷筒会反转，导致张紧钢丝绳松弛、重锤落地，牵引钢丝绳失去张紧力，导致打滑或飞车事故的发生。

(2) 首次运转前，张紧绞车的减速器加油至油标中心点之上，定期检查油况，如没有油应及时加油。

(3) 重锤上、下移动灵活，不卡、不碰支承架，配重安全设施稳固可靠。

(4) 若为液压张紧，则应检查液压站和液压缸是否有渗、漏油现象，张紧保压是否稳定。

(5) 两侧导轨无变形，导轨之间的间距正常，螺栓无松动，迂回轮架距导轨的极限位置不小于 1 m，否则要考虑更换牵引钢丝绳。

(6) 收(扩)绳装置中收绳轮转动灵活，其中的定位轮(无轮衬的钢轮)开始与牵引钢丝绳摩擦时，应及时调整或更换收(扩)绳轮轮衬。

5.7 牵引钢丝绳

(1) 牵引钢丝绳为易损件，应定期检查牵引钢丝绳的断丝、直径变化和锈蚀情况。

(2) 不同的使用环境，牵引钢丝绳的使用期限不同，最长不超过两年。钢丝绳的报废和更换，应当遵守《煤矿安全规程》相关规定执行，具体如下：

① 各种股捻钢丝绳在 1 个捻距内断丝面积与钢丝总断面积之比达 10%时，该牵引钢丝绳必须更换；

② 以钢丝绳公称直径为准计算的直径减小量达 10%时，该牵引钢丝绳必须更换；

③ 使用密封式钢丝绳时，外层钢丝厚度磨损量达到 50%时，该牵引钢丝绳必须更换；

④ 钢丝绳出现变黑、锈皮、点蚀麻坑等损伤时，该牵引钢丝绳必须更换；

⑤ 钢丝绳锈蚀严重，或者点蚀麻坑形成沟纹，或者外层钢丝松动时，不论断丝数多少或者绳径是否变化，必须立即更换牵引钢丝绳。

除此之外，牵引钢丝绳表面有油时，必须采取措施去油。一般采用干水泥灰法去油：让钢丝绳从干水泥灰中通过，水泥灰被钢丝绳表面的油黏住并结块脱落，以达到去油的目的。

5.8 乘人装置

(1) 各部件齐全完整，螺栓紧固有效，无开焊、裂纹或变形。

(2) 抱索器与吊具的锁紧装置齐全、有效，无变形。

(3) 检查确认固定抱索器小推块无磨损变形。

(4) 定期检查固定抱索器的抱紧力，并按固定抱索器的安装要求定期调整抱索器的位置，即每隔一段时间移动抱索器的夹紧位置（向运行方向移动），移动距离不得小于 400 mm。以便缩短抱索器在过驱动轮、迂回轮时对牵引钢丝绳产生的扭曲应力而造成对牵引钢丝绳的疲劳磨损时间，从而延长牵引钢丝绳的使用寿命。

(5) 每天检查摩擦式可摘挂抱索器摩擦衬垫的磨损情况，当衬垫磨损至厚度只剩原厚度的三分之一时，必须更换。每天检查衬垫上是否有油，若有则需擦拭干净。抱索器上的 4 个滚轮必须经常清洗，以保证其滚动的灵活性。

(6) 每天检查卡钳式可摘挂抱索器的磨损情况，当抱爪的厚度磨损至小于 7 mm 时，应及时更换。

5.9 电控装置

(1) 严禁对电控装置的任何部位进行修改或使用其他公司直供的电气设备配件，否则，将会造成设备损坏，影响设备运行。

(2) 电控装置的“检修”挡仅限在专业电气操控人员配合乘人装置检修人员进行设备检修时使用（不能少于 2 人），严禁在“检修”挡时运送非检修人员和非检修物资，否则，将会造成乘人装置损坏和人身安全伤害。

(3) 当发生安全保护项目的故障未排除时，严禁按下“故障复位”按钮，否则，将会造成电控装置损坏和人身安全伤害。

(4) 当 PLC 程序控制失效时，禁止使用磁力启动器直接控制设备启停，否则，将会造成电控装置损坏和人身安全伤害。

(5) 当安全保护不齐全时，禁止启动架空乘人装置，否则，将会造成电控装置损坏和人身安全伤害。

(6) 当电控设备和部件的使用环境相对湿度超过 95%（+25 ℃）时，应对电气设备和元件进行特殊处理，如加外箱隔离潮湿，并在箱内放置足够量的干燥剂，以使电控装置使用环境内的相对湿度不超过 95%，做到一周至少更换一次干燥剂。用户对巷道进行降尘处理时，请勿直接对电气设备喷水或洒水。

(7) 每天检修时间，动作各种保护开关，查看显示界面是否有相应的故障显示，声光信号是否正常，操作按钮动作是否有效，检查系统工作电压是否在 127/380/660 V AC(75%～110%)的范围。月度维护时，检查电控装置易损件是否需要更换，电控装置的接地、防潮、防尘处理是否有效，各种电缆线路是否有破损。

(8) 严禁带电开启电控装置或维修电控装置，且进行装置维修的人员必须是专业电气维修人员，否则，将会造成乘人装置损坏和人身安全伤害。

(9) 操作人员须离开岗位查找故障时，必须按下操作台上的"急停/禁启"按钮，挂上"故障检修，禁止启动"的警示牌，并向上级主管部门报告。当对系统进行全面检修时，必须断开总电源开关，挂上"设备检修，禁止合闸"的警示牌，并派专人监护。

(10) 对于长期未使用的设备，必须经过生产厂家工程技术人员进行全面检查和重新调试合格后，才能重新投入使用。

(11) 电控装置需根据国家规定的煤矿井下架空乘人装置要求定期进行检查，如果发现问题应及时处理，不能让电控设备带故障工作。

5.10 液压系统

5.10.1 每次开机前应进行检查的项目

(1) 有无泄漏油点。

(2) 油箱内液压油油位应在油标中位刻度以上。

(3) 制动或张紧保压应正常，制动或张紧压力无明显降低；若制动或张紧压力偏低，则应先补充制动或张紧压力，再启动乘人装置运行；若制动或张紧压力降低较快，则应检查泄压原因并进行处理。

(4) 可调元件(如液压阀等)是否被人调动过；若发现被人调动过，则必须按原参数重新调整，否则，不得开机运行及乘坐人员。

(5) 液压胶管有无龟裂老化的迹象，若有则必须更换。

(6) 风冷散热器翅片是否需要清洗，若是水冷散热器，则检查水源是否符合要求；若发现散热效果较差时，必须清洗散热器翅片，或更换水冷散热器。

(7) 液压油和过滤器是否需要更换。首次更换泵配过滤器和制动或张紧油路过滤器，以及比例调速阀进油管路中安装的压油过滤器滤芯的时间为运行 200 h，以后每运行 500 h 必须进行更换。首次更换液压油的时间为运行 200 h，以后每运行 1 000 h 左右更换，液压油为 L-HM68 抗磨液压油，严寒地区地面使用时应使用 L-HV46 低温抗磨液压油。严禁使用任何牌号再生油，且两种牌号的液压油不得混用。

(8) 减速器润滑油是否需要更换。应按要求定期更换润滑油。在设备初运转 50 h 后换新油一次；长期连续工作的每隔 2 个月换油一次；每天工作时间不超过 8 h 的可隔 4～6 个月换油一次，每次加油至油箱(或副油箱)油标上、下刻线之间。润滑油牌号为 VG220，每天连续运行 20 h 以上可选用 VG320。

5.10.2 更换液压油的方法和步骤

(1) 换油前准备：液压油 200 L(塑料小桶装)、滤油机、螺丝刀、内六角扳手、活动扳手、绸布、面粉团、需更换的过滤器及滤芯、链条扳手。

（2）打开油箱放油孔，将油箱内的油放净。

（3）打开油箱清洗孔，用绸布（不得用棉纱等容易掉纤维的材料）将油箱内壁擦干净。

（4）用细面粉团将油箱内壁可能残留的细杂屑粘出来。

（5）通过滤油机加油，油位超过吸油过滤器一定高度即可（暂不加满）。

（6）开机运行约 3 min，将管道内的原液压油置换出来。

（7）停机后，再将油箱内的油放出，且按上述方法再次清洁油箱。

（8）更换过滤器或滤芯：

① 更换泵配过滤器：用链条扳手将液压泵上的过滤器取下来，然后安装新过滤器，注意密封圈应完好。

② 更换吸油过滤器和控制油过滤器滤芯：用活动扳手将过滤器的滤芯取出，然后装上相应的滤芯即可，安装时应注意密封良好。

5.10.3　更换减速器润滑油的方法和步骤

（1）换油前准备：润滑油、活动扳手、加油漏斗、柴油、接油桶。

（2）打开减速器下部放油孔和减速器上部加油孔，将减速器内的油放干净。

（3）用柴油将减速器内腔清洗干净。

（4）观察拆下的放油孔螺堵上是否有铁屑粉末，如有，则须用柴油将减速器箱体内清洗干净。有的减速器的放油孔螺堵没有磁性，则螺堵上看不到明显的铁屑粉末。

（5）装上放油孔螺栓，堵住放油孔。

（6）通过减速器上部加油孔加油至油标刻线处。注意：加油时应缓慢加入，注油太快箱体内的空气不易排出，容易出现加油不到位的情况；当减速器出现异常响声时，应立即停止使用并查明原因，修复正常后才能使用。

5.11　调速阀

当液压系统内的杂质进入调速阀内，会造成速度不稳的现象，此时需要清洗或更换调速阀。

5.11.1　清洗调速阀的方法和步骤

（1）清洗前准备：内六角扳手、螺丝刀、活动扳手、万用表、柴油或煤油。

（2）拆卸调速阀。

（3）调速阀的清洗：

① 调速阀的拆解，应注意不要损坏密封圈。

② 仔细观察阀芯锥度表面有无压痕，如果有很明显的压痕，则需要更换；如无压痕，则继续用柴油或煤油清洗其他部件。

③ 清洗调节芯杆：芯杆上的孔道不得有杂屑，上面的密封圈必须完好无损。

④ 清洗阀体。

⑤ 组装调速阀：组装时应注意组装顺序，且不得损坏密封圈。

⑥ 安装调速阀:安装时应确认密封圈完好,紧螺栓时应紧对角,不得从一个方向依次拧紧螺栓。

(4) 调速阀的调整:调速阀清洗后,需进行相应的调整,现场调整应在专业技术人员的指导下进行。

5.11.2 清洗散热器

风冷散热器散热翅片上积灰后,会严重影响散热效果,因此必须定期清洗。清洗时,用专用清洗剂将散热器散热翅片上的积灰清洗干净,或用压缩空气将散热器散热翅片上的积灰吹扫干净。

5.11.3 管接头形式及安装时的注意事项

(1) H 形接头:密封面为 24°锥面,并配有密封圈。

(2) A 形接头:密封面为平面,并配有密封圈。

(3) 安装时应注意:两种接头不得互换安装,密封圈的大小必须与接头大小配套。

5.11.4 使用过程中的注意事项

(1) 停机 4 h 以上时,应先使液压泵空载运转 5 min,再启动马达运转。

(2) 检查液压系统内有无渗漏油点。

(3) 检查液压泵和马达有无异常声音。

(4) 看油管有无振动,若有振动,则必须查明原因,如检查吸油管是否密封不严,是否有空气进入。

(5) 若采用的是水冷方式,则冷却水是否打开,油箱温度是否在规定范围内(油温在 30～70 ℃)。

(6) 液压张紧装置能够随时灵活调节运载牵引钢丝绳在运行过程中的张力,活动部位移动是否灵活。

(7) 每天检查管接头是否有渗、漏油的地方,如有则必须及时处理。

(8) 每天检查液压胶管是否有龟裂老化现象,如有则必须及时更换。

(9) 液压泵、马达和减速器温度是否异常。

6 架空乘人装置常见故障及分析

任何设备在使用过程中，都必须有设备检查和设备修理这两部分工作。架空乘人装置在长时间运行后，避免不了会出现一些故障，本章主要介绍架空乘人装置在使用过程中的常见故障及故障原因分析。

6.1 机械部分常见故障及分析

6.1.1 驱动装置

(1) 电动机温度高(≥75°)

① 电动机输出轴与减速器输入轴不同心。

② 联轴器左、右端面间隙不符合固定值(柱销应为 4 mm，梅花垫为 0)。

③ 电动机风扇叶片损坏。

④ 电动机外壳和风扇罩积尘太厚，散热不好。

⑤ 过载运行。

(2) 减速器温度高(≥75°)

① 电动机输出轴与减速器输入轴不同心。

② 超负荷运载。

③ 润滑油过少或过多。

④ 润滑油型号和牌号不对。

⑤ 油封过度摩擦。

⑥ 输出轴与传动装置连接不当。

⑦ 蜗轮与蜗杆(或齿轮)啮合不良。

⑧ 散热不良。

⑨ 通气器堵塞。

(3) 减速器杂音

① 蜗轮与蜗杆(或齿轮)啮合不良。

② 轴承损伤或间隙过大。

③ 润滑油不足或型号和牌号不对，导致齿轮磨损。

④ 异物侵入。

(4) 减速器不正常振动

① 驱动轮不水平，安装不到位。

② 机架板安装螺栓松动。

③ 蜗轮(或齿轮)磨耗或损伤。

④ 轴承磨耗或损伤。

⑤ 减速器安装螺栓松脱。

⑥ 异物侵入。

(5) 减速器漏油

① 电动机输出轴与减速器输入轴不同心。

② 油封损伤。

③ 密封垫破损。

④ 油量过多。

⑤ 油塞松脱。

(6) 减速器磨损加快

① 超负荷运载。

② 润滑油型号和牌号不对。

③ 润滑油不足。

④ 轴承磨损。

⑤ 运转温度过高。

(7) 工作(高速)制动器制动力不够

① 制动器闸瓦与制动轮间隙过大。

② 制动器闸瓦磨损严重。

③ 制动器弹簧失效。

④ 推动器不工作。

⑤ 制动轮表面有油渍。

⑥ 推动器没有补偿行程。

(8) 液压系统常见故障及分析

① 无补泵压力或补泵压力偏低。

a. 油箱内无油或油位太低。

b. 电动机反转。

c. 补油泵的压力设置偏低。

d. 补油泵损坏。

② 启动电动机时,补油压力正常,启动液压泵工作后随着负载的增加,补油压力降低很多,驱动压力不能随负载增加而增加,即驱动力不够。

a. 液压泵磨损,内泄漏较大。

b. 马达磨损,内泄漏大。

③ 速度达不到设定值。

a. 补泵压力偏低。

b. 安全阀调定的压力低。

c. 调速阀内有杂质被卡。

d. 手动与自动切换阀内有杂质被卡。

e. 电流放大器输出电流小。

④ 速度不稳定，时快时慢。

a. 电流放大器输出不稳定，可更换电流放大器。

b. 调速阀内有杂质。

c. 安全阀不稳定。

⑤ 液压泵噪声大，管路振动厉害。

a. 系统进空气。

b. 过滤器堵塞。

⑥ 按“电动机启动”按钮而未按“启动”按钮，泵控压力上升。

比例阀阀芯被卡死，需要及时更换比例阀。

⑦ 按“停止”按钮后，停不了车，必须按“急停/禁启”按钮才能停车。

a. “停止”按钮损坏或接线不良，需检查接线端子或更换按钮。

b. 比例阀被卡，导致比例阀断电后不能回位。

⑧ 轮边制动器突然制动。

a. 制动压力保压回路保压效果差，补压压力点设置太低，需检查保压回路，重新设置补压压力。

b. 电磁阀接线不良，突然断电，需检查接线。

c. 胶管爆裂。

⑨ 按“启动”按钮后，驱动压力很高，液压泵很响，但马达不转。

a. 高速制动器未打开。

b. 低速制动器未打开。

c. 高速制动器油管和马达泄油管接反。

⑩ 轮边制动器不保压，电动机频繁启动，频繁补压。

a. 溢流阀设定压力太低。

b. 电磁阀卡在泄压的位置。

c. 蓄能器氮气压力偏低。

d. 单向阀磨损严重，泄漏大。

6.1.2 托(压)绳装置

掉绳的原因及分析：

(1) 托绳轮和压绳轮中心不在牵引钢丝绳的运行轨迹上，即架空乘人装置中心不对。

(2) 所有托轮的轴安装不水平，造成轮衬倾斜。

(3) 压轮不够。

(4) 牵引钢丝绳空转不够 72 h，自旋没有消除。

(5) 驱动轮衬块磨损严重，造成飞车或打滑而掉绳。

(6) 主机启动和运行时不平稳。

(7) 乘人不按规定乘坐。

(8) 驱动轮和迂回轮不水平。

(9) 牵引钢丝绳张紧不够而挠度大(张紧重量不够或重锤落地)。

6.1.3 迂回轮装置

(1) 迂回轮上的钢丝绳容易往下掉:牵引钢丝绳不在轮槽中心,机尾部托绳轮离迂回轮距离太长,可在迂回轮的出、入绳口处加一组托(压)轮。

(2) 滚轮无法在导轨内自由滚动,钢丝绳无法正常张紧,导致容易掉绳。检查两导轨的间距是否符合设计要求,若不符合,则调节两导轨间距达到设计距离;清理导轨内有可能影响滚轮移动的杂物,保证滚轮在导轨内滚动灵活。

6.1.4 张紧装置

(1) 转动手轮时,张紧卷筒无动作。

张紧绞车减速器齿轮损坏,可更换减速器。

(2) 张紧卷筒上无钢丝绳缠绕或钢丝绳缠绕很松。

卷筒止动螺栓断裂,可更换卷筒止动螺栓。

6.1.5 牵引钢丝绳

钢丝绳断丝的原因及分析:

(1) 驱动轮和尾轮直径小于钢丝绳直径的 60 倍。

(2) 钢丝绳使用时间太长。

(3) 线路负荷太大。

(4) 钢丝绳在变坡点、收绳处或转弯处绳轮组上的折角过大。

(5) 固定抱索器夹持钢丝绳的夹持力过大

(6) 固定抱索器长期夹持在钢丝绳的同一个位置,没按规定移位。

(7) 抱索器钳口两端未倒圆角。

6.1.6 乘人装置

(1) 抱索器打滑。

(2) 抱索器抱紧力不够。

(3) 抱索器损坏。

(4) 钢丝绳过度张紧。

6.2 安全保护装置常见故障及分析

(1) 打滑(欠速)保护动作

① 牵引钢丝绳张紧力太小,牵引钢丝绳与驱动轮之间打滑。

② 速度检测信号托轮或驱动轮衬块磨损,摩擦力不够。

③ 超负荷运行。

④ 安全(低速端轮边)制动器不能有效制动。

⑤ 牵引钢丝绳表面油脂太多。

⑥ 速度检测信号轮没有贴紧牵引钢丝绳。

⑦ 速度检测轮上的感应磁钢脱落。

⑧ 速度检测传感器探头偏离磁钢,距离磁钢过近或过远。

⑨ 速度检测传感器与控制箱的接线断开。

⑩ 速度检测传感器损坏。

⑪ 控制箱内部速度检测回路接线断开。

(2) 飞车(过速)保护动作

① 驱动轮衬块磨损,摩擦力不够。

② 牵引钢丝绳张紧力不够。

③ 超负荷运行。

④ 减速器齿轮损坏。

⑤ 安全(低速端轮边)制动器不能有效制动。

⑥ 牵引钢丝绳表面油脂太多。

(3) 机头、机尾越位保护动作

① 乘人在规定下车点未下车,越过了越位保护点。

② 保护开关与控制箱的连接导线短路。

③ 保护开关触动后不复位。

④ 保护开关安装位置不合理,容易引起保护误动作。

(4) 变坡点掉绳停车保护动作

① 牵引钢丝绳从托轮上脱落,触动变坡点掉绳开关动作。

② 保护开关与控制箱的连接导线短路。

③ 保护开关触动后不回位。

④ 保护开关安装位置不合理,容易引起保护误动作。

(5) 沿线紧急停车保护动作

① 乘人拉动急停拉线,使急停保护动作。

② 保护开关与控制箱的连接导线短路。

③ 保护开关动作不复位。

(6) 重锤下限位保护动作

① 重锤触及下限位保护开关。

② 保护开关与控制箱的连接导线短路。

③ 保护开关动作后不复位。

④ 保护开关安装位置不合理,容易引起保护误动作。

(7) 工作制动器动作失效保护

① 工作制动器故障。

② 工作制动器未调节至适合位置。

③ 控制工作制动器动作的磁力启动器不能正常工作。

④ 控制工作制动器动作的磁力启动器故障。

⑤ 保护开关或传感器故障。

⑥ 保护开关或传感器与控制箱的连接线短路。

⑦ 保护开关或传感器安装位置不合理,容易引起保护误动作。

(8) 减速器油温过高保护

① 减速器发热,具体见 6.1.1 中相关内容。

② 减速器油温保护值设置过低。

③ 减速器油温检测传感器故障。

④ 控制箱内减速器油温检测模块故障。

7 架空乘人装置常用配件和易损件

序号	名称	安装部位	使用寿命	示意图
1	驱动轮轮衬	驱动轮	轮衬磨损了原厚度的三分之二时更换	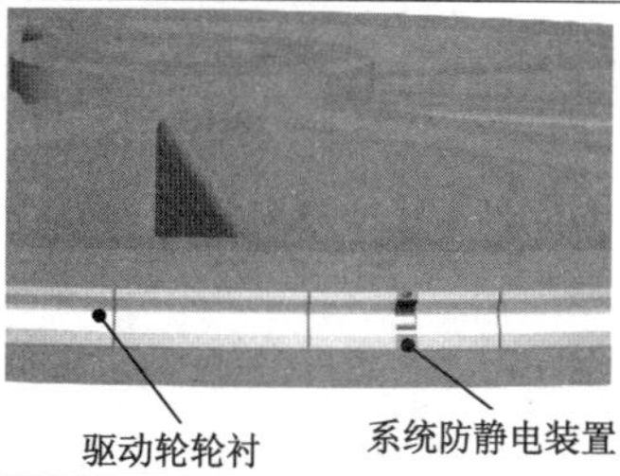
2	系统防静电装置		防静电块磨损了原厚度的三分之二时更换	
3	制动瓦	高速端制动器	磨损到只剩 3 mm，表面沟痕深度达到 1.5 mm 或沟宽总计超过闸瓦有效宽度的 10%时更换	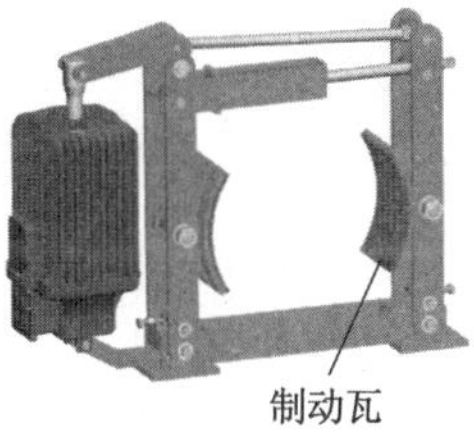
4	刹车片	轮边制动器	磨损到只剩原厚度的三分之一，且不小于 5 mm 时更换	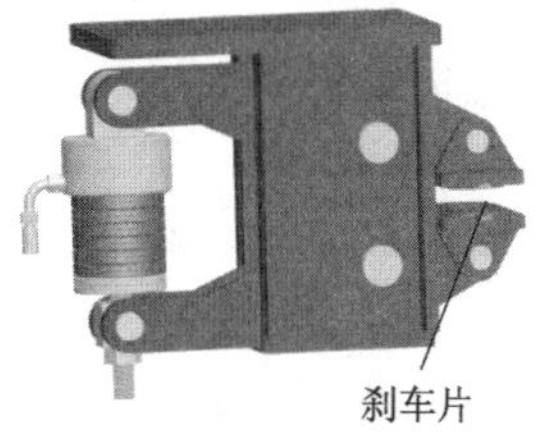
5	托轮体	托轮	视使用情况定	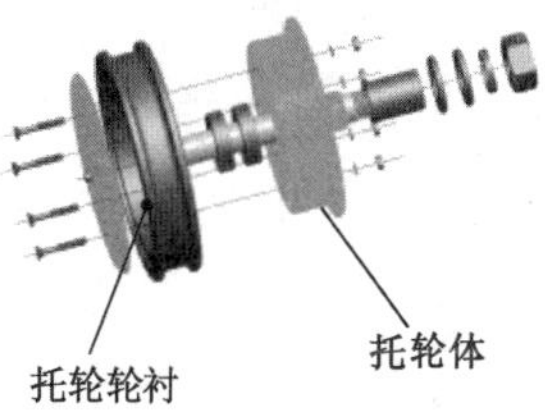
6	托轮轮衬		轮衬磨损了原厚度的三分之二时更换	

续表

<table>
<tr><th>序号</th><th>名称</th><th>安装部位</th><th>使用寿命</th><th>示意图</th></tr>
<tr><td>7</td><td>固定抱索器</td><td rowspan="5">固定抱索器</td><td>视使用情况定</td><td rowspan="5">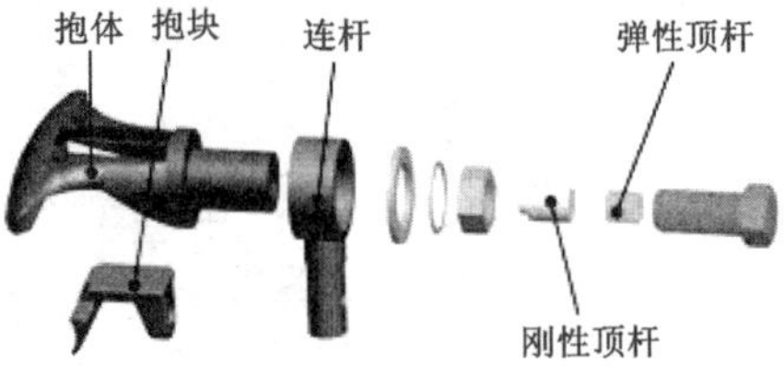</td></tr>
<tr><td>8</td><td>碟簧</td><td>视使用情况定</td></tr>
<tr><td>9</td><td>弹性顶杆</td><td>视使用情况定</td></tr>
<tr><td>10</td><td>刚性顶杆</td><td>视使用情况定</td></tr>
<tr><td>11</td><td>抱块</td><td>视使用情况定</td></tr>
<tr><td>12</td><td>卡钳式可摘挂抱索器</td><td></td><td>1. 抱爪厚度一般磨损到 7 mm 时应及时更换；
2. 卡钳接头与吊具的配合间隙一般大于 1 mm 时需更换抱索器</td><td>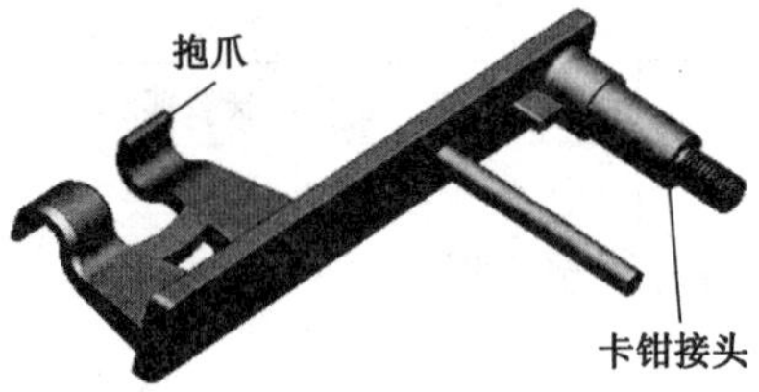</td></tr>
<tr><td>13</td><td>摩擦式可摘挂抱索器</td><td rowspan="2">摩擦式可摘挂抱索器</td><td>视使用情况定</td><td rowspan="2">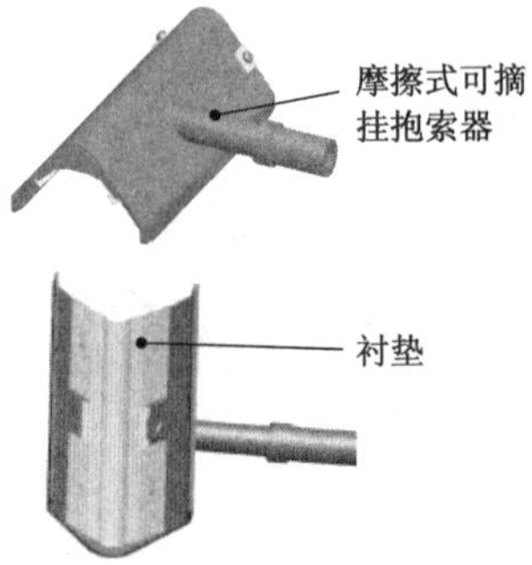</td></tr>
<tr><td>14</td><td>衬垫</td><td>磨损了原厚度的三分之二时需更换</td></tr>
<tr><td>15</td><td>迂回轮轮衬</td><td>迂回轮组件</td><td>磨损了原厚度的三分之二时需更换</td><td>同驱动轮轮衬</td></tr>
<tr><td>16</td><td>各类检测传感器</td><td></td><td></td><td></td></tr>
</table>

8　架空乘人装置新技术

随着架空乘人装置在煤矿及非煤矿山的广泛应用，架空乘人装置已经成为矿山人员运输的主要交通工具，用户对架空乘人装置的要求也越来越高。经过最近几年的发展，架空乘人装置在新技术上有了一定的发展，本章主要对架空乘人装置中的新技术作简要介绍。

8.1　新型液压驱动装置

新型液压驱动装置(液压马达配锥齿轮-斜齿轮减速器)，是通过液压站带动马达转动，马达与锥齿轮-斜齿轮减速器通过带有制动盘的联轴器连接，联轴器上安装工作制动器，驱动轴组件连接锥齿轮-斜齿轮减速器和驱动轮，驱动轮上安装轮边液压盘式制动器。

与原有液压驱动装置相比，锥齿轮-斜齿轮减速器内腔容积大，散热效果好，同时制动器与减速器分体安装，制动器打开后不存在因摩擦而造成的升温等现象，解决了制动器、减速器发热严重的问题，使液压驱动装置能在高温、散热条件差的巷道中连续长时间运行，也提高了煤矿架空乘人装置的安全性和适用性。

与原纯机械驱动装置比较，新驱动装置采用液压马达驱动代替电动机驱动，一方面能实现无级调速且速度调节范围广，另一方面液压站中电动机能空载启动，对电网无冲击。

新液压驱动装置主要由液压站 1、机架 2、锥齿轮-斜齿轮减速器 3、高速端制动器 4、驱动轮 5、低速端轮边制动器 6、液压马达 7 等组成，如图 8-1 所示。

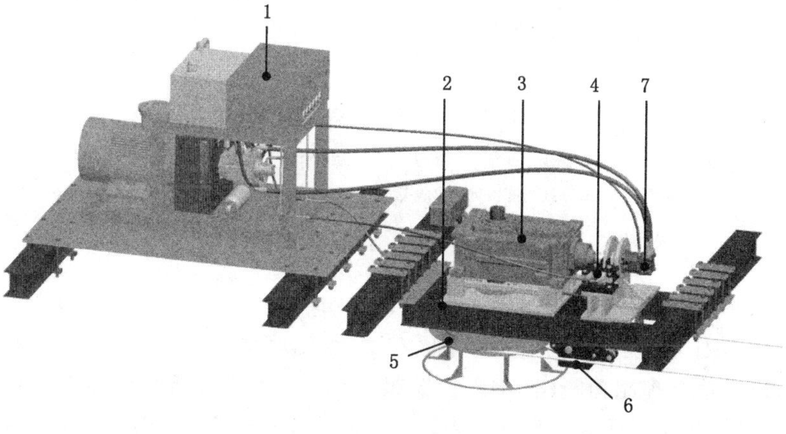

图 8-1　新液压驱动装置

1——液压站；2——机架；3——锥齿轮-斜齿轮减速器；4——高速端制动器；5——驱动轮；6——低速端轮边制动器；7——液压马达

8.2 钢丝绳制动装置

8.2.1 应用背景

根据《煤矿用架空乘人装置安全检验规范》(AQ 1038—2007)的规定,架空乘人装置应安装一级制动——工作(高速端)制动、二级制动——安全(低速端轮边)制动。但如果当牵引钢丝绳与驱动轮之间打滑、飞车时,即使一、二级制动在制动有效的情况下起到了制动作用,却依然存在打滑、飞车的安全隐患。为了消除上述安全隐患,必须对牵引钢丝绳进行有效的直接制动。即安装架空乘人装置的第三级制动。目前,地面电梯、井下罐笼等乘人装备均有三级制动装置以确保乘人安全。

8.2.2 特点

(1) 直接制动牵引钢丝绳,可防止飞车事故发生。

(2) 结构简单,动作灵敏,安全有效,操作方便。

8.2.3 分类

钢丝绳制动装置根据结构形式及工作原理不同,可分为斜楔式和直压式两种。其中,直压式钢丝绳制动装置的动力源又分为直压气动式和直压液压式。

8.2.3.1 斜楔式钢丝绳制动装置

(1) 结构形式(图 8-2)

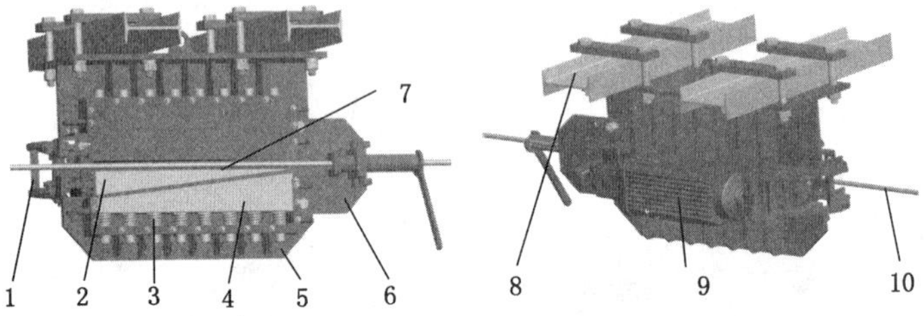

图 8-2 斜楔式钢丝绳制动装置

1——推板组;2——活动斜楔;3——弹簧;4——斜楔;5——固定座轨道;6——楔块复位组;7——夹绳板;8——工字钢;9——隔爆型电力液压推动器;10——牵引钢丝绳

(2) 工作原理

钢丝绳制动装置是安装在架空乘人装置驱动轮出、入绳口处。当牵引钢丝绳正常运行时,活动斜楔不动作;当速度传感器检测到牵引钢丝绳严重超速(一般设定为超过正常运行速度的 30%)时,信号控制箱输出信号,控制推动器动作,推动器通过推板组推动活动斜楔夹住牵引钢丝绳;当活动斜楔上的摩擦块接触到牵引钢丝绳时,牵引钢丝绳就带着活动斜楔一起向牵引钢丝绳的运动方向移动,使活动斜楔对牵引钢丝绳的夹紧力越来越大,直到牵引钢丝绳完全被制动,制动有效率为 100%。

(3) 基本参数

① 最大制动力:150 kN。

② 系统工作电压:380/660 V 或 660/1 140 V。

斜楔式钢丝绳制动装置适用于活动抱索器和可摘挂抱索器的架空乘人装置,不能用于固定抱索器架空乘人装置。

8.2.3.2 直压式钢丝绳制动装置

(1) 结构形式(图 8-3)

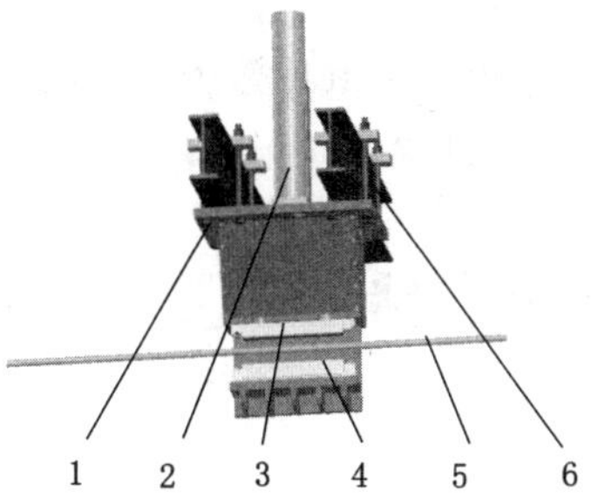

图 8-3 直压式钢丝绳制动装置

1——主机架;2——气缸或油缸;3——上制动条;4——下制动条;5——牵引钢丝绳;6——安装横梁

(2) 工作原理

钢丝绳制动器一般安装在架空乘人装置驱动轮出、入绳口处牵引钢丝绳的上方,牵引钢丝绳夹在钢丝绳制动器的上、下制动块之间,在牵引钢丝绳正常运行时,上、下制动块不动作,在速度传感器检测到牵引钢丝绳运行速度超速(一般设定为超过正常运行速度的 30%)时,信号控制箱输出信号,控制电磁阀动作,从而实现对增压气缸或液压缸动作的控制,通过滑杆推动上制动条,上、下制动块夹住牵引钢丝绳实现对牵引钢丝绳的制动。

直液式制动装置分气动式和液动式两种。

(3) 基本参数

① 额定制动力:50 kN。

② 额定工作压力:0.6 MPa(气动式)。

③ 额定工作压力:10 MPa(液动式)。

8.3 换油提醒

在矿井辅助运输设备的使用过程中,减速器如未按规定时间更换润滑油,会因油的运动黏度降低而导致减速器齿轮磨损加快,严重时可能引发飞车伤人事故,譬如山东某矿架空乘人装置事故就是因为减速器齿轮磨光而导致的。

“换油提醒功能”有效地解决了此问题,通过在电控装置中设定减速器换油时间,并进行语音提醒和文字提示,减速器在已到设定换油时间而未换油时,系统会自动停车闭锁。

8.4 强制例行检查

目前矿井辅助运输设备的日常管理中，检修环节往往随意性很大，无法做到对架空乘人装置进行系统的、有目标性的排查；而矿井辅助运输设备的主要运行设备（如减速器）在持续运行过程中会产生损耗，如果不及时进行检查，发现安全隐患，可能会导致生产事故，威胁着生产人员的人身安全。

电控装置中增加“强制例行检查”的功能，为用户提供详细的检修排查项目的同时，实现了设备强制性停车待检的目的。用户根据电控装置设定的矿井辅助运输设备日常检查项目逐一进行检查，确认所有待检修的项目符合使用要求后，方能正常启动设备。

8.5 黑匣子——运行数据存储记录仪

8.5.1 功能

随着煤矿自动化控制的需求日益增加，越来越多的自动化控制设备在矿山得到使用。自动化控制设备在给矿山企业带来管理便利的同时，也为煤矿事故的发生埋下了安全隐患，近年来由于设备原因导致的煤矿事故在逐年增多，事故发生后，设备往往损坏，而设备故障的原因却无从查找。

运行数据存储记录仪在矿山控制设备中的应用很好地解决了这个问题。一方面因其拥有大容量的数据存储功能，可存储记录设备 30 天的运行信息、安全保护信息和操作控制信息，记录的信息只有读取功能，无法人为更改或删除，保证了数据的有效性、真实性和实时性，一旦出现因设备故障导致的事故，整个事故发生时的设备运行参数就能从中找出，从而找到事故产生的真正原因。另一方面在遭受不可抗拒的外界灾害时，该设备不易被损坏。因而运行数据存储记录仪又被称为“黑匣子”。

8.5.2 性能特点

（1）通过最有效、最真实的运行信息记录，有助于提高设备的运行管理水平，达到全方位监控设备运行状态的目的。

（2）通过实时对操作控制信号和安全保护信息的记录，便于故障隐患的及时消除以及进行有效地分析事故原因。

8.6 钢丝绳实时监控保护

8.6.1 应用背景

随着架空乘人装置在煤矿中越来越广泛的应用，其安全状态也得到越来越多煤矿用户的关注。

作为架空乘人装置关键设备的牵引钢丝绳，潮湿的巷道环境很容易引起牵引钢丝绳表面锈蚀，同时设备长期运行，很容易出现牵引钢丝绳因为过度疲劳、磨损而发生断丝的现象，牵引钢丝绳断丝达到一定程度若没有及时更换，将会造成架空乘人装置设备损坏和人身伤害，架空乘人装置牵引钢丝绳实时监控保护装置的成功研发应用彻底解决了这个问题。

架空乘人装置牵引钢丝绳实时监控保护装置可以实时监测牵引钢丝绳的断丝情况。一方面从根本上杜绝因为牵引钢丝绳磨损断丝引起的事故隐患，确保架空乘人装置的安全运行。另一方面及时发现断丝现象，从而可以对牵引钢丝绳进行有效维护，科学延长牵引钢丝绳的使用寿命，延长换绳时间，降低运行成本。

架空乘人装置牵引钢丝绳实时监控保护装置代替人工检查牵引钢丝绳的工作，提高了牵引钢丝绳检测的工作效率，降低了人工检测牵引钢丝绳的劳动强度。

8.6.2 系统组成

钢丝绳实时监控保护装置由矿用本安型钢丝绳探伤用传感器、磁加载装置、矿用隔爆兼本安型分站、矿用隔爆型编码器、矿用隔爆型 PLC 控制箱及矿用本安型操作台组成。

8.6.3 功能

钢丝绳实时监控保护装置在线实时监测架空乘人装置牵引钢丝绳磨损、断丝情况，并根据牵引钢丝绳磨损、断丝的情况进行语音报警提示，同时在操作台上显示牵引钢丝绳磨损、断丝的位置以及损伤程度。

(1) 当牵引钢丝绳断丝达 3%时，控制系统发出警报和“钢丝绳断丝达已 3%，请准备更换的钢丝绳”的语音提示。

(2) 当牵引钢丝绳断丝达 6%时，控制系统发出警报和“钢丝绳断丝已达 6%，请确认更换的钢丝绳已准备好”的语音提示。

(3) 当牵引钢丝绳断丝达 10%时，控制系统发出警报和“钢丝绳断丝已达 10%，请更换钢丝绳”的语音提示，且架空乘人装置停止运行，只有在更换了新牵引钢丝绳后才能启动运行。

8.7 轮衬磨损检测

8.7.1 功能

轮衬磨损检测装置应用于煤矿架空乘人装置驱动轮、托绳轮装置等轮衬磨损检测，防止轮衬磨损过度而引起牵引钢丝绳打滑、掉绳等事故发生，从而降低乘人和设备的运行风险。

8.7.2 组成及工作原理

轮衬磨损检测装置采用高频数据通信技术和射频无线通信技术进行研发，轮衬磨损检测装置分为两个部分：无线信号发射器和无线信号接收器，二者安装距离应小于 5 m，无线信号发射器安装在轮衬内部。

当驱动轮或托轮高速运转，轮衬磨损至余厚的三分之二时，轮衬内的无线信号发射器触发针裸露部分与牵引钢丝绳接触，发出无线信号。轮衬磨损检测用无线信号接收器接收到无线信号后进行解码处理，输出节点信号，信号通过转换后传输到 PLC 控制箱，电控装置进行语音预警“驱动轮轮衬磨损已达三分之一,设备即将停止运行,请准备需要更换的轮衬”,提醒设备管理人员需要对轮衬进行更换;当轮衬磨损至余厚度的三分之一时,电控装置进行语音报警“驱动轮轮衬磨损已达极限,请及时更换轮衬”,保护停车动作。

8.8 制动力在线检测

目前,架空乘人装置配用的一般都是内置碟簧的轮边制动器,而轮边制动器的制动性能对架空乘人装置的安全可靠运行起着决定性作用,在制动半径、摩擦系数等条件参数一定的条件下,轮边制动器的制动正压力是决定制动器制动性能的一个关键性指标。

制动力在线检测装置能实时检测轮边制动器制动正压力,实现对轮边制动器制动性能的检测和保护,确保了人员的生命安全。

8.9 减速器润滑油循环冷却装置

随着架空乘人装置的进一步发展及TPS减速器在架空乘人装置中存在的弊端越来越明显,且给矿工人身安全带来很大的威胁,TPS减速器已被市场所淘汰。但目前市场上还有至少上千台配置TPS减速器的架空乘人装置在运行。

针对蜗轮-蜗杆(TPS型)减速器在使用过程中的温升过高,或因缺油、少油使润滑效果不良,从而引起蜗轮磨损严重的现象,可以给TPS减速器增加润滑油循环冷却装置。

8.9.1 减速器润滑油循环冷却装置的作用

减速器润滑油循环冷却装置如图8-4(a)所示。其具体的作用有:

(1) 散热作用

润滑油通过腔外循环,将油中的热量散发到空气中,从而达到降低油温的目的;同时油温降低又可延缓密封件的老化,防止减速器漏油。

(2) 强制润滑作用

润滑油从减速器的底部出油口出油,通过冷却器,再由减速器的顶部观察口进入,将润

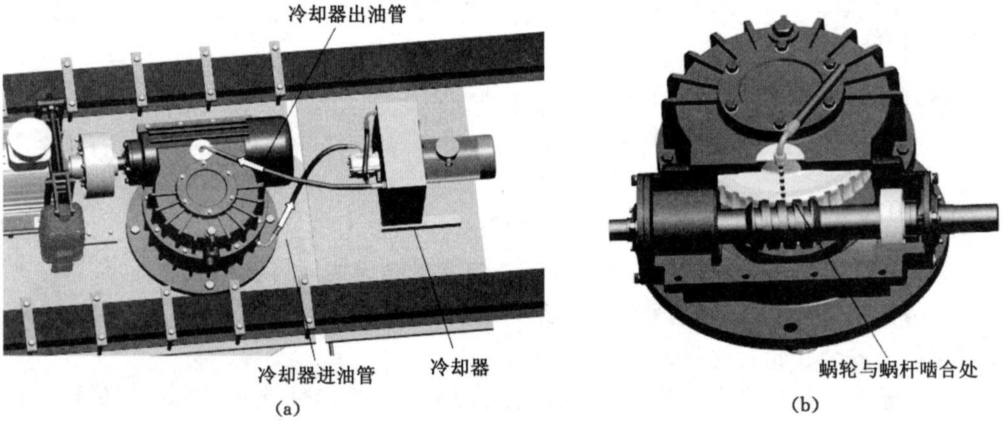

图8-4 减速器润滑油循环冷却装置

滑油喷洒到蜗轮与蜗杆的啮合处[图 8-4(b)]，从而达到强制润滑效果。这样可以防止润滑油不足时，因润滑不良而使蜗轮、蜗杆干磨，导致蜗轮、蜗杆严重磨损的现象发生，确保了设备运行的安全性和可靠性。

8.9.2　事故照片

（1）山东省某煤矿“猴车”事故照片（图 8-5）

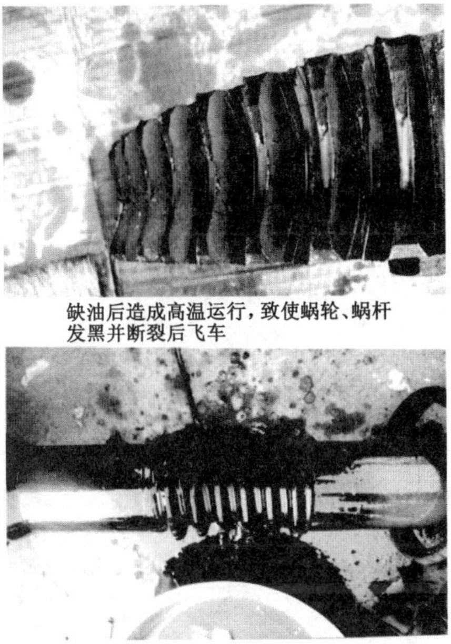

图 8-5　山东省某煤矿“猴车”事故照片

（2）山西省某煤矿“猴车”事故照片（图 8-6）

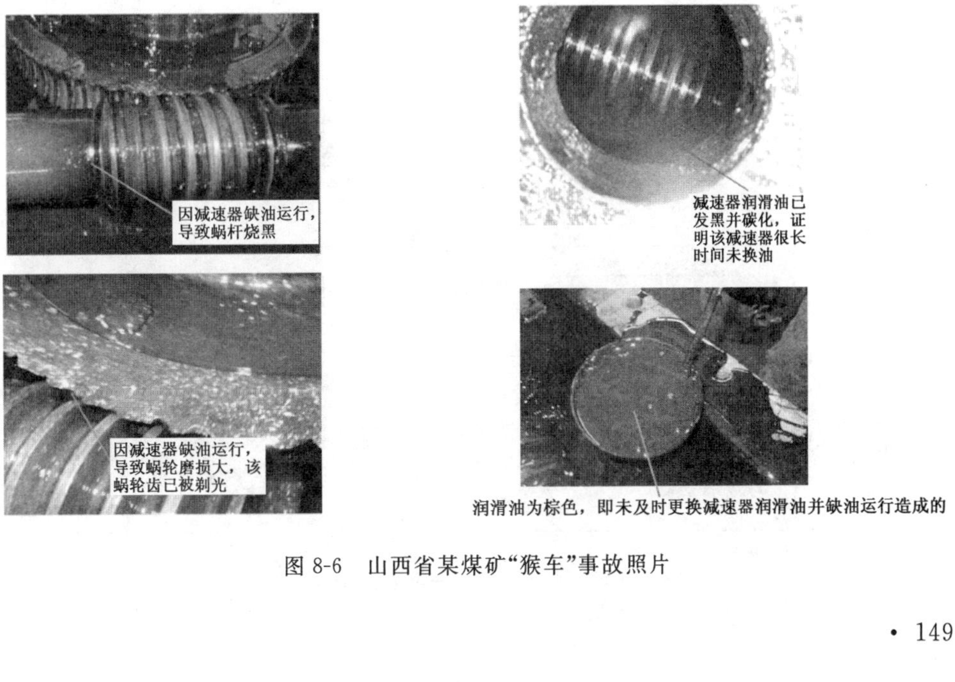

图 8-6　山西省某煤矿“猴车”事故照片

8.10 架空乘人装置物联网监测系统

8.10.1 系统概述

本系统为集架空乘人装置生产、运营、管理和多传感信息融合控制的监测与故障诊断分析的云服务物联网监测系统。为保障架空乘人装置的安全运行，提供监控预警预报、预知维护管理、制造企业和用户信息平台共享等服务。此系统极大提高了架空乘人装置的动态管理效率，真正做到工业化和信息化的“两化融合”。

8.10.2 系统运用的技术

系统运用的主要技术有：多传感的信息融合技术、云架构的服务技术、云计算的融合控制技术、多层次异构网络协议的接口技术、无线通信技术及数据分析和数据挖掘。

8.10.3 系统架构

架空乘人装置物联网监测系统架构如图 8-7 所示。

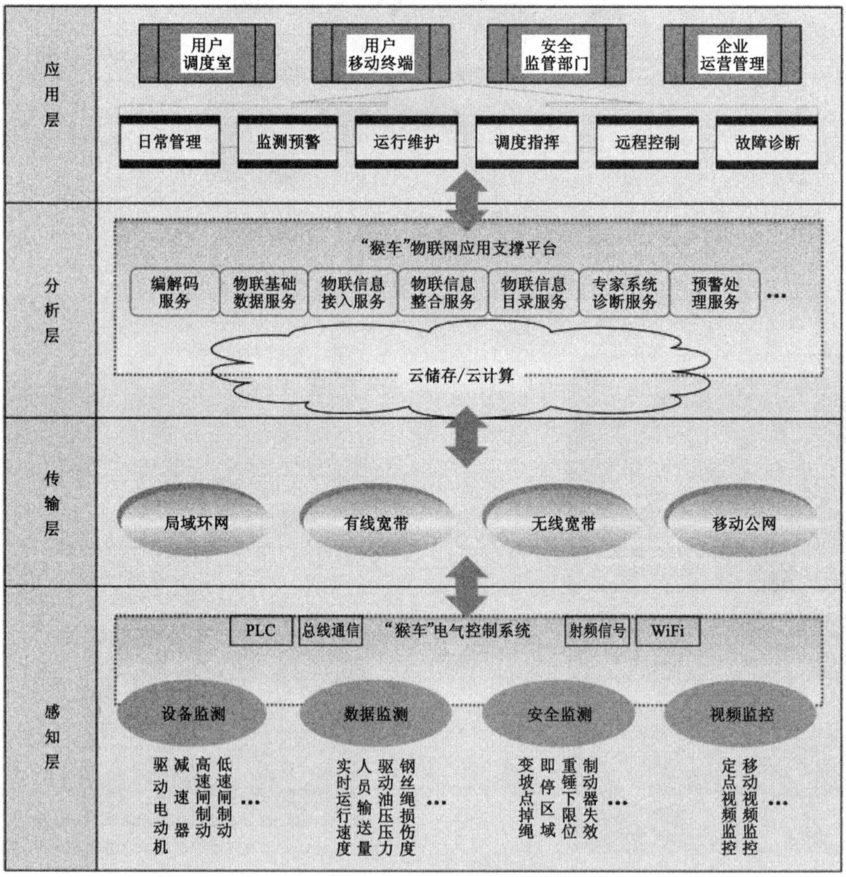

图 8-7 架空乘人装置物联网监测系统架构图

8.11　绳牵引轨道式架空乘人装置

8.11.1　应用背景

架空乘人装置是目前煤矿井下通用或必备的乘人运输设备，传统的架空乘人装置一般采用牵引钢丝绳承载乘人的重量，即牵引钢丝绳同时承担牵引和承重的功能。在运行过程中容易发生掉绳、飞车等现象，存在较严重的安全隐患。

8.11.2　优点

(1) 不掉绳

由于牵引钢丝绳不承载负载，负载由轨道承担，因而不会发生乘人器掉落的情况。同时由于抱索器的特殊结构，使得牵引钢丝绳不会从抱索器中掉出，即不可能发生掉绳的现象，这是与传统“架空乘人装置”相比最大的优点，从根本上消除了安全隐患。

(2) 不飞车

抱索器的特殊结构，决定了牵引钢丝绳不会从抱索器中脱落而发生飞车现象。即使牵引钢丝绳断裂，挡椅装置也会及时挡住乘人器在轨道上快速滑动。

(3) 无托绳轮和压绳轮

由于系统中的变坡点和平段无托(压)绳轮，故系统运行时阻力很小，运行更加平稳、顺畅。

(4) 巷道适应性强

① 可以适应多转弯、同向弯、S形弯的复杂巷道；

② 能适应大于等于25°的大坡度、多变坡的巷道运行。

(5) 抱索器类别单一

用统一的固定抱索器，即可取代传统架空乘人装置的固定抱索器、可摘挂抱索器。

(6) 大运量

可以实现1 500人/h大运量的运输巷道。

8.11.3　原理

将牵引钢丝绳安装在驱动轮、抱索器(装在抱轨装置上)、迂回轮上，并经张紧装置拉紧后，由驱动装置输出动力带动牵引钢丝绳做无极循环运行，乘人器由吊椅、抱索器、抱轨装置组成。在牵引钢丝绳的牵引下，抱轨装置在轨道上运行，带动乘人上行或下行，从而实现输送矿工的目的。其中，牵引钢丝绳通过尾部张紧装置张紧后，保持一定的恒张力。

在系统运行过程中，牵引钢丝绳只起牵引作用，抱轨装置起承重作用，如图8-8所示。

8.11.4　组成

8.11.4.1　驱动装置

驱动装置的组成部分及结构原理与传统的架空乘人装置的驱动装置相同，如图8-9所示。

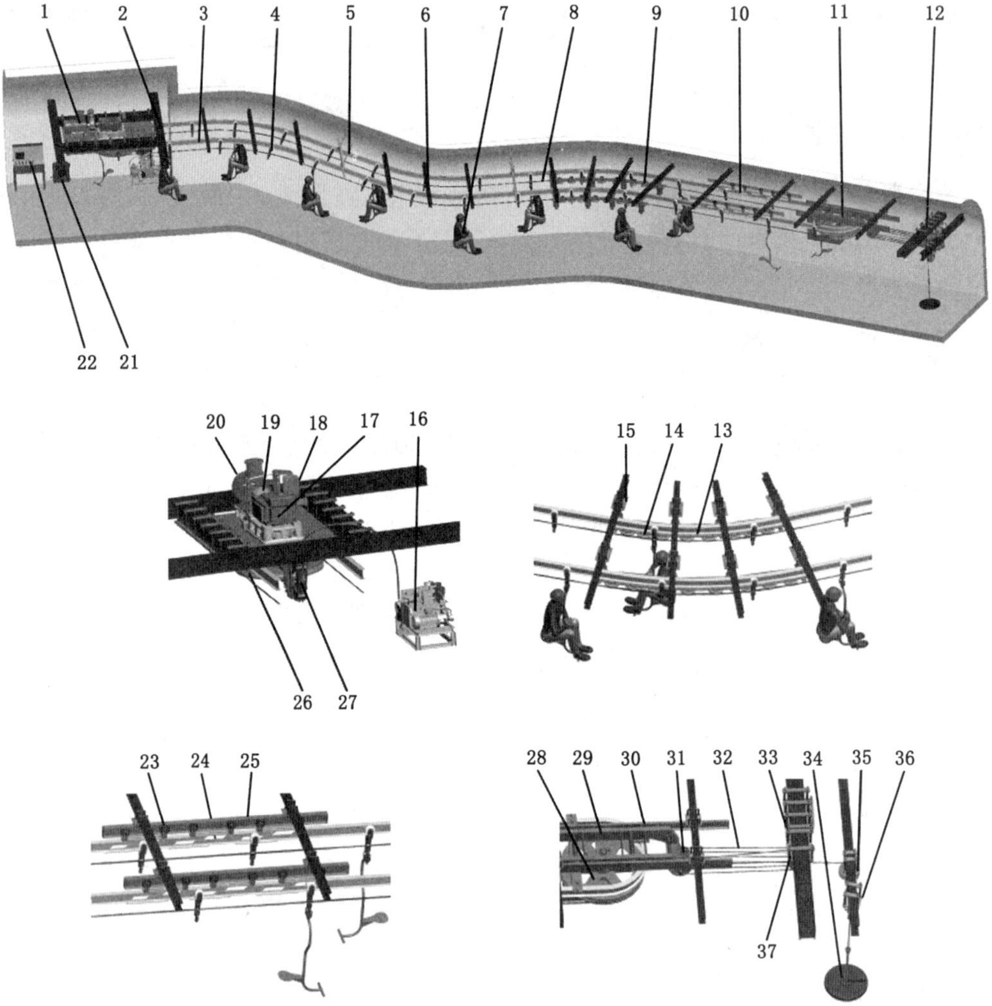

图 8-8　绳牵引轨道式架空乘人装置

1——驱动装置；2——驱动装置横梁；3——轨道；4——支绳器；5——轨道连接器；6——横梁；7——乘人器；8——牵引钢丝绳；9——转弯装置；10——轨道调节装置；11——迂回轮装置；12——张紧装置；13——转弯固定板；14——转弯轮；15——转弯吊架；16——轮边制动器液压站；17——减速器；18——高速端制动器；19——联轴器；20——防爆电动机；21——PLC 控制箱；22——操作台；23——伸缩装置滚轮；24——伸缩轨道；25——伸缩装置导轨；26——驱动轮；27——轮边制动器；28——迂回轮；29——迂回轮架；30——迂回轮导轨；31——四滑轮组；32——张紧钢丝绳；33——张紧绞车；34——配重块；35——换向轮；36——单滑轮；37——三滑轮组

8.11.4.2　迂回轮装置

迂回轮装置采用 U 形嵌入式结构，该结构简单，运行平稳，使迂回轮运行更安全。一般采取架空安装方式，如图 8-10 所示。

8.11.4.3　转弯装置

能转夹角大于等于 90°的同向弯或 S 形弯，在水平巷道或斜坡上的转弯，乘人装置运行转弯半径 $R \geqslant 6$ m，如图 8-11 所示。

图 8-9 驱动装置

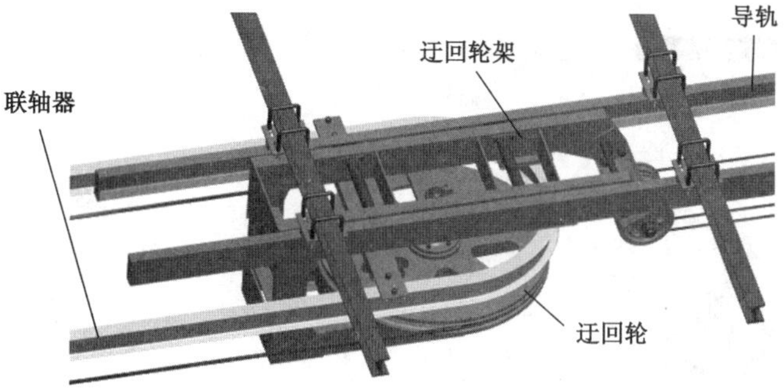

图 8-10 迂回轮装置

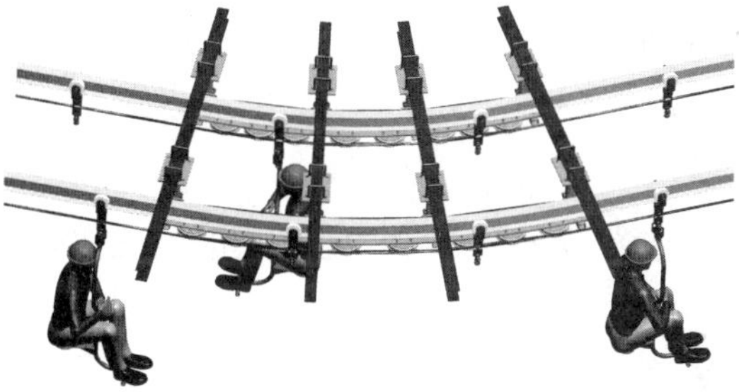

图 8-11 转弯装置

8.11.4.4 轨道调节装置

架空乘人装置在长时间使用后牵引钢丝绳会伸长，当牵引钢丝绳伸长时张紧轨道也要随之移动，以适应钢丝绳长度的变化。轨道调节装置安装在迂回轮前方，当迂回轮移动时，会拉动轨道前后移动，保证恒定的张紧力。如图 8-12 所示。

8.11.4.5 乘人器

绳牵引轨道式架空乘人装置的轨道分为工字钢、圆钢管、槽钢、角钢和方管五种，其乘人器也相应地分为五种。

(1) 工字钢轨道乘人器

此种乘人器由滚轮组、滚轮支架、抱索器、吊椅等组成，如图 8-13、图 8-14 所示。

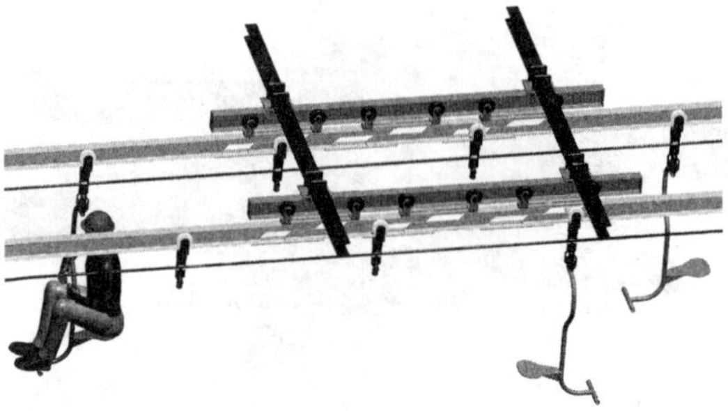

图 8-12　轨道调节装置

图 8-13　工字钢轨道乘人器

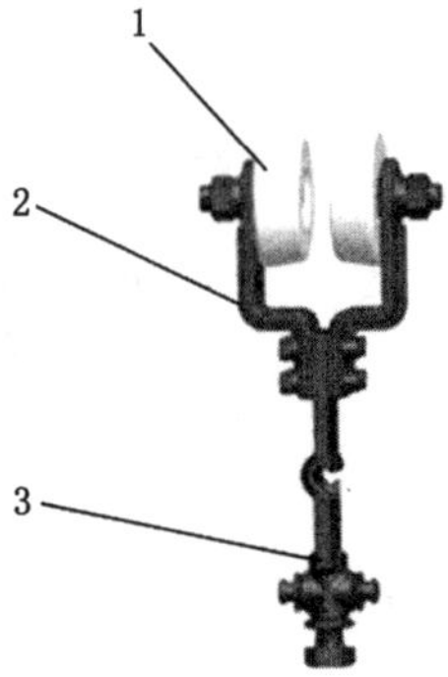

图 8-14　工字钢轨道乘人器(除去吊椅)

1——滚轮组;2——滚轮支架;3——连接板

(2) 圆管轨道乘人器

此种乘人器由滚轮组、滚轮支架、抱索器、吊椅等组成,如图 8-15、图 8-16 所示。

图 8-15　圆管轨道乘人器

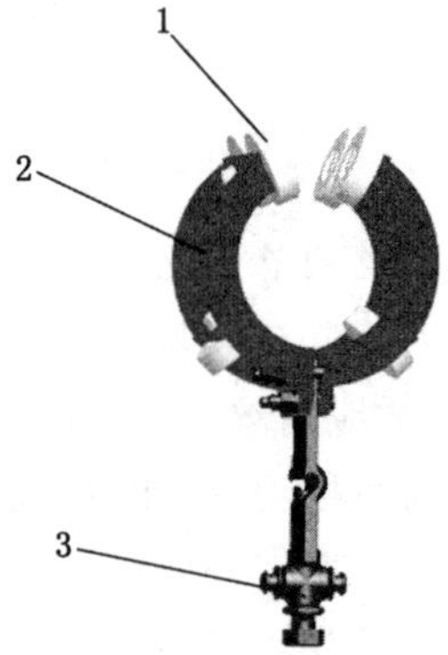

图 8-16　圆管轨道乘人器(除去吊椅)

1——滚轮组;2——滚轮支架;3——抱索器

(3) 角钢轨道乘人器

此种乘人器由滚轮组、滚轮支架、抱索器、吊椅等组成，如图 8-17、图 8-18 所示。

图 8-17 角钢轨道乘人器

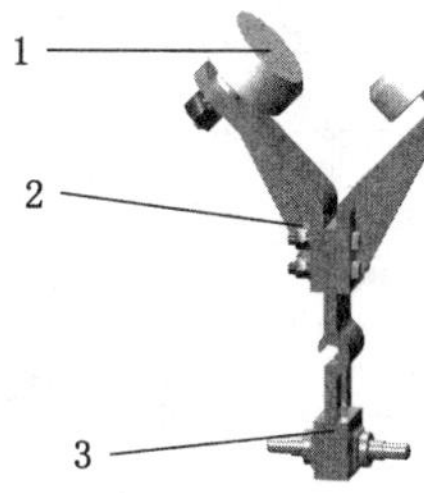

图 8-18 角钢轨道乘人器(除去吊椅)

1——滚轮组；2——滚轮支架；3——抱索器

(4) 方管轨道乘人器

此种乘人器由滚轮组、抱索器、吊椅等组成，如图 8-19、图 8-20 所示。

图 8-19 方管轨道乘人器

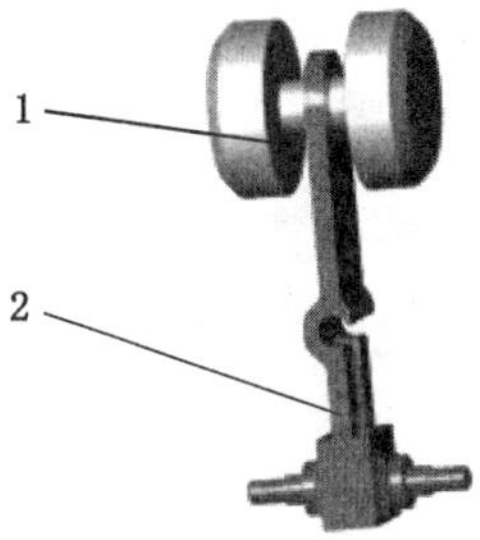

图 8-20 方管轨道乘人器(除去吊椅)

1——滚轮组；2——抱索器

(5) 槽钢轨道乘人器

此种乘人器由滚轮组、滚轮支架、抱索器、吊椅等组成，如图 8-21、图 8-22 所示。

图 8-21 槽钢轨道乘人器

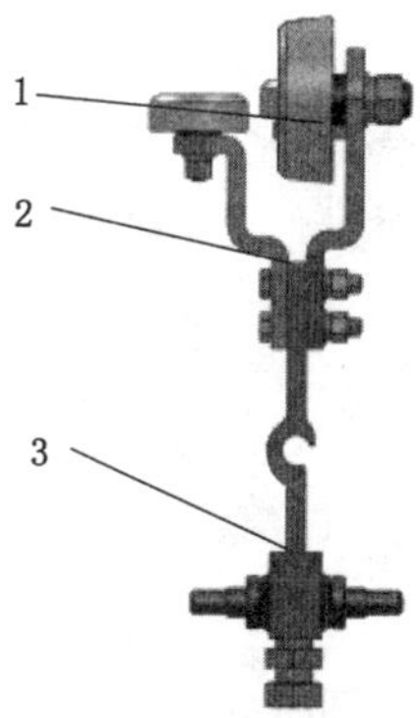

图 8-22 槽钢轨道乘人器(除去吊椅)

1——滚轮组；2——滚轮支架；3——抱索器

8.11.4.6　飞车挡椅保护装置

当吊椅运行至斜坡上时，如果抱索器与牵引钢丝绳之间打滑，则会导致吊椅向下自由滑动，发生安全事故。为了防止这类事故的发生，在轨道上方安装有飞车挡椅装置，正常运行时，挡椅装置处于打开状态，若出现飞车情况时，可以通过电控或手动方式使挡椅装置落下，阻止吊椅下滑，如图 8-23 所示。

图 8-23　飞车挡椅保护装置

8.11.5　分类

8.11.5.1　根据运行方式、吊椅形式、适用最大坡度分类

(1) 绳牵引轨道式固定吊椅架空乘人装置：吊椅不能摘挂，双向同时乘人，适用最大坡度小于等于 28°。

(2) 绳牵引轨道式单侧固定吊椅架空乘人装置：吊椅不能摘挂，往复单侧乘人，另一侧不乘人，适用最大坡度小于等于 28°。

(3) 绳牵引轨道式可摘挂吊椅架空乘人装置：吊椅可摘挂，双向同时乘人，适用最大坡度小于等于 28°。

(4) 绳牵引轨道式单向可摘挂吊椅架空乘人装置：吊椅可摘挂，循环运行单向乘人，两边不同时乘人，上行侧坐人时下行侧不坐人，下行侧坐人时上行侧不坐人，适用最大坡度小于等于 28°。

8.11.5.2　根据驱动方式分

(1) 机械驱动架空乘人装置：即传统的智能型机械驱动架空乘人装置，驱动装置由电动机、减速器、联轴器、工作制动器、安全制动器等组成。电动机通过联轴器带动减速器旋转，减速器带动驱动轮运行。

(2) 智能型液压驱动架空乘人装置：驱动装置采用传统的液压方式，即液压站驱动液压马达，液压马达带动驱动轮运行。

8.11.5.3　根据轨道类型分

(1) 绳牵引工字钢轨道式架空乘人装置，即承重轨道为工字钢。

(2) 绳牵引圆管轨道式架空乘人装置，即承重轨道为圆管。

(3) 绳牵引角钢轨道式架空乘人装置，即承重轨道为角钢。

(4) 绳牵引槽钢轨道式架空乘人装置，即承重轨道为槽钢。

(5) 绳牵引方管轨道式架空乘人装置，即承重轨道为方管。

参考文献

[1]《煤矿安全规程》(2016 年修订版)[M]. 北京:中国法制出版社,2016.
[2] 国家安全生产监督总局 . AQ 1038—2007 煤矿用架空乘人装置安全检验规范[S]. 北京:煤炭工业出版社,2007.
[3] 闻邦椿 . 机械设计手册[M]. 北京:机械工业出版社,2015.
[4] 单圣涤 . 工程索道[M]. 北京:中国林业出版社,2000.
[5] 中华人民共和国国家质量监督检验检疫总局,中国国家标准化管理委员会 . GB/T 191—2008 包装储运图示标志[S]. 北京:中国标准出版社,2008.
[6] 中华人民共和国国家质量监督检验检疫总局,中国国家标准化管理委员会 . GB/T 4879—2016 防锈包装[S]. 北京:中国标准出版社,2016.
[7] 中华人民共和国国家质量监督检验检疫总局,中国国家标准化管理委员会 . GB/T 7935—2008 液压元件通用技术条件[S]. 北京:中国标准出版社,2006.
[8] 国家标准化管理委员会. GB/T 13384—2008 机电产品包装通用技术条件[S]. 北京:中国标准出版社,2008.
[9] 中华人民共和国国家质量监督检验检疫总局,中国国家标准化管理委员会 . GB/T 13813—2008 煤矿用金属材料摩擦火花安全性试验方法和判定规则[S]. 北京:中国标准出版社,2008.
[10] 国家安全生产监督管理总局. AQ 1043—2007 矿用产品安全标志标识[S]. 北京:煤炭工业出版社,2007.
[11] 中华人民共和国煤炭工业部 . MT 113—1995 煤矿井下用聚合物制品阻燃抗静电性通用试验方法和判定规则[S]. 北京:煤炭工业出版社,1996.
[12] 中华人民共和国国家发展和改革委员会 . MT/T 827—2005 煤矿机械液压系统通用技术条件[S]. 北京:煤炭工业出版社,1996.
[13] 国家煤炭工业局 . MT/T 873—2000 煤矿固定抱索器架空乘人装置技术条件[S]. 北京:煤炭工业出版社,2001.
[14] 中华人民共和国国家质量监督检验检疫总局,中国国家标准化管理委员会 . GB 3836.1—2010 爆炸性环境 第 1 部分:设备 通用要求[S]. 北京:中国标准出版社,2011.
[15] 中华人民共和国国家质量监督检验检疫总局,中国国家标准化管理委员会 . GB 3836.2—2010 爆炸性环境 第 2 部分:由隔爆外壳“d”保护的设备[S]. 北京:中国标准出版社,2011.
[16] 中华人民共和国国家质量监督检验检疫总局,中国国家标准化管理委员会 . GB 3836.4—2010 爆炸性环境 第 4 部分:由本质安全型“i”保护的设备[S]. 北京:中国标准出版

社,2011.

[17] 中华人民共和国能源部. MT 209—1990 煤矿通信、检测、控制用电工电子产品 通用技术要求[S]. 北京:煤炭工业出版社,1990.

[18] 中华人民共和国能源部. MT 210—1990 煤矿通信、检测、控制用电工电子产品 基本试验方法[S]. 北京:煤炭工业出版社,1990.

[19] 国家安全生产监督管理总局. MT/T 1117—2011 煤矿用架空乘人装置[S]. 北京:煤炭工业出版社,2011.

[20] 中华人民共和国国家质量监督检验检疫总局,中国国家标准化管理委员会. GB/T 25652—2010 地下矿用架空索道设计规范[S]. 北京:中国标准出版社,2011.

[21] 中华人民共和国国家质量监督检验检疫总局,中国国家标准化管理委员会. GB 21008—2007 地下矿用架空索道安全要求[S]. 北京:中国标准出版社,2011.

[22] 中华人民共和国国家质量监督检验检疫总局,中华人民共和国住房和城乡建设部. GB 50231—2009 机械设备安装工程施工及验收通用规范[S]. 北京:中国计划出版社,2009.

[23] 中华人民共和国国家质量监督检验检疫总局,中国国家标准化管理委员会. GB 8918—2006 重要用途钢丝绳[S]. 北京:中国标准出版社,2006.

[24] 中华人民共和国住房和城乡建设部. GB 50127—2007 架空索道工程技术规范[S]. 北京:中国计划出版社,2007.

[25] 中华人民共和国国家质量监督检验检疫总局,中国国家标准化管理委员会. GB/T 16855.1—2008 机械安全 控制系统有关安全部件 第1部分:设计通则[S]. 北京:中国标准出版社,2009.

煤矿井下架空乘人装置概述

煤矿井下架空乘人装置主要是用于上、下斜井或平巷的人员运输。它主要由驱动装置、托（压）绳装置、牵引钢丝绳、乘人器、迂回轮装置、张紧装置、安全保护装置及电控装置等组成。运输原理是将钢丝绳安装在驱动轮、托（压）绳轮和迂回轮上，经张紧装置张紧钢丝绳后，由驱动装置输出动力带动驱动轮和钢丝绳做无极循环运行，挂在钢丝绳上的乘人器随钢丝绳上行或下行，从而实现输送人员的目的。

“猴车”的分类

第一代“猴车”——机械驱动式架空乘人装置

第一代“猴车”结构示意图

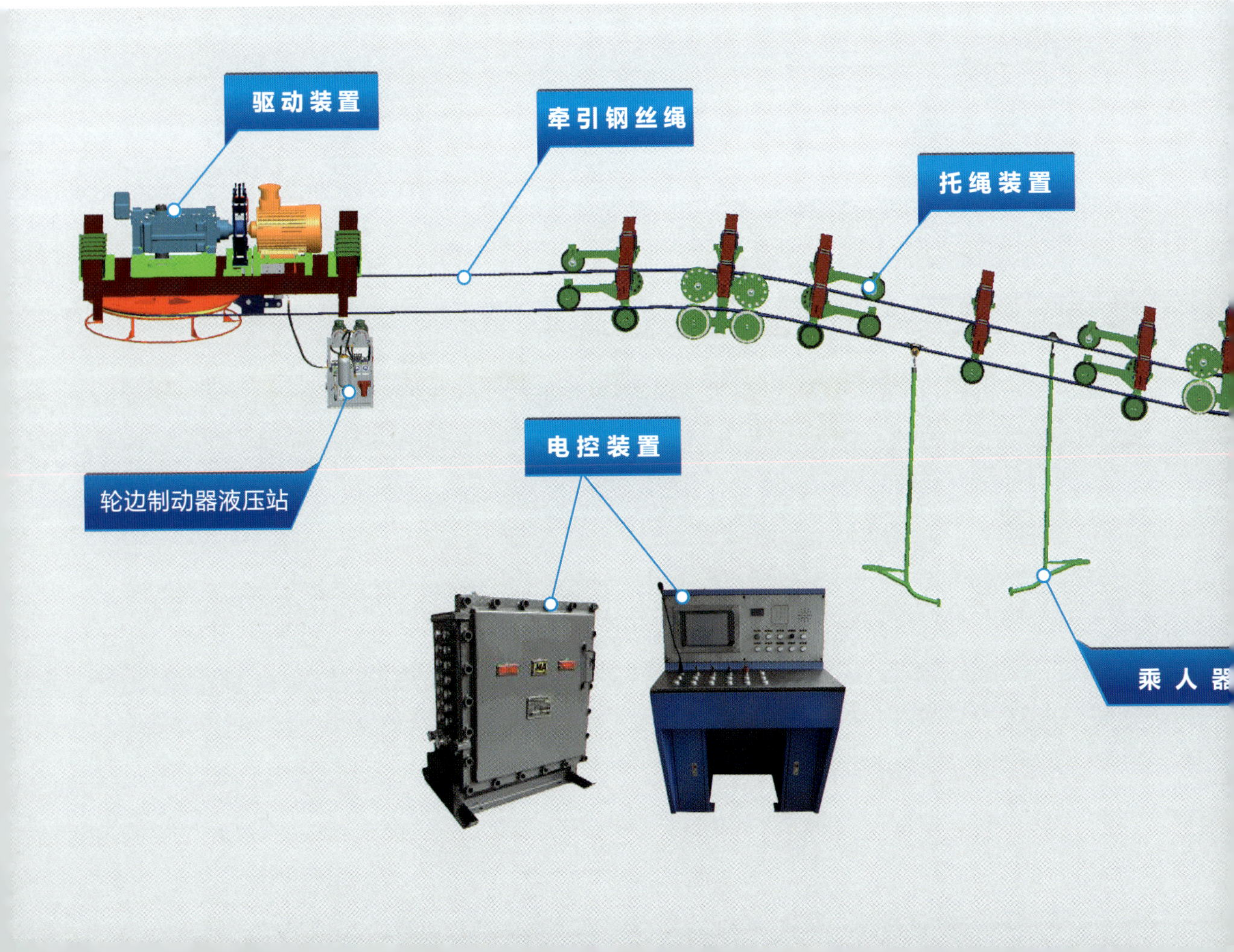

企业简介

湘潭市恒欣实业有限公司位于韶山市高新技术产业开发区，占地面积62亩，拥有员工270多人，下设一个全资子公司——韶山恒旺电气有限公司。公司是国家高新技术企业、国家重合同守信用企业、首届湖南省十大知识产权领军企业、国家重大科技成果转化项目承担单位，荣获了国家发明创业奖、国家科技进步优秀奖等殊荣，组建了国内首家省级矿用井下乘人装备工程技术研究中心和省级企业技术中心。拥有知识产权近200项，其中拥有“恒欣”驰名商标1件；PCT申请2项，得到蒙古、印度尼西亚及欧亚等国家授权；申请发明专利40多项；拥有软件著作权34项，是湖南省首批通过知识产权管理体系认证的企业。

公司主导产品为煤矿架空乘人装置（俗称“猴车”）、无极绳连续牵引车（俗称“梭车”）、防爆电气产品等。其中，“猴车”产品市场不仅居国内前列，还远销海外市场，是全球颇具规模的煤矿井下乘人装备设计、制造、销售和服务的领军企业。

我们的企业使命是：造最安全、最环保、最节能的产品，让“湘潭恒欣”走遍矿山。

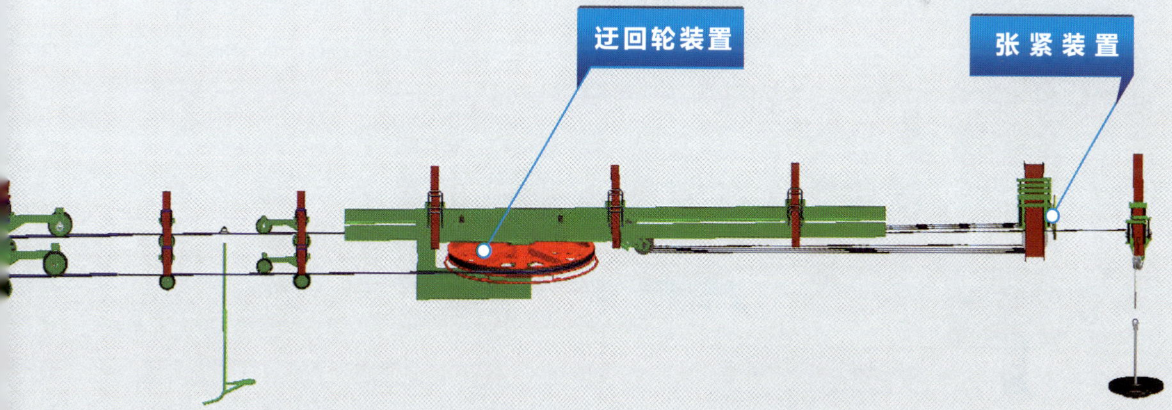

第二代“猴车”——液压驱动式架空乘人装置

专利号：ZL200910042683.6

▲ 第二代“猴车”的优势

优势

- **停车安全自锁功能**

　　当“猴车”正常停车或故障停车时，液压系统自带刹车功能，在外力作用下驱动轮完全被锁住不能转动，这样避免了当轮边制动器制动力不足时而造成“猴车”打滑或飞车事故的发生。

- **无级调速功能**

　　能对“猴车”进行高低速度的无级调速，即保证低速时(0.4 m/s)检查钢丝绳和设备安全性能又能根据需要提高“猴车”的运行效率。

第二代“猴车”结构示意图

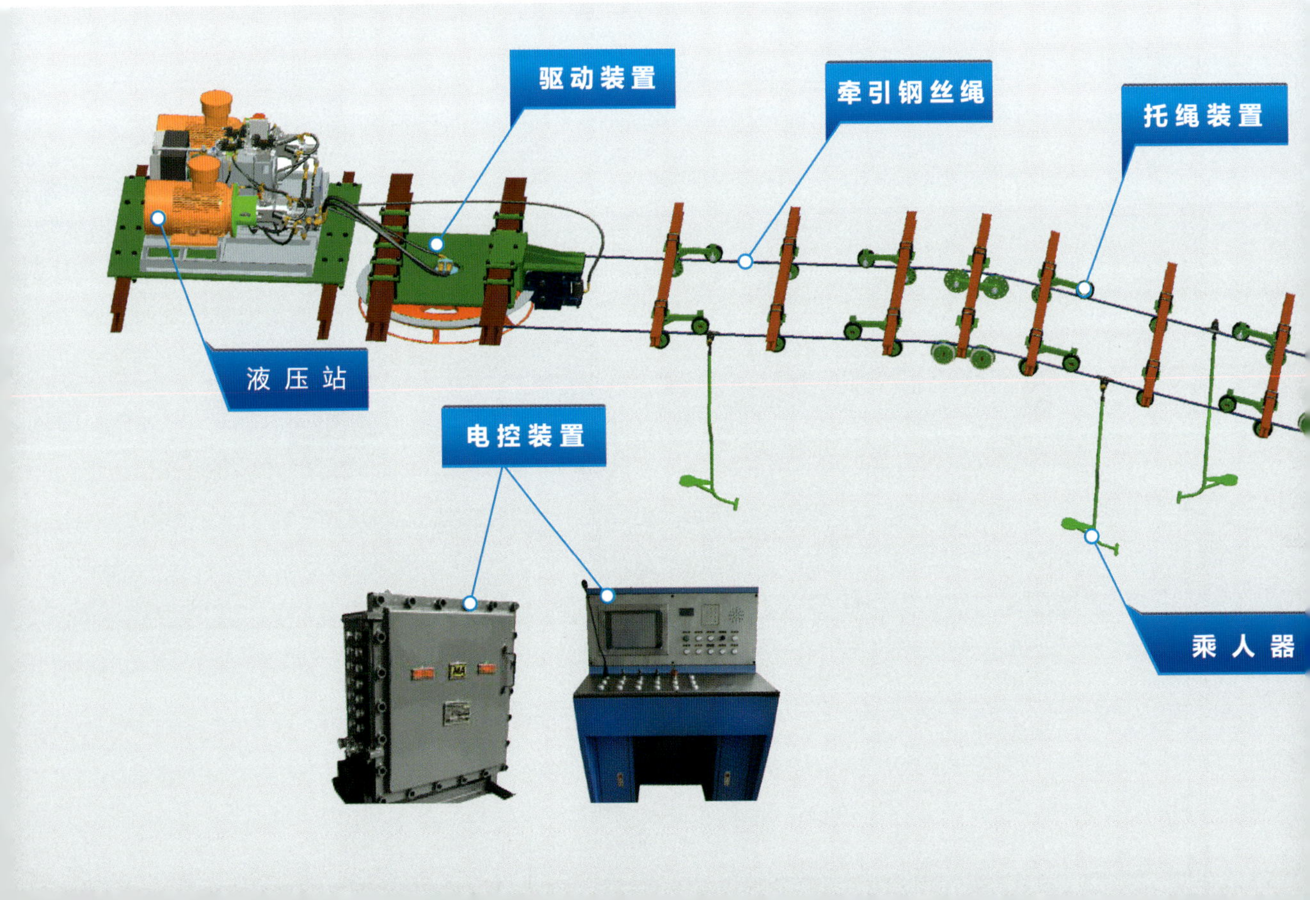